配位化学

成飞翔　主编

杨玉亭　贺池先　任明丽　王丽苹　副主编

U0263236

科学出版社

北京

内 容 简 介

配位化学正以崭新的面貌快速地发展着,它的成果已渗入科学和应用的诸多领域。本书在编写过程中,注意收集配位化学相关研究方向国内外最新研究进展,对涉及的章节都进行了详细的阐述和举例,突出了相关化学知识的科普性、前沿性和应用性,使读者能够对当今配位化学研究领域的最新成就、发展状况有所了解。本书内容包括:配位化合物,发光金属配合物,配合物的磁性,铁电体配合物,金属有机骨架材料催化剂的基本概念、研究现状及其应用,同时还介绍了生物无机化学的研究现状以及发光配合物分子识别化学。

本书可供高等学校和研究机构的配位化学及相关研究方向研究人员参考。

图书在版编目(CIP)数据

配位化学 / 成飞翔主编. —北京:科学出版社,2017.4
ISBN 978-7-03-052601-4

Ⅰ. ①配… Ⅱ. ①成… Ⅲ. ①络合物化学 Ⅳ. ①O641.4

中国版本图书馆 CIP 数据核字(2017)第 078643 号

责任编辑:霍志国 / 责任校对:张小霞
责任印制:张 伟 / 封面设计:东方人华

科 学 出 版 社 出版
北京东黄城根北街 16 号
邮政编码:100717
http://www.sciencep.com
北京天宇星印刷厂印刷
科学出版社发行 各地新华书店经销
*
2017 年 4 月第 一 版 开本:720×1000 1/16
2024 年 7 月第四次印刷 印张:13 3/4 插页:3
字数:280 000
定价:80.00 元
(如有印装质量问题,我社负责调换)

前　　言

当代配位化学沿着广度、深度和应用三个方向发展。随着配位化合物研究的不断深入，科学工作者不再仅仅关注其合成规律和丰富的结构，其在光学、电学、磁学、药学、催化、生物活性、冶金等方面的研究也取得了巨大的进展，其中有些已经应用到实际生活中。本书在写作过程中既考虑了配位化学及具体研究方向基础知识的介绍，又注意总结相关研究方向的最新进展。作者选择了配合物在发光、磁性、铁电、金属有机骨架材料催化剂、生物无机化学、分子识别等领域进行介绍，使读者能够对当今这些研究领域的最新成就、发展状况有所了解。

本书编写分工如下：成飞翔（第1、7章），任明丽（第2章），杨玉亭（第3、4章），王丽苹（第5章），贺池先（第6章），全书由成飞翔统稿。

本书共7章：第1章介绍配合物的基本概念、价键理论、晶体场理论、合成方法及表征手段；第2章对8-羟基喹啉类金属配合物、稀土配合物和过渡金属配合物的发光机理和应用进行简要介绍；第3章从分子基磁性材料的类型、合成策略、研究进展等方面进行介绍；第4章介绍了铁电体配合物的概念、基本类型及研究进展；第5章阐述金属有机骨架材料在多类型催化反应中的应用；第6章简要介绍了生物体中的元素及其作用、生物无机配合物的种类、配合物在药物和生物成像中的研究进展；第7章阐述发光配合物在分子识别方面的原理、应用及研究进展。

本书在撰写的过程中参考了大量书籍，但是由于配位化学研究面非常广，编写人员学术水平有限，尚有许多内容及国内外很多课题组的工作没有总结在本书之中，书中难免出现疏漏和不妥之处，敬请广大读者批评指正。

作　者
2017 年 3 月

目　录

彩图

第1章 配位化合物

配位化学是无机化学中一门新兴的极其重要的分支学科,所研究的主要研究对象是配位化合物。目前,配位化学在合成、结构、性质、理论研究和应用等方面取得了一系列的进展,它不仅已经渗透到有机化学、分析化学、物理化学和生物化学等领域,而且与这些基础学科融合,产生了具有广阔发展前景的前沿学科,如金属有机化学、生物无机化学等,其研究成果已被广泛用于催化、生物模拟、新型无机材料等诸多具有实际应用前景的领域。本章阐述了配位化合物的基本概念、价键理论、晶体场理论、合成方法及表征手段。

1.1 配合物的化学键理论

1.1.1 配合物基本概念

配位化合物简称配合物,是指由一定数目的可以给出孤对电子或多个不定域电子的离子或分子和利用空轨道接受孤对电子或多个离域电子的原子或离子,按一定的组成和空间结构所形成的化合物。

配合物由内界和外界两部分组成。内界又称配离子,由中心原子与一定数目的中性分子或阴离子以配位键结合形成,中性分子或阴离子又称配位体(简称配体),配体中与中心原子形成配位键的原子称为配位原子,中心原子形成配位键的数目称为配位数。与配离子带相反电荷的其他离子称为外界,内界与外界之间以离子键结合,在溶液中可完全解离。也有一些配位化合物只有内界,没有外界,如 $[Ni(CO)_4]$。

1. 中心原子

中心原子位于配合物的中心,它的基本特征是具有空轨道,可接受配体提供的孤对电子或多个不定域电子形成配位键。中心原子一般是过渡元素的金属原子或离子,如 Ni、Fe、Fe^{3+}、Co^{3+}、Ni^{2+}、Cu^{2+}、Hg^{2+} 等。

2. 配体与配位原子

配体是含有孤对电子或多个不定域电子的中性分子或阴离子,如 NH_3、H_2O、

Cl^-、CN^-、SCN^-、乙烯、1,3-丁二烯等。形成配离子时,配体的孤对电子填充到中心原子的空轨道而形成配位键。配体中含有孤对电子且与中心原子直接键合的原子,称为配位原子,如 NH_3 中的 N,H_2O 中的 O 等。常见的配位原子有 N、C、O、S、F、Cl、Br、I。

只含有一个配位原子的配体称为单齿配体,如 NH_3、H_2O、X^-、CN^-、SCN^-。含有两个或两个以上的配位原子,与中心原子可同时生成两个或两个以上配位键的配体称为多齿配体。例如,乙二胺(NH_2—CH_2—CH_2—NH_2, en)中两个氨基 N 原子都是配位原子,因此乙二胺为双齿配体。同理,氨基三乙醇中一个氨基 N 原子和三个羟基 O 原子都为配位原子,因此氨基三乙醇为四齿配体。多齿配体通过两个或两个以上配位原子与一个中心原子配位时,可形成环状结构的配合物,这种配合物称为螯合物。如 $[Cu(en)_2]^{2+}$ 中,两个乙二胺犹如螃蟹的双螯钳住中心原子,形成了两个五元环。

3. 配位数

配合物中配位键的数目或者直接与中心原子结合的配位原子的总数称为配位数。一般为 2、4、6、8,常见的是 2、4、6,如 $[Ag(CN)_2]^-$ 中 Ag^+ 的配位数是 2,$[Cu(NH_3)_4]^{2+}$ 中 Cu^{2+} 的配位数是 4,$[Cr(H_2O)_4Cl_2]^+$ 中 Cr^{3+} 的配位数是 6。在 $[Cu(en)_2]^{2+}$ 中 Cu^{2+} 的配位数是 4,因为一个乙二胺分子中有两个配位原子,两个乙二胺则与 Cu^{2+} 形成四个配位键。因此,对于单齿配体的配合物,配位数=配位体的总数;对于多齿配体,配位数为配体数乘以每个配体中所含的配位原子数。如 $[Ca(EDTA)]^{2-}$ 中,EDTA 为六齿配体,Ca^{2+} 的配位数为 6。

4. 配离子的电荷

配离子所带电荷等于中心离子电荷与所有配体的电荷的代数和。如 $[Ni(CN)_4]^{2-}$ 中,配离子的电荷数是:$(+2)+4\times(-1)=-2$。若已知配离子和配体的电荷数,也可求出中心原子的电荷数,如 $[PtCl_3(NH_3)]^-$ 中,NH_3 为中性分子,Cl^- 为−1,可知 Pt 的电荷数为+2。由于配合物是电中性的,也可根据外界离子的电荷来确定配离子的电荷,如 $K_3[Fe(CN)_6]$ 和 $K_4[Fe(CN)_6]$ 中,配离子的电荷数分别为−3 和−4。

5. 配位数与空间构型

配合物中的配体均在中心离子的周围按一定的几何构型排列,具有一定的空间构型。配体只有按这种空间构型在中心离子周围排布时,配合物才能处于最稳定的状态。通过一些现代分析检测技术,如单晶衍射法、旋光光度法、偶极矩、磁矩、紫外及可见光谱、红外光谱、核磁共振等,可以确定配合物的空间构型。实验表明,中心离子的配位数与配合物的空间构型及性质密切相关。配位数不同的配离子的空间构型一般不同;即使配位数相同,由于中心离子和配体种类以及相互作用不同,配离子的空间构型也可能不同。

1.1.2　价键理论

1. 价键理论基本要点

价键理论认为中心原子和配位原子通过共价键结合,其基本要点如下:

(1)配合物中的配位原子提供孤对电子,是电子对给予体,而中心原子提供与配位数相同数目的空轨道,是电子对接受体。配位原子的孤对电子填入中心原子的空轨道形成配位键。中心原子所提供的空轨道先进行杂化,形成数目相等、能量相同、具有一定空间伸展方向的杂化轨道,杂化轨道与配位原子的孤对电子沿键轴方向重叠成键。

(2)中心原子的杂化轨道具有一定的空间取向,这种空间取向决定了配体的排布方式,所以配合物具有一定的空间构型(表 1-1),如[FeF$_6$]$^{3-}$中 Fe^{3+}的 6 个 sp^{3}d^{2}杂化轨道,为了减小相互之间的排斥,空间构型以正八面体取向。

表 1-1　轨道杂化类型与配位个体的几何构型

配位数	杂化类型	几何构型	实例
2	sp	直线形	[Ag(NH$_3$)$_2$]$^+$、[Ag(CN)$_2$]$^-$、[CuCl$_2$]$^-$
3	sp^2	平面等边三角形	[CuCl$_3$]$^{2-}$、[HgI$_3$]$^-$
4	sp^3	正四面体形	[Ni(NH$_3$)$_4$]$^{2+}$、[Zn(NH$_3$)$_4$]$^{2+}$ [HgI$_4$]$^{2-}$、[Ni(CO)$_4$]
	dsp^2	正方形	[Ni(CN)$_4$]$^{2-}$、[PtCl$_2$(NH$_3$)$_2$]

配位数	杂化类型	几何构型	实例
5	dsp^3 sp^3d d^3sd	三角双锥形	$[Fe(CO)_5]$、$[Mn(CO)_5]^-$、$[CdCl_5]^{2-}$
	d^2sp^2 d^4s	四方锥形	$[Co(CN)_5]^{3-}$、$[InCl_5]^{2-}$
6	sp^3d^2 d^2sp^3	正八面体形	$[FeF_6]^{3-}$、$[Fe(H_2O)_6]^{3+}$、$[CoF_6]^{3-}$ $[Fe(CN)_6]^{3-}$、$[Fe(CN)_6]^{4-}$、$[Co(NH_3)_6]^{3+}$、 $[PtCl_6]^{2-}$
	d^4sp	三角棱柱形	$[Re(S_2C_2Ph_2)_3]$
7	sp^3d^3	五角双锥形	$[ZrF_7]^{3-}$、$[UO_2F_5]^{3-}$
	d^4sp^2	单帽三棱柱形	$[NbF_7]^{2-}$、$[TaF_7]^{2-}$
	d^5sp	单帽八面体形	$[NbOF_6]^{3-}$

2. 外轨型与内轨型配合物

1) 外轨型配合物

若中心原子以最外层轨道(ns、np、nd)进行杂化,用这些杂化轨道和配位原子形成的配位键,则称为外轨配位键,生成的配合物称为外轨型配合物。例如,$[FeF_6]^{3-}$中Fe^{3+}的价电子层结构为$3d^5$,当Fe^{3+}与F^-配位形成配离子时,Fe^{3+}原有的电子层结构不变,用一个$4s$、三个$4p$和两个$4d$轨道组合成六个sp^3d^2杂化轨道,接受六个F^-提供的孤对电子形成六个配位键。

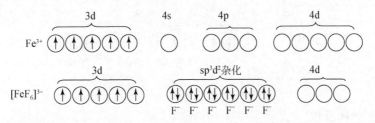

这类配合物还有$[CoF_6]^{3-}$、$[Co(H_2O)_6]^{2+}$、$[Co(NH_3)_6]^{2+}$等。形成外轨型配合物时,由于中心原子的电子分布不受配体影响,仍保持原有的电子层构型,所以配合物的中心原子未成对电子数仍与自由离子相同。这类配合物的中心原子电荷较低,或配位原子的电负性较大,如卤素、氧等,它们不易给出孤对电子,对中心原子影响较小,中心原子原有的电子层构型不变,仅用外层空轨道杂化,再与配体结合形成外轨型配合物。

另有一些金属离子,如Ag^+、Cu^+、Zn^{2+}、Cd^{2+}、Hg^{2+},其$(n-1)d$轨道全充满,没有可利用的内层轨道,故任何配体与它们结合都只能形成外轨型配合物。如$[Zn(NH_3)_4]^{2+}$中Zn^{2+}价电子层结构为$3d^{10}$,它的最外层$4s$、$4p$、$4d$轨道都空着,在Zn^{2+}与NH_3形成配合物时,Zn^{2+}原有的电子层结构不变,用一个$4s$和三个$4p$轨道组成四个sp^3杂化轨道,接受四个NH_3提供的四对孤对电子形成正四面体配合物。

2) 内轨型配合物

若中心原子以次外层轨道和最外层轨道进行杂化,用这些杂化轨道和配位原子形成配位键,称为内轨配位键,生成的配合物称为内轨型配合物。当中心原子电荷较高(如 Fe^{3+}、Co^{3+} 等),或配位原子的电负性较小(如 C、N 等)时,中心原子对配体吸引力强,或配体较易给出孤对电子,对中心原子的影响较大,使其价电子层结构发生变化,$(n-1)d$ 轨道上的成单电子被强行配对,空出内层能量较低的 $(n-1)d$ 轨道与 ns、np 轨道进行杂化,形成数目相同、能量相等的杂化轨道,与配体结合形成内轨型配合物。例如,$[Fe(CN)_6]^{3-}$ 配离子中的 Fe^{3+} 在配体 CN^- 影响下,3d 轨道中的五个成单电子重排占据 3 个 d 轨道,剩余 2 个空的 3d 轨道同外层 4s、4p 轨道形成 6 个 d^2sp^3 杂化轨道与 6 个 CN^- 成键,形成正八面体配合物。内轨型配合物由于使用了 $(n-1)d$ 轨道,形成的配位键的键能较大,稳定性较高。

3. 电中性原理

价键理论遇到的一个问题是,配合物中由于配体提供了孤对电子,使得中心原子上有高的负电荷积累,似乎许多配合物不可能稳定存在。例如,$Cr(CO)_6$ 等羰基配合物是特殊低价态(零价或负价)金属的配合物,如果只形成 σ 键,原来低价态的中心原子接受电子后要带上较大的负电荷,这就会阻止配体进一步向中心原子授予电子,从而使配合物稳定性下降,但事实上许多羰基配合物是稳定存在的。为了解决这个问题,Pauling 提出了电中性原理:中心原子上的静电荷量越接近于零,配合物越能稳定存在。

根据电中性原理,Pauling 提出了配合物的中心原子不可能有高电荷积累的两个解释:其一,由于配位原子通常都具有比金属中心更高的电负性,因而配位键电子对不是等同地被成键原子共享,而是偏向配体一方,这有助于消除中心原子上的负电荷积累,称为配位键的部分离子性。如果仅靠配位键的部分离子性全部消除中心原子的负电荷积累对羰基配合物来说是不可能的,于是 Pauling 提出第二种解释,即中心原子通过反馈 π 键把 d 电子回授给配体的空轨道,从而减轻中心原子上负电荷的过分集中。

在配合物形成过程中,中心原子与配体形成 σ 键时,如果中心原子的某些 d 轨道(如 d_{xy}、d_{yz} 和 d_{xz})有孤对电子,而配体有能量合适且对称性匹配的空 π 分子轨道(如 CO 中有空的 $π^*$ 轨道)或空的 p 或 d 轨道,则中心原子可以反过来将其 d 电子给予配体,形成反馈 π 键。例如,CO 的 $π^*_{2p}$ 为空的反键轨道,与中心原子的 d 轨道有相同的对称性,可以形成如图 1-1 所示的反馈 π 键。

形成反馈 π 键的条件是配体具有空轨道,中心原子具有 d 电子。碱金属、碱土金属等非过渡金属元素没有 d 电子,不能形成反馈π键。Sn^{2+}、Sb^{3+}、Pb^{2+}、Bi^{3+} 等离子虽有 d 电子,但被 s 电子屏蔽了,也不能形成反馈π键,所以它们生成配合物的能力很弱,更不能生成羰基化合物。In^{3+}、Sn^{4+}、Sb^{5+}、Ge^{4+} 等虽有 d 电子,但由于中心原子的正电荷太高,也不能生成反馈π键。故反馈π键常存在于低氧化态或零价过渡金属的配合物中,在具有反馈π键的配合物中,由于 σ 键和反馈π键的协同作用,配合物达到电中性,稳定性增大。

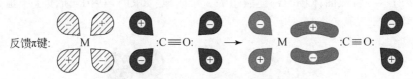

图 1-1　金属羰基配合物中反馈π键的形成

1.1.3　晶体场理论

1. 晶体场理论要点

晶体场理论认为,配体与中心原子之间的静电吸引是使配合物稳定的根本原因。由于这个力的本质类似于离子晶体中的作用力,所以该理论取名为晶体场理论。这意味着我们可以将配合物中的中心原子与它周围的原子(或离子)所产生的电场作用看作类似于置于晶格中的一个小空穴上的原子所受到的作用。晶体场理论认为中心原子上的电子基本定域于原先的原子轨道,中心原子与配体之间不发生轨道的重叠,完全忽略了配体与中心原子之间的共价作用。

晶体场理论模型的要点如下:

(1) 在配合物中,金属中心与配体之间的作用类似于离子晶体中正、负离子间的静电作用,这种作用是纯粹的静电排斥和吸引,即不形成共价键。

(2) 金属中心在周围配体的电场作用下,原来能量相同的 5 个简并 d 轨道分裂成能量高低不同的几组轨道,有的轨道能量升高,有的轨道能量降低。

(3) 由于 d 轨道能级的分裂,d 轨道上的电子重新排布,使体系的总能量有所降低,即给配合物带来了额外的稳定化能,形成稳定的配合物。

2. 中心原子 d 轨道的能级分裂

作为中心原子的过渡金属离子,d 轨道共有 $d_{x^2-y^2}$、d_{z^2}、d_{xy}、d_{yz}、d_{xz} 五种形式,它们是一组能量相同的简并轨道,但在空间的伸展方向不同。如果将一个金属离子放在一个球形对称的负电场的中心,由于 d 轨道在各方向上所受到的排斥作用是相同的,因此 d 轨道的能量会升高,但不分裂,仍为一组简并的 d 轨道。如果将金属离子放在非球形对称的配体负电场中,则情况就不一样了。

　　1)d 轨道在正八面体场中的能级分裂

　　晶体场理论表示出了金属离子的 d 电子是怎样受到配体所带负电荷影响的。首先考虑金属离子 M^{n+} 被 6 个按高对称的八面体构型排列的配体配位的情况,如图 1-2 所示。将八面体场的构建假想为 3 个阶段,如图 1-3 中的阶段 Ⅰ ~ Ⅲ。

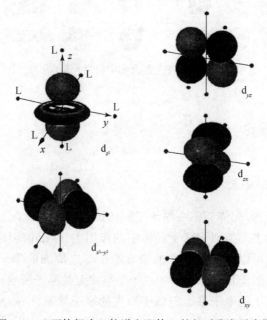

图 1-2　八面体场中 d 轨道和配体 L 的相对取向示意图

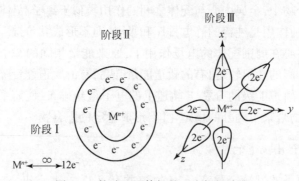

图 1-3　构造八面体场的三个假想阶段

阶段 Ⅰ：假设 M^{n+} 是一个 d^1 组态的阳离子（如 Ti^{3+}），配体所提供的 6 对孤对电子相当于 12 个电子的作用，当配体与金属相距无限远时，金属的 d 电子可以等同地占据 5 个简并 d 轨道中的任意一个，这就是 d^1 体系自由离子的状态。

阶段 Ⅱ：如果由配体组成的带负电荷的静电场是一个以 r_{M-L} 为半径的球形对称场，M^{n+} 处于球壳中心，球壳表面上均匀分布着 $12e^-$ 的负电荷，原来自由离子的 d 电子不论处于哪一个 d 轨道都受到等同的排斥作用，因此 5 个 d 轨道并不改变其简并状态，只是在总体上能量升高。

阶段 Ⅲ：当改变负电荷在球壳上的分布，将它们集中在球的内接八面体的 6 个顶点时，每个顶点所分布的电荷为 $2e^-$。由于球壳上的总电量仍为 $12e^-$，d 电子受到的总排斥力不会改变，因而不会改变 5 个 d 轨道的总能量，但是单电子处在不同轨道时受到的排斥力不再完全相同，即 5 个 d 轨道不再处于简并状态。根据 d 轨道在空间分布的特点，这 5 个 d 轨道将分为 2 组：e_g 组轨道（d_{z^2}、$d_{x^2-y^2}$）的电子云沿坐标轴分布，直接指向配体（偶极子的负端），位于该组轨道中的单电子所受到的排斥力相对较大；而 t_{2g} 组轨道（d_{xy}、d_{yz}、d_{xz}）的电子云分布在坐标轴之间，该组轨道中的单电子所受到的排斥力相对较小，将比 e_g 组轨道有利于电子占据，即在八面体场中 5 个 d 轨道分裂为 2 组。根据量子力学能量重心守恒原理，相对于球对称场的能量，e_g 组轨道能量升高了 $\dfrac{3}{5}\Delta_0$，t_{2g} 组能量降低了 $\dfrac{2}{5}\Delta_0$，Δ_0 为 e_g 和 t_{2g} 轨道的能级差，称为八面体场分裂能。

2）d 轨道在正四面体中的能级分裂

当形成四面体配合物时，4 个配体处在四面体的 4 个顶点，如图 1-4 所示。t_2 组轨道（d_{xy}、d_{yz}、d_{xz}）的电子云极大值指向立方体棱边的中点，距配体较近，受到较强的静电作用；e 组轨道（d_{z^2}、$d_{x^2-x^2}$）的电子云极大值指向立方体棱边的面心，距配体较远，受到较弱的静电排斥作用。因此，当过渡金属离子 M^{n+} 被 4 个按四面体排列的配体配位时，d_{z^2}、$d_{x^2-x^2}$ 将比 d_{xy}、d_{yz}、d_{xz} 更有利于电子占据，因此在四面体场的作用下，轨道的分裂情况与八面体场正好相反，过渡金属离子的 5 个 d 轨道分裂成一组能量较高的三重简并 t_2 轨道和一组能量相对较低的二重简并 e 轨道。按照能量重心守恒原理，相对于球对称场，t_2 组轨道能量升高了 $\dfrac{2}{5}\Delta_t$，e 组能量降低了 $\dfrac{3}{5}\Delta_t$，Δ_t 为 e 和 t_2 轨道的能级差，称为四面体场的分裂能。由于在四面体场中 5 个 d 轨道都在一定程度上偏离了配体，不像八面体场中配体直接指向金属离子的 d 轨道，因此可以推测：$\Delta_t < \Delta_0$。在 M—L 键及其键距大致相同的情况下，通常 $\Delta_t \approx \dfrac{4}{9}\Delta_0$。

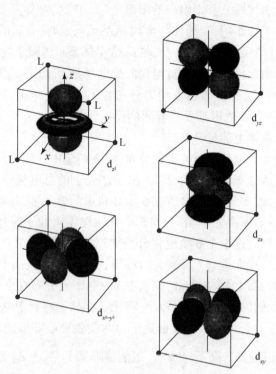

图 1-4 四面体场中 d 轨道和配体 L 的相对取向示意图

3. 晶体场理论的应用

晶体场理论能较好地解释配合物的构型、稳定性、磁性、颜色等。电子成对能 P 和分裂能 Δ 可通过光谱实验数据求得,从而可推测配合物中心原子的电子分布及自旋状态。例如,Co^{3+}(d^6构型)与弱场配体 F^- 形成 $[CoF_6]^{3-}$,测得其 $\Delta_0 = 155$ kJ/mol,$P = 251$ kJ/mol,根据 $\Delta_0 < P$,可推知中心离子 Co^{3+} 的 d 电子处于高自旋状态,d 电子分布方式如图 1-5 所示。根据磁矩 μ 与成单电子数的关系,还可估算 $[CoF_6]^{3-}$ 的磁矩为 4.90 B. M. 。

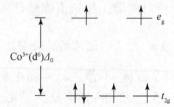

图 1-5 $[CoF_6]^{3-}$中心离子 Co^{3+}的 d 电子分布方式

晶体场理论能较好地解释配合物的颜色,如$[Ti(H_2O)_6]^{3+}$,中心离子 Ti^{3+} 吸收可见光后 d 电子发生 d-d 跃迁,其最大吸收峰在 490 nm 处(蓝绿光),所以它呈现与蓝绿光相应的补色——紫红色。不同的中心原子分裂能不同,d-d 跃迁时吸收不同波长的可见光,故显不同的颜色。如果中心原子 d 轨道全空或全满,则不可能发生 d-d 跃迁,其配合物为无色。

1.2　配合物的合成与表征

1.2.1　简单加合制备配合物

利用简单加合反应制备配合物是最简单的方法,两个反应物相互作用,直接生成新的配合物。从理论上看,它是路易斯酸、碱之间的反应,它可以是气相反应、液相反应、液–固相反应或固–固相反应。

气相反应:将 BF_3 和 NH_3 气体分别控制流量通入真空反应器中,即能制得白色粉末状的 $[BF_3(NH_3)]$ 配合物。

$$BF_3(g) + NH_3(g) \longrightarrow [BF_3(NH_3)]$$

液相反应:某些液态反应物,可在惰性溶剂中直接加合而发生反应,如在惰性溶剂石油醚中发生加合反应

$$SnCl_4(l) + 2NMe_3(l) \longrightarrow trans\text{-}[SnCl_4(NMe_3)_2]$$

液–固相反应:因其使用固态反应物,所得产品提纯分离困难,一般尽量少用。不过,用该反应制备含氟、氯的配阴离子比较方便。如固体 KCl 与液体 $TiCl_4$ 合成 $K_2[TiCl_6]$。

$$2KCl(s) + TiCl_4(l) \longrightarrow K_2[TiCl_6]$$

1.2.2　取代与交换反应制备配合物

取代与交换反应是指在合成反应中,配合物的金属离子或配体部分或全部被另一种物质取代或交换,从而生成新的配合物,主要反应形式有如下几种。

1. 金属交换反应

金属配合物与其他金属的盐(或化合物)之间发生金属离子交换,可以用下式表示:

$$ML_l + M'^{n+} \rightarrow M'L_k + M^{m+} + (l-k)L$$

式中,M 可以是过渡金属也可以是非过渡金属;M′是过渡金属;L 是螯合配体。反应结果是生成了更加稳定的螯合物 M′L$_k$。金属离子的置换有一定规律,由于不同配体与金属离子的配位能力不同,因此对于不同的配体有着不同的金属置换顺序。利用这种方法,可以从一种螯合物出发合成一系列不同的过渡金属配合物。

2. 配体取代反应

在一定条件下,新配体可以取代原配合物中的一个、几个或全部配体,得到新的配合物。

$$[Ni(CO)_4] + 4PCl_3 \longrightarrow [Ni(PCl_3)_4] + 4CO$$

控制反应条件是提高产率的关键,上述反应必须在无水和 CO 气氛中将 PCl$_3$ 加入到 [Ni(CO)$_4$] 液体中,迅速搅拌,反应结束后过滤、干燥,可得 [Ni(PCl$_3$)$_4$]。实际应用中更多的是利用配体配位能力的差别来进行取代或交换反应,如用螯合配体取代单齿配体生成更稳定的配合物。这一类反应不需要加入过量的配体,通常按反应化学计量比加入。对于有些反应,加入新配体数量的不同会生成不同的产物。下面是一些具体的例子,其中 phen 表示邻菲罗啉。

$$[NiCl_4]^{2-} + 4CN^- \longrightarrow [Ni(CN)_4]^{2-} + 4Cl^-$$
$$[Fc(H_2O)_6]^{2+} + 3phen \longrightarrow [Fe(phen)_3]^{2+} + 6H_2O$$
$$[Co(NH_3)_5Cl]Cl_2 + 3en \longrightarrow [Co(en)_3]Cl_3 + 5NH_3$$
$$K_2[PtCl_4] + en \longrightarrow [Pt(en)Cl_2] + 2KCl$$

3. 加成和消去反应

在前面介绍的取代反应中,配合物的配位数和配位构型在反应前后保持不变。有些配合物是通过加成或消去反应来合成的,在加成或消去反应中通常伴随着中心金属离子配位数和配位构型的变化,而且很多情况下还同时发生金属离子价态变化。

实验室常用的变色硅胶干燥剂就是利用这个原理,在硅胶干燥剂中掺有四配位的 [CoCl$_4$]$^{2-}$ 而呈蓝色,当干燥剂吸水后即变为粉红色的水合钴离子 [Co(H$_2$O)$_6$]$^{2+}$,失效的粉红色硅胶通过加热脱水后又回到原来的蓝色,可以重复使用,钴配合物加成反应前后颜色的变化实际上起着颜色指示剂的作用。

1.2.3　氧化还原反应制备配合物

许多过渡金属离子具有氧化还原活性,其含相同配体的配合物也存在不同的氧化态,因此可以通过配合物中金属离子的氧化还原反应来制备新的配合物。例如,从二价钴配合物出发合成相应的三价钴配合物,二价钴盐一般比三价钴盐稳定,但是对于配合物来说,特别是它的氨配合物则是三价钴的配合物更稳定。

$$2[Co(H_2O)_6]Cl_2 + 10NH_3 + 2NH_4Cl + H_2O \xrightarrow{\text{活性炭}} 2[Co(NH_3)_6]Cl_3 + 14H_2O$$

该反应中,二价钴被氧化到三价钴的同时,还发生了配体取代反应,活性炭在反应中起催化作用。实验证明没有活性炭存在时,该反应的产物是$[Co(NH_3)_5Cl]Cl_2$。

另一个例子是$K_3[Fe(C_2O_4)_3]$的合成,通常不是用三价铁盐与草酸根作用来合成这个配合物,而是首先利用$(NH_4)_2Fe(SO_4)_2 \cdot 6H_2O$ 和 $H_2C_2O_4$反应生成$FeC_2O_4 \cdot 2H_2O$。

$$(NH_4)_2Fe(SO_4)_2 \cdot 6H_2O + H_2C_2O_4 \longrightarrow FeC_2O_4 \cdot 2H_2O(s) + (NH_4)_2SO_4 + H_2SO_4 + 4H_2O$$

然后在过量草酸根存在下,用过氧化氢氧化草酸亚铁即可得到三草酸合铁(Ⅲ)酸钾,同时有氢氧化铁生成。加入适量草酸可使$Fe(OH)_3$转化为三草酸合铁(Ⅲ)酸钾。

$$6FeC_2O_4 \cdot H_2O + 3H_2O_2 + 6K_2C_2O_4 \longrightarrow 4K_3[Fe(C_2O_4)_3] + 2Fe(OH)_3 + 6H_2O$$

$$2Fe(OH)_3 + 3H_2C_2O_4 + 3K_2C_2O_4 \longrightarrow 2K_3[Fe(C_2O_4)_3] + 6H_2O$$

再加入乙醇,放置,即可析出非常漂亮的绿色结晶,其后几步总反应式为:

$$2FeC_2O_4 \cdot 2H_2O + H_2O_2 + 3K_2C_2O_4 + H_2C_2O_4 \longrightarrow 2K_3[Fe(C_2O_4)_3] \cdot 3H_2O$$

在实际应用氧化还原反应制备配合物的过程中,氧化剂或还原剂的选择非常重要,一方面要考虑其氧化还原能力,另一方面要考虑反应后产物的分离和纯化,要尽可能避免在反应中由氧化剂或还原剂本身引入副产物。从这个角度讲,氧气(空气)、H_2O_2是很好的氧化剂,因为它们被还原后的产物是水,不会污染产物。相反,$KMnO_4$、$K_2Cr_2O_7$等不是很合适的氧化剂,尽管它们的氧化能力很强,但是会给反应带入难以分离的副产物。同样,N_2H_4、NH_2OH是较理想的还原剂,因为它们被氧化后产生N_2,不会给反应引入杂质。

1.2.4　模板法制备配合物

近年来,大环配体及其与金属形成的配合物的研究越来越引人注目,大环配体可以是单环、多环和窝穴型,结构如下所示:

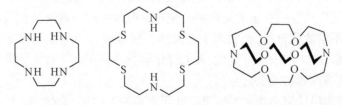

20 世纪 30 年代，Linstead 和 Loue 在利用邻苯二甲腈自缩合反应合成金属钛的配合物时，发现金属或金属离子可以促进大环的形成。在模板合成法中，金属离子为模板剂，金属离子的半径必须与大环的空穴大小相匹配，否则得不到相应的大环配合物。

图 1-6 是一个用 Cu^{2+} 作模板剂合成大环铜配合物的例子，在模板剂 Cu^{2+} 存在下，乙二胺和醛基发生缩合反应，在生成 Schiff 碱大环配体的同时，也生成了铜配合物。研究表明，如果没有 Cu^{2+} 存在，则生成物不是单一的产物。这说明在该反应中 Cu^{2+} 不仅作为生成配合物的中心原子，还起到形成大环配体的模板剂的作用。

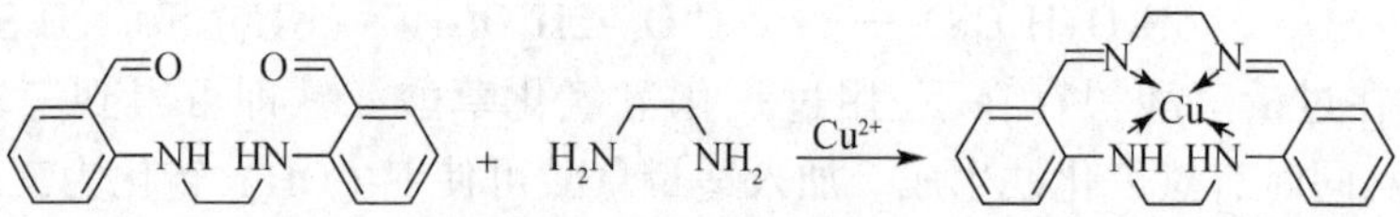

图 1-6　模板法合成 Schiff 碱大环配合物

冠醚是 1976 年以来出现的一类大环配合物，Pederson 首先合成了这类中性化合物。他发现，冠醚虽是大环化合物，但进行缩合反应不需要高度稀释的条件就可得到满意的产率。例如，制备二苯并-18-冠-6 时，在约 0.75 mol/L 的浓度下，产率达 39%~48%（图 1-7）。溶液中的钠、钾离子与反应物中的氧原子相配位有利于环化反应的进行。动力学的研究证明，Ba^{2+}、Sr^{2+}、K^+、Na^+ 在二苯并-18-冠-6 的形成中起着模板剂的作用。

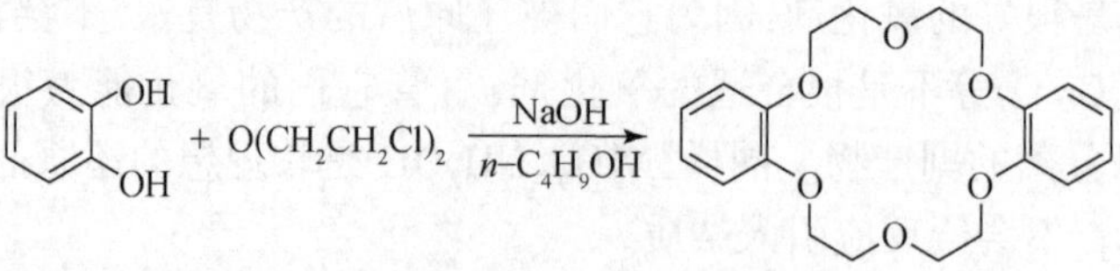

图 1-7　模板法合成冠醚

1.2.5　水热、溶剂热合成法

前面介绍的配合物合成反应均在比较温和条件下进行，而且得到的配合物在水或有机溶剂中往往有一定的溶解度。最近研究较多的一些配位聚合物一般都是非常难溶或不溶的化合物，金属离子与配体一经接触立即生成不溶于水和有机溶剂的沉淀，难以纯化和表征。为此，人们开始寻找并利用其他合成方法来合成配合物，水热法或溶剂热法就是其中之一。

水热、溶剂热反应是指在特定温度和压力条件下（100~1000 ℃，1~100 MPa），利用溶液反应合成特殊化合物或培养高质量晶体,这使得有些在常温常压下不溶或难溶的化合物,在高温高压条件下溶解度增大、反应速率加快,从而促进合成反应的进行和晶体生长。水热或溶剂热合成与固相合成的差别在于物质的"反应性"不同,在高温高压条件下,溶剂处于临界或超临界状态,反应活性提高。

由于在水热及溶剂热合成条件下反应物活性的提高,水热及溶剂热反应有可能代替固相反应及其他难以进行的合成反应。在水热或溶剂热合成条件下,中间态、介稳态及特殊物相易于生成,能合成出特种介稳结构、特种凝聚态的新产物;能使低熔点化合物、高蒸气压且不能在熔体中生成的物质、高温分解性物质等在水热或溶剂热条件下生成。该方法有利于生长缺陷少、取向好、完美的晶体,且产物晶体的粒度易于控制。另外,由于易于调节环境气氛,该方法有利于低价态、中间态与特殊价态化合物的合成,并能进行均匀掺杂。

水热反应的反应器可以根据反应温度、压力和反应液的量来选择,常用的有不锈钢压力反应釜和厚壁硬质玻璃管两种。不锈钢压力反应釜由不锈钢外套和聚四氟乙烯内衬组成,可以根据反应液的量来确定反应釜尺寸大小,这种反应釜需要特别加工制作,并且要经过耐压安全检测,反应物混合好后注入聚四氟乙烯内衬中,一般装入的液体体积占聚四氟乙烯内衬容积的 60%~80%,然后拧紧不锈钢盖,即可加热开始反应。当反应液较少且温度不是特别高(如 180 ℃ 以下)时,可以采用耐压的厚壁硬质玻璃管(壁厚 2 mm,内径约 5 mm)作反应器,操作过程是:先将玻璃管一端加热熔封,冷却后装入反应混合液,然后将盛反应液的玻璃管部分浸入液氮中冷却,边抽真空边用高温火焰封住玻璃管开口端,封管后即可开始加热反应,反应结束后冷却,最后切断玻璃管取出反应产物,玻璃管一般是一次性使用。两种反应器各有特长,玻璃管中反应产物易于观察,需要的反应物用量少,一次可进行多个反应体系的实验,但反应前封管过程稍显麻烦,且反应温度过高有一定的危险。对比之下,不锈钢压力反应釜可以完成较高温度下的反应,且反应釜可以重复使用。

水热、溶剂热反应的特点是简单易行、快速高效、成本低、污染少。该方法的不足之处在于一般情况下只能看到结果,难以了解反应过程。尽管现在有人设计出特殊的反应器,用来观测反应过程,研究反应机理,但这方面的研究才刚刚开始,还需要一定的时间进行研究积累,有待于进一步突破。

1.2.6 配合物的表征

配合物的表征就是应用各种物理方法分析其组成和结构,以了解配合物中的基本粒子如何相互作用以及它们在空间的几何排列和构型。配合物通常是金属离子与配体杂化而成的体系,因此配合物的表征与有机物相比更为复杂,可借助紫外–可见吸收光谱、振动光谱、核磁共振谱、质谱、圆二色光谱、X 射线衍射及热分析方法等予以表征。

1. 紫外–可见吸收光谱

紫外–可见吸收光谱的波长分布是由跃迁能级间的能量差所决定的,反映了物质内部的能级分布状况。在配合物的紫外–可见吸收光谱中,根据吸收带来源不同可划分为:配位场吸收带、电荷迁移吸收带和配体内的电子跃迁吸收带。配位场吸收带包括 d→d 跃迁和 f→f 跃迁,根据其位置变化和裂分可跟踪考察配合物的反应和形成,波长范围大多在可见光区。电荷迁移吸收带包括配体到金属的电荷跃迁(LMCT)和金属到配体的电荷跃迁(MLCT)。配体内的电子跃迁吸收带有 $\pi \to \pi^*$、$n \to n^*$ 等,波长范围位于近紫外及可见光区。配合物中生色团和助色团对配合物性质影响显著,生色团通常指能吸收紫外、可见光的原子团或结构体系,如羰基、羧基等。助色团指带有非键电子对的基团,如—OH、—OR、—NHR、—Cl 等,它们本身不能吸收波长大于 200 nm 的光,但当与生色团相连时,会使生色团的吸收峰向长波方向移动,并使生色团的吸光度增加。

2. 振动光谱

配合物中金属离子配位几何构型不同,其对称性也不同,由于振动光谱对这种对称性的差别很敏感,因此可以通过测定配合物的振动光谱定性地推测配合物的配位几何构型,常用的是红外光谱和 Raman 光谱。

红外光谱的特点:①红外吸收只有振–转跃迁,能量低;②应用范围广,除单原子分子及单核分子外,几乎所有有机物均有红外吸收;③分子结构表征更为精细,通过红外谱的波数位置、波峰数目及强度确定分子基团;④定量分析;⑤固、液、气态样均可用,且用量少,不破坏样品;⑥分析速度快;⑦与色谱等联用,具有强大的定性功能。

产生红外吸收的条件:一是辐射光子的能量应与振动跃迁所需能量相等;二是辐射与物质之间必须有耦合作用,使偶极矩发生变化。分子对称性高,振动偶极矩小,产生的谱带就弱;反之则强。例如,C ═ C 双键、C—C 单键因对称性高,其振动峰强度小;而 C ═ X、C—X 因对称性低,其振动峰强度大。峰强度可用很强(vs)、强(s)、中(m)、弱(w)、很弱(vw)等来表示。

配合物的振动光谱主要讨论三种振动:①配体振动:假定它在形成配合物后没有太大变化,则很容易由纯配合物的已知光谱来标记对应的谱带;②骨架振动:它是整个配合物的特征;③偶合振动:它可能是由于两个配体的振动,或配体振动和骨架振动以及各种骨架振动之间的耦合而引起的。通过红外光谱对配合物官能团特征频率的研究,可以深入了解配体的配位方式和配合物的结构信息。

3. 核磁共振谱

核磁共振(NMR)是目前最为常用的谱学方法之一,在配合物的研究中不可或缺。金属离子对配合物 NMR 的影响大致可分为两类:① 金属离子中所有电子都是成对的。常见的抗磁性金属离子有 Pd(Ⅱ)、Pt(Ⅱ)、Cu(Ⅰ)、Ag(Ⅰ)、Zn(Ⅱ)、Cd(Ⅱ)、Hg(Ⅱ)、Pb(Ⅱ)以及碱金属、碱土金属离子和部分稀土离子等;还包括低自旋的 Fe(Ⅱ)、Ni(Ⅱ)、Co(Ⅲ)等。这些配合物的 NMR 与有机配体的 NMR 相近,常可根据配体的化学位移来研究配位过程和化学组成。② 金属离子中有未成对的电子存在。部分顺磁性金属离子对配合物的 NMR 会产生不可测的影响,不适合 NMR 研究;而少数顺磁性金属离子配合物的 NMR 可测,但化学位移变化很大。

配位化学中 NMR 波谱的测定通常用来判定配合物的结构。一般来讲,反磁性配合物的 NMR 谱较简单,依据信号的位置、强度及分裂形式就可以确定其归属,如双 β-二酮配合物的顺反异构体的确定。在ⅣA族金属离子中,除了 Pb(Ⅳ)外均能与 β-二酮(Hdkt)形成 $[M^{Ⅳ}Cl_2(dkt)_2]$ 型配合物。例如,乙酰丙酮(Hacac)与 M(Ⅳ)配位形成 $[M^{Ⅳ}Cl_2(acac)_2]$ 后,可能有两种异构体存在,在反式异构体中只出现单峰,而在顺式异构体中则有强度相同的两个甲基峰,如图 1-8 所示。

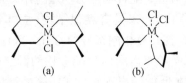

(a)　　　　　　　　(b)

图 1-8　$[M^{Ⅳ}Cl_2(acac)_2]$ 的两种异构体

(a) 反式异构体(四个甲基等同,单峰);(b) 每两个甲基等同,有强度相等的两个峰

4. 质谱

质谱法(mass spectrometry,MS)是利用电磁学原理,将化合物电离成具有不同质量的离子,然后利用不同离子在电场或磁场中运动行为的不同,把离子按质荷比(m/z)分开后收集和记录下来,从所得到的质谱图推断出化合物结构的方法。

质谱法是物质定性分析与分子结构研究的有效方法,主要有以下几个特点:①具有广泛的应用范围。可应用于无机成分分析及有机物的结构分析,也可应用于同位素分析。②提供大量的数据信息,如提供准确的分子量、分子结构及分子式、分子和官能团的元素组成等信息。③所需样品少，同时灵敏度较高。通常只需要微克级甚至更少的样品，便可得到满意的分析结果，检出极限最低可达 10^{-14} g。④分析速度快。最快可达 0.001 s，可实现色谱-质谱在线分析及多组分同时测定。

根据离子源的不同，即使分析物的分子离子化方式不同，可以将质谱分为：电子电离（EI）、化学电离（CI）、快原子轰击（FAB）、电喷雾电离（ESI）、大气压化学电离（APCI）、基质辅助激光解吸电离（MALDI）。

电喷雾电离质谱技术（ESI-MS）为了使被检测的分子或分子聚集体能够"完整"地进入质谱，采用了温和的离子化方式，因此，ESI-MS 特别适合于以非共价键方式结合的分子或分子聚集体（复合物）的研究，配合物的反应液中目标产物的存在也可以利用电喷雾电离质谱技术来判断。

5. 圆二色光谱

光学活性物质对左、右旋圆偏振光的吸收率不同，其光吸收的差值称为该物质的圆二色光谱（circular dichroism，CD）。当平面偏振光通过具有圆二色性的物质时会变为椭圆偏振光，这种现象只能在发生吸收的波长处观察到。在配合物中有许多旋光异构体存在，可以通过圆二色光谱对其进行表征和研究。CD 曲线中的峰值或谷底一般与通常的电子吸收光谱的最大吸收峰的位置相同或相近，分别称为正和负的 Cotton 效应。选取绝对构型已知的化合物为标准，利用 Cotton 效应可以确定其他光学异构体的绝对构型。配合物绝对构型应用 Cotton 效应指定的一般规律是：在对应的电子吸收范围内，如果具有类似结构（立体结构、配位结构和电子结构）的两个不同的手性配合物具有相同符号的 Cotton 效应，则二者的绝对构型可能相同。通过对一系列含五元环双齿配体类配合物的圆二色谱的研究，发现它们一般符合下列经验规律：凡在低能端出现正的 CD 峰的都属于 Λ 绝对构型，出现负CD 谱带的为 Δ 绝对构型，图 1-9 所示为 $[Co(Gly)_3]$ 的吸收光谱和 CD 光谱。

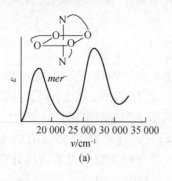

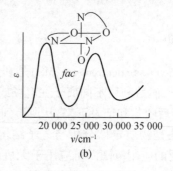

(a)   (b)

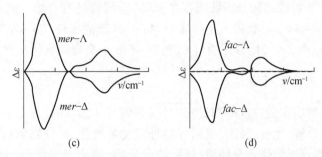

图 1-9　配合物[Co(Gly)$_3$]水溶液的紫外–可见光谱(a)、(b)和 CD 光谱(c)、(d)

6. X 射线衍射

通过 X 射线衍射可以容易地确定晶体中分子的相对取向、原子间距和键角,同时也可以提供有关电子组态的资料。X 射线晶体结构分析的基本原理是:当 X 射线穿过晶体时,因为每一种晶体物质都有各自的晶体结构,所以每一种晶体物质都有自己独特的衍射花纹。常用各个衍射面的面间距 d(与晶胞的形状和大小有关)和衍射线的相对强度 I/I_0(与粒子的种类及其在晶胞中的位置有关)来表示衍射花纹的特征。这两个衍射数据即使在不同的实验条件下也会得到一系列不变的数据,因此它们是晶体结构的必然反映,可以根据它们来鉴别结晶物质的物相。X 射线晶体结构分析方法分为单晶衍射法和粉末衍射法。

单晶衍射法的第一步是选择合适的晶体,所用晶体一般为直径 0.1 ~ 1 mm 的完整晶粒。由于用单晶作为样品能够比多晶更方便、更可靠地获得更多的实验数据,所以该法一直是解析晶体结构的最重要的手段。即使结构非常复杂的晶体也能用单晶衍射法测定出它的精确结构。

粉末衍射法也称多晶衍射法,所用样品为大量微小晶粒的堆积,宏观上为粉末。有关配合物的相纯度以及配合物骨架结构稳定性方面的研究常用到粉末衍射法。

通过 X 射线结构分析,可以得到高配位数配合物的空间构型、了解中心离子的配位构型、成键特征等信息。例如,经 X 射线衍射分析得知,Y(acac)$_3$·3H$_2$O 具有四方反棱柱结构,3 个乙酰丙酮基和 2 个水分子与中心 Y^{3+} 形成八配位结构,第 3 个水分子借助氢键存在于配合物晶格中。

含有 M—M 键、具有多面体结构的多核配合物,称为金属簇状化合物,它们在合成化学、材料化学和配位催化等方面的应用都与其结构特征密切相关,根据金属–金属键的键长就能够直接确定多核配合物中是否存在金属–金属键。如果配合物中金属原子间的键长比纯金属晶体中的短,说明有金属键存在。[Mo(C$_5$H$_5$)(CO)$_3$]$_2$

是第一个通过 X 射线结构分析证明存在金属-金属键的配合物。而在 Mo_2Cl_{10} 中,Mo—Mo 键距为 384 pm,远远大于金属中 Mo—Mo 键的键长 273 pm,X 射线结构分析表明,Mo_2Cl_{10} 中 2 个 Mo 原子通过 Cl 桥连,不属于金属簇状化合物。

7. 差热–热重分析法

差热是指物质在受热或冷却过程中,当达到某一温度时,往往会发生熔化、凝固、晶型转变、分解、化合、吸附、脱附等物理或化学变化,并伴随着焓的改变,因而产生热效应,其表现为体系与环境(样品与参比物)之间有温度差。差热分析就是通过温差测量来确定物质的物理、化学性质的一种热分析方法。

热重分析(TG)是指物质受热时,发生化学反应,质量也随之改变,测定物质质量的变化就可研究其变化过程。热重法是在程序控制温度下,测量物质质量与温度关系的一种方法。热重法实验得到的曲线称为热重曲线。图 1-10 为五水合硫酸铜的热失重曲线(10.8 mg,静态空气,10 ℃/min),由此失重曲线可作出如下推断:

$$CuSO_4 \cdot 5H_2O \longrightarrow CuSO_4 \cdot 3H_2O + 2H_2O \uparrow$$
$$CuSO_4 \cdot 3H_2O \longrightarrow CuSO_4 \cdot H_2O + 2H_2O \uparrow$$
$$CuSO_4 \cdot H_2O \longrightarrow CuSO_4 + H_2O \uparrow$$

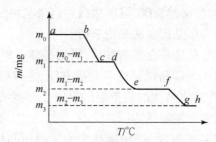

图 1-10　五水合硫酸铜的热失重曲线

参 考 文 献

陈荣,高松.2012. 无机化学学科前沿与展望. 北京:科学出版社.

龚孟濂.2010. 无机化学. 北京:科学出版社.

刘伟生.2013. 配位化学. 北京:化学工业出版社.

刘又年,周建良.2013. 配位化学. 北京:化学工业出版社.

罗勤慧,等.2016. 配位化学. 北京:科学出版社.

史文权.2011. 无机化学. 武汉:武汉大学出版社.

宋天佑,程鹏,王杏乔.2004.无机化学(上、下册).北京:高等教育出版社.

宋学琴,孙银霞.2013.配位化学.成都:西南交通大学出版社.

苏克曼,潘铁英,张玉兰.2002.波谱解析法.上海:华东理工大学出版社.

孙为银.2012.配位化学.北京:化学工业出版社.

唐宗薰.2003.中级无机化学.北京:高等教育出版社.

杨帆.2009.配位化学.上海:东师范大学出版社.

游效曾,孟庆金,韩万书.2000.配位化学进展.北京:高等教育出版社.

张祖德.2008.无机化学.合肥:中国化学技术大学出版社.

章慧,陈耐生.2010.配位化学:原理与应用.北京:化学工业出版社.

郑化桂,倪小敏.2006.高等无机化学.合肥:中国科学技术大学出版社.

第 2 章　发光金属配合物

21 世纪是一个高度信息化的社会,为满足高速、宽带、大容量和高清晰信息的采集、存储、处理、传输和应用的需要,人们正致力于开发新一代高性能半导体光电子器件,而这些都需要高性能的光电材料作为支撑。配合物因其具有配位结构多样性、电子跃迁类型丰富及发光光谱连续可调等特点,在光电子器件领域具有非常广泛的应用。金属配合物发光材料介于有机小分子和无机物发光材料之间,既具有有机物高荧光量子效率的优点,又有无机物稳定性好的特点,因此被认为是最有前景的一类发光材料。近年来金属配合物在众多领域都获得了重要的应用,如显示与照明器件、化学传感器、生物体系探针及太阳能电池等。本章主要对 8-羟基喹啉类金属配合物、稀土配合物和过渡金属配合物进行介绍。

2.1　发光金属配合物概述

发光金属配合物是化学研究的重要化合物类型之一,它作为发光材料具有高效率、高亮度、发光颜色覆盖面宽等优势,它的特殊性能使其在生产实践和新技术发展中获得重要应用。

2.1.1　发光金属配合物定义

发光金属配合物一般指多齿配体与金属离子配位形成具有环状结构的配合物,多齿配体多为五元或六元环结构,一般为二齿或三齿配体,包括羟基喹啉类、10-羟基苯并喹啉类、希夫碱类、噻唑类、黄酮类等。金属可以是主族金属,如 Be、Al、Ga 等,也可以是过渡金属,如 Zn、Pt、Ir、Fe 等,或者稀土金属,如 Eu、Pr、Tb 等。金属配位数一般处于饱和状态,整个金属配合物呈电中性。

金属配合物的结构一般是非平面的,具有立体性,存在分子间或分子内的 π-π 相互作用,容易产生不同方式的分子间聚集以及异构体变换等。不同的堆积方式可以引起不同的光学性能。金属配合物的性质比较稳定,熔点高,易溶于许多有机溶剂。它们作为主体发光材料,既具有无机物的热稳定性,又具有有机物的高量子效率。

2.1.2　发光机制

发光材料具有多种多样的发光方式,如光致发光、电致发光、热释发光、光释发光以及辐射发光等。其中金属配合物既有光致发光又有电致发光的特性。

发光金属配合物的发光机制如图 2-1 所示:分子吸收了某一特定波长的光后从基态跃迁到激发态,由于激发态是一个不稳定的中间态,受激物必将通过各种途径耗散多余的能量以达到某一个稳定的状态,一般经过下述的光化学和光物理过程:辐射跃迁、无辐射跃迁、能量传递、电子转移和化学反应等。激发态分子消耗能量的途径很多,在这些能量耗散过程中,如果辐射跃迁竞争优势明显,那么就可以观测到较强的荧光或磷光。因此用发光量子产率来定义配合物的发光特性,即发光物质吸光后所发射光的光子数与所吸收的激发光的光子数的比值。

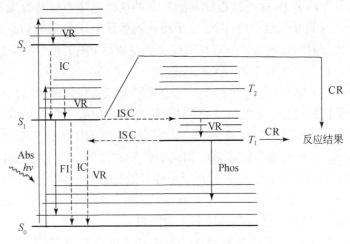

图 2-1　分子光物理的 Jablonski 图

基态(S_0):将电子填充到分子轨道上可得到分子的电子组态,光物理、光化学中的基态是指分子的稳定态,即能量最低状态。

激发态(S_1、S_2、T_1、T_2):如果一个分子受到光的辐射其能量达到一个更高的值时,则这个分子被激发了,从而获得了激发态。被激发后,分子中的电子排布不完全遵从构造原理,激发态是分子的一种不稳定状态,其能量相对较高。

分子所处状态的性质可以用光谱项$^{2S+1}L_J$来表示。$2S+1$ 称为多重性或者多重态,表示态的自旋状态;L 表示角动量量子数;J 表示总量子数。如果处于激发态分子的自旋多重度为 1,则体系处在单重态,依据它们能量的高低,分别用 S_1、S_2 等来表示,绝大多数有机分子的基态都是单重态,一般单重态的基态用 S_0 表示。在受到激发后,一个电子从低能轨道被激发到高能轨道上。电子跃迁到高能轨道后,激发态的自旋状态有可能出现不同于基态的情况。若被激发时,电子自旋没有发生改变,则激发态分子的总自旋仍为零,分子仍为单重态,得到的是激发单重态。若在分子激发时,跃迁电子的自旋发生了翻转,则分子中电子总自旋 $S=1$,这时分子的多重度为3,则体系处在三重态,分别用 T_1、T_2 等来表示不同能量的三重激发态。在发光配合物中,涉及最多的是 S_0、S_1 和 T_1 三个态。

跃迁:分子在势能面间的跳跃过程称为跃迁,对应于电子从一个轨道跳跃到另一个轨道。跃迁根据其性质的不同可以分为两大类:一类是辐射跃迁,即跃迁过程伴随着光子的放出,包括荧光和磷光过程;另一类是非辐射跃迁,即跃迁过程没有光子参与,能量以热或者其他形式耗散,包括内转换、系间窜越等。

振动弛豫(VR):根据 Franck-Condon 原理,分子被激发后,到达了电子激发态的某一个振动激发态上,紧接着分子以热的方式耗散部分能量,从较高的振动激发态弛豫到最低振动态上,这一过程就是激发态的振动弛豫。振动弛豫发生的时间在 $10^{-14} \sim 10^{-12}$ s 数量级范围内,因此分子很快就弛豫到了最低振动态上。由于激发单重态荧光辐射跃迁的寿命一般在 10^{-8} s 数量级,如果按照严格的选择定则,荧光辐射跃迁的始态必须是 S_1 的最低振动态。

内转换(IC):内转换是激发态分子通过无辐射跃迁耗散能量而回到相同自旋多重度低能势面的过程。它是一个态间过程,与荧光同属于激发单重态的去活过程。内转换发生的时间尺度一般在 10^{-12} s 左右,它不仅发生于 S_1 和 S_0 态之间,还发生于 S_2 和 S_1、T_2 和 T_1 等自旋多重度相同的激发态之间。由于它的存在,很难观察到由 S_2 以上的激发单重态向基态的荧光辐射跃迁,绝大多数分子的荧光辐射跃迁都是 $S_1 \rightarrow S_0$。荧光和内转换是相互竞争的,分子的荧光性能好不好,不但取决于荧光发射速率常数,还受内转换速率常数控制。

系间窜越(ISC):分子被激发后从基态跃迁到激发态,如果 S_1 态与 T_1 态有交叠,这时分子有可能从 S_1 态"过渡"到 T_1 态,并最终到达 T_1 态的最低振动态,这就是系间窜越,也是无辐射跃迁的一种。其他 S 态和 T 态间的无辐射跃迁也属系间窜越,即自旋多重度不同态间的跃迁称为系间窜越。

荧光(Fl):荧光是辐射跃迁的一种。当分子吸收光后,电子从基态跃迁到激发态的某一个振动能级,紧接着振动弛豫到 S_1 的最低振动能级上,从 S_1 跃迁到 S_0 时所释放的辐射就是荧光。

磷光(Phos):当分子吸收光后,电子从基态跃迁到激发态的某一个振动能级上,由于 S_1 态和 T_1 态的交叠,分子通过系间窜越到 T_1 态,由激发三重态的最低振动态辐射跃迁至基态的过程称为磷光过程。由于磷光过程是自旋多重度改变的跃迁,受到了自旋因子的制约,所以其跃迁速率比荧光过程要小得多,相应的寿命也较长。

电子转移:电子转移反应实际上是一个单电子反应,即一个电子从一个被激发分子的 LUMO 轨道转移到另一个基态分子的 LUMO 轨道,或者从 HOMO 轨道转移到被激发分子的 HOMO 轨道。很明显,这一过程是同发光过程相互竞争的。

在研究发光机制的前提下,人们希望增强辐射跃迁的过程,减小无辐射跃迁过程和其他耗散途径,从而提高发光效率。由于大多数无机盐类金属离子与溶剂之间的相互作用很强烈,激发态分子或离子的能量因分子碰撞而去活化,多以无辐射方式返回基态,或发生光化学作用,因而能发光者为数甚少。然而将无机离子与有光敏基团的有机物形成配合物,则可观察到明显的辐射跃迁。显然配合物的发光能力与有机配体以及金属离子的结构特性有很大的关系。

图 2-2 为有机分子电子跃迁的一般情况。作为配体的有机分子最常见的电子跃迁是 $\sigma \rightarrow \sigma^*$、$\pi \rightarrow \pi^*$、$n \rightarrow \sigma^*$、$n \rightarrow \pi^*$ 的跃迁。其中 $\sigma \rightarrow \sigma^*$ 和 $\pi \rightarrow \pi^*$ 的跃迁是基态成键轨道上的电子跃迁到激发态的反键轨道,$n \rightarrow \sigma^*$、$n \rightarrow \pi^*$ 的跃迁是杂原子的孤对电子向反键轨道的跃迁。根据图 2-2 可知:烷烃只有 σ 键,只能发生 $\sigma \rightarrow \sigma^*$ 的跃迁。含有重键如 C＝C、C≡C、C＝O、C≡N等化合物有 σ 键和 π 键,有可能发生 $\sigma \rightarrow \sigma^*$、$\pi \rightarrow \pi^*$ 等的跃迁。分子中含有氧、卤素等原子时,因为其含有 n 电子,还可能发生 $n \rightarrow \pi^*$、$n \rightarrow \sigma^*$ 的跃迁。

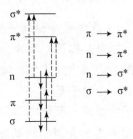

图 2-2　有机分子的电子跃迁

2.1.3　分类

金属配合物的发光能力与金属离子的电子构型及配体的结构有关,按照不同标准,有以下分类方法。

1. 按中心金属离子划分

据不完全统计,发光金属配合物的中心金属离子有 20 多种,大致位于元素周期表中的三个区域(表 2-1)。

表 2-1　发光金属配合物中心离子的分布

主族金属配合物	Li、Be、Mg、Al、Ca、In 等
过渡金属配合物	Zn、Cd、Hg、Cu、Ag、Au、Ru、Pd、Os、Ir、Pt、Re 等
稀土配合物	Eu、Tb、Sm、Nd、Er 等

2. 按配位原子的种类划分

按配位原子的种类划分如图 2-3 所示。

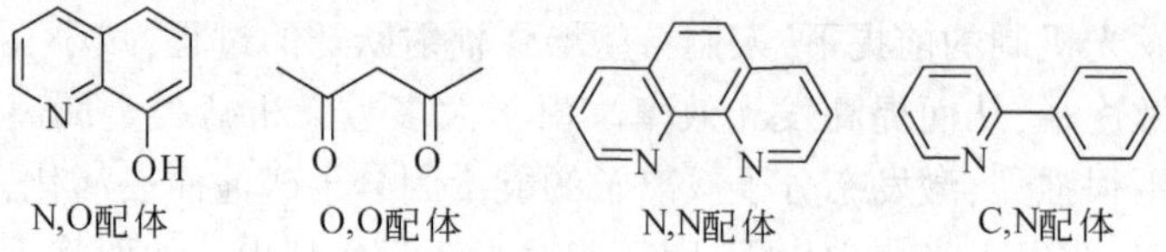

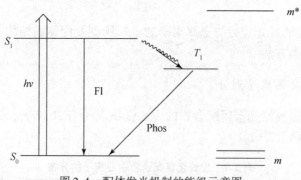

N
OH
N,O配体
O
O
O,O配体
N
N
N,N配体
N
C,N配体

图 2-3　发光金属配合物的常见配体类型

3. 按发光类型划分

1）配体受金属离子微扰的发光配合物（L-L）（主族元素的金属配合物）

以ⅡA 和ⅢA 族的金属离子为中心的配合物多属于配体受金属离子微扰发光的配合物。当配体与金属形成配合物后，由于金属离子对配体的微扰，金属配合物作为一个分子整体，由配体的光敏官能团吸收光。如果金属离子的最低激发态 m^* 电子能级高于配体的最低激发单重态 S_1 的能级（图 2-4），则配合物分子可能发生由配体的 S_1 能级回到基态的辐射跃迁（Fl），或者由三线态 T_1 回到基态的辐射跃迁（Phos）。这种情况下，金属离子相当于惰性原子，与有机配体形成螯合环，使原来的非刚性结构转变成刚性结构，导致之前不发光或发光很弱的有机化合物转变为发强荧光的配合物。典型的例子是 8-羟基喹啉类金属配合物，如 Alq_3 就以这种机制发光，还有甲亚胺类和羟基共轭杂环类。

m*
S1
T1
hv
Fl
Phos
S0
m

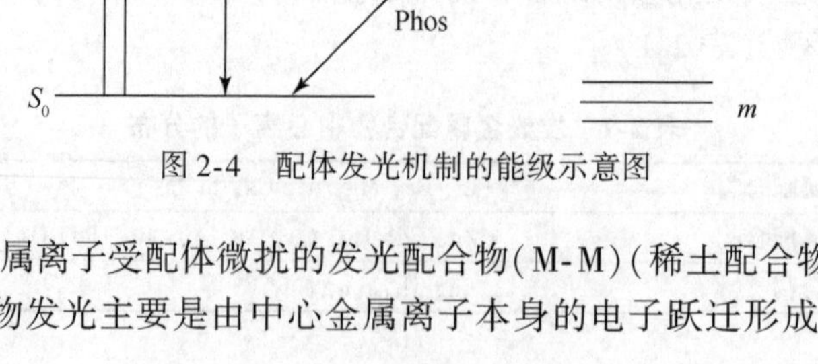

图 2-4　配体发光机制的能级示意图

2）中心金属离子受配体微扰的发光配合物（M-M）（稀土配合物）

这种配合物发光主要是由中心金属离子本身的电子跃迁形成激发态而产生

的。如果配合物中金属离子的 m^* 能级低于配合物的 T_1 能级(图2-5),则可能发生分子内的能量转移,即发生 $S_1 \rightarrow T_1 \rightarrow m^*$ 的无辐射跃迁过程,最后由金属离子的激发态 m^* 向基态 m 跃迁($m^* \rightarrow m$)而发射出金属特征荧光。这一类发光配合物的金属离子多为稀土离子。由于发光稀土离子次外层的 f 轨道未充满,m^* 位于配体 T_1 能级的下方,其 m^* 与 m 能级之间不存在连续能级,因此这些离子会发射特征的线状荧光。最常见的发光稀土离子有 Eu^{3+}、Tb^{3+}、Sm^{3+}、Dy^{3+} 等。

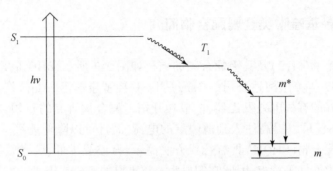

图 2-5　中心金属离子发光的能级示意图

3) 金属和配体的电荷转移发光(M-L)(过渡元素的金属配合物)

这类配合物的中心离子一般具有抗磁性,配体间 $\pi \rightarrow \pi^*$ 跃迁的能量差小,具体分为电荷从配体跃迁到金属离子的转移和从金属离子跃迁到配体的转移。在过渡金属配合物中,中心离子 d 轨道的分裂以及 d 电子的排布,直接影响配合物的性质。自由过渡金属离子的五个 d 轨道能级本来是简并的,在配体的影响下会发生分裂,即配位场效应(图2-6)。

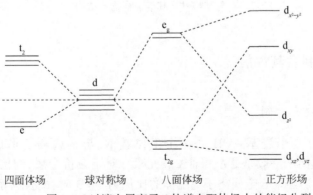

图 2-6　过渡金属离子 d 轨道在配体场中的能级分裂

2.2　8-羟基喹啉类金属配合物

对于8-羟基喹啉类衍生物,人们早期的研究仅限于含有药物活性的相关衍生物的合成。20世纪90年代初期,由于8-羟基喹啉衍生物具有良好的配位能力而在配合物合成中受到关注,并迅速应用于光电材料领域。

2.2.1　8-羟基喹啉类金属配合物简介

8-羟基喹啉(8HQ)及其铝配合物的结构如图2-7所示,8HQ是共轭多芳杂环化合物。1987年美国柯达公司的Tang等以8-羟基喹啉铝(Alq$_3$)作为发光层,获得了性能较好的有机电致发光器件,成功开拓了配合物研究的新领域。在电致磷光中,8HQ不仅可以提高注入到薄膜层的电荷,而且可以降低能级。由于8-羟基喹啉类金属配合物(8HQM)具有合成方法简单、合成成本低、荧光效率高、热稳定性优良和成膜性好等特点,因此它们成为一类重要的有机二极管的发射层材料,是一种非常典型的有机电致发光材料。

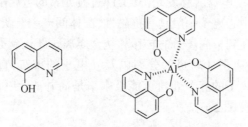

图2-7　8-羟基喹啉及其铝配合物的结构

2.2.2　发光机制及其性能

1. 8HQM的发光机制

8HQ配体含有一个羟基—OH和一个配位基N,与金属离子形成内络盐。8HQM的中心金属离子一般是ⅡA和ⅢA族元素。对于三价金属,配位数为6,二价金属配位数为4。当中心金属离子与配体的比例为1:3时,配合物呈八面体结构,比例为1:2时,配合物呈四面体结构。其他如ⅠA族金属离子、过渡金属离子、稀土金属离子都可以和8HQ配体形成8HQM发光材料。目前,8HQM的种类很多,但发光性能较好的主要是Alq$_3$、8-羟基喹啉锌(Znq$_2$)、8-羟基喹啉铍(Beq$_2$)、

8-羟基喹啉锂(Liq)等。8HQM 发光属于金属离子微扰的配体发光,8HQ 作为有机配体本身并不发光,这是由于分子中大环的共轭效应,使羟基中的氢原子难以形成裸质子与氮原子的孤对电子作用,从而阻碍了氢键的形成,使分子难以转化为平面结构,这样分子内的自由度增加,分子易变形,因而通过无辐射跃迁回到基态的概率很大;当配体与金属形成配合物后,由于金属离子对配体的微扰,金属离子与氮、氧结合使配体平面结构增大,分子刚性增强,π 电子共轭程度增大,分子变形较难,从而导致分子从激发态到基态时发生无辐射跃迁的概率大大下降,主要发生辐射跃迁而发光。例如 Alq_3,Al^{3+} 本身是不会发光的,8HQ 配体只能发出微弱的荧光,但当形成配合物后,Alq_3 分子就可以发出强烈的荧光,这就是金属离子微扰配体发光的结果。Alq_3 是一种典型的发绿光材料,它具有较好的发光效率、较高的电子迁移率及较好的热稳定性,是性能优良的发光材料。Liq 是一种发光效率高、色纯度好的蓝色有机电致发光和电子传输材料,与 Alq_3 配合使用,可以有效降低器件的起亮电压。

2. 8HQM 的分子结构与发光性能

金属配合物的荧光多发生在具有 π 电子共轭体系的分子中,随着共轭体系增长,离域电子越容易被激发,荧光效率越高,因此在发光分子中不饱和键越多,分子刚性越大,越容易产生荧光。此外,取代基对配合物的荧光性质也有很大影响,一般情况下,供电子基团可使化合物的荧光发射峰红移且荧光强度加强,如—NH$_2$、—NHR、—NR$_2$、—OH、—OR、—CN、—R 等;而吸电子基团则使荧光发射峰蓝移,如—NO$_2$、—COOH 等。

8HQM 具有荧光效率高、真空蒸发成膜性能好、电子传输性能好等制备器件的优良特性,但其荧光主要为单一的黄绿色。研究表明,8HQM 的发光强度、光谱范围、热稳定性及成膜性的改变,可以通过对配体结构的修饰和改变中心金属离子来实现。配体的结构可以明显影响 8HQM 及其衍生物的发光亮度和光谱范围。在喹啉配体上发生的 π－π* 跃迁,π 轨道(HOMO)位于喹啉环酚氧环上,π* 轨道(LUMO)位于吡啶环上,人们常常通过对配体 8HQ 进行适当的修饰来改变 HOMO 和 LUMO 的能级,使配合物的发光光谱蓝移或者红移,从而得到不同颜色的电致发光器件。8HQ 中配体的取代位置在酚氧环或是吡啶环,主要是C-2、C-5 和 C-7 位分别引入不同的基团来调控其发光颜色。根据分子模型以及分子轨道模拟计算,在吡啶环的 C-2 位引入大共轭取代基,既可以改变分子轨道中的能级差,又可以增加喹啉环的刚性结构,使配合物的波长发生一定程度的红移。从分子结构上看,当取代基为甲基、正丁基等基团时,降低了喹啉环的共轭程度,增加基态与激发态之间的能隙,使得紫外吸收峰和荧光发射峰均发生蓝移;当取代基为苯、对联苯、邻联苯等基团时,扩大了电子离域,增加了体系的共轭程度,降低了基态与激发态之间的能隙,使得紫外吸收峰和荧光发射峰均发生了红移。张蕾通过缩合反应得到乙酰化 8-羟基喹啉衍生物,再通过水解、中和反应得到 C-2 位取代的 8HQ 衍生物(图 2-8)。荧光分析表明:合成的 4 种不同的 C-2 位取代基,其金属配合物由于大环共轭效应,发射峰红移,光谱范围在 570~625 nm 之间。通过热重分析,热分解温度均在 200 ℃以上,说明这 4 种金属配合物在空气中均具有良好的热稳定性能。

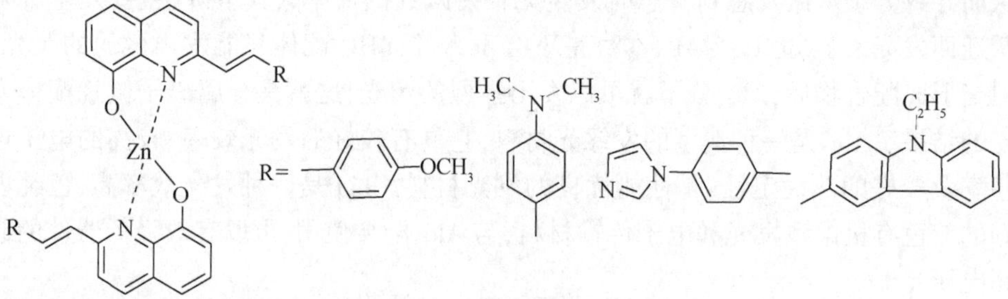

图 2-8　8HQ 衍生物

为了改变传统的真空蒸镀器件的制作工艺,人们通过在 8HQ 的 C-5 位上引入取代基,使其铝配合物在常见溶剂中的溶解度大大提高,可以旋镀制备均一透明的有机膜。Amaresh 等合成了一系列 C-5 位取代的 8HQ 衍生物及其铝配合物,这些配合物都有很强的绿色荧光,在固态或液态都表现出很高的量子效率,通过旋镀制成的电致发光器件启动电压只有 11 V。

此外,还可以通过改变配位数、引入第二配体、形成高聚物、改变中心金属等手段,实现颜色调控,提高其发光效率和电子传输效率。中心金属离子主要影响 8HQM 的光谱范围、荧光效率和发光强度等。具有稳定的惰性电子构型的金属离子可以形成 8HQM 发光材料,且随着原子序数的增加,荧光强度逐渐降低,如 Znq_2 的发光颜色为黄色,谱峰在 568 nm 左右,发光亮度在 26 V 偏压下,达到 16200 cd/m²;Mgq_2 发出强的蓝绿色荧光,它的最大发射光波长在 528 nm。

2.2.3　8-羟基喹啉类配合物研究现状

8HQ 作为配体可以与多种金属进行配位形成种类不同的功能配合物,并且可以通过对配体的修饰得到新的配合物。作为发光材料,这对开发新的 OLED 光源具有重要的作用。对于 8HQM 的研究主要集中在 8HQ 及其衍生物的金属配合物、高分子化的 8HQM 以及其他修饰的 8HQM 等。

1. 8-羟基喹啉金属配合物(8HQM)

8HQM 具有分子内络盐结构,配合物呈电中性,配位数达到饱和,在水中的溶解度很小。8HQM 作为一类技术最成熟和应用最广泛的有机电致发光材料,具有以下特点:良好的成膜特性;较高的量子效率;较高的玻璃化温度(T_g),在工作时不会因焦耳热导致薄膜晶化,稳定性好;良好的电子传输性能,可以作为电子传输材料;合成方法简单,合成成本低;选取不同的金属离子可以制备不同的配合物发光材料。

Alq$_3$是最早发现的此类发光材料,它呈扭曲八面体结构,在固体状态时作为无定形薄膜具有很低的光致猝灭作用及较好的电子传输能力和抗晶化能力,其电致发光光谱在 520 nm 左右,并且具有较高的电子迁移率、发光效率和较好的稳定性,是应用最广泛、性能优良的绿光材料。Znq$_2$是一种黄色发光材料,人们期望这类金属配合物能够成为新的有机电致发光材料。王华等以 Znq$_2$ 为基体合成了 Znq$_2$(H$_2$O)$_2$和(Znq$_2$)$_4$,在光致发光中,Znq$_2$(H$_2$O)$_2$和(Znq$_2$)$_4$的发射峰分别是 505 nm 和 550 nm,分别发出绿光和黄光。Liq 配合物是一种高效的蓝光材料,对于实现蓝色、多色以至白色器件都具有十分重要的意义。Beq$_2$是一种性能优良的绿光材料,谱峰在 520 nm 左右;Gaq$_3$能发出强蓝-绿光,谱峰在 553 nm 左右。Burrowns 等对 Gaq$_3$ 和 Alq$_3$ 的发光性能进行了对比研究,结果表明 Gaq$_3$ 的光致发光效率是 Alq$_3$ 的 1/4,但电致发光效率反而比 Alq$_3$ 高两倍,从电致发光和稳定性看,Gaq$_3$ 是更好的显示器件。

2. 8HQ 衍生物的金属配合物

以 8HQ 为配体的配合物电致发光材料具有电子传输性能好、荧光效率高、稳定性好等特点,但是发光颜色单一、难溶于有机溶剂等缺点限制了其在工业上的应用。通过对 8HQ 结构的不同位置引入不同的取代基(甲基、苯基、卤素、氰基等)以及改变配位金属,可得到发光波长以及成膜性、稳定性不同的一系列金属配合物。例如,马东阁课题组为了增加电子的流动性,报道了一个双 8-羟基喹啉衍生物铝配合物 DAlq$_3$[图 2-9(a)],研究表明其电致发光(electroluminescence,EL)的效率为 2.2 cd/A (1.2 lm/W),比 Alq$_3$的 EL 发光效率 2.0 cd/A (1.0 lm/W)高。

刘鸿等合成了新型含有二取代苯并咪唑配体的金属配合物[图 2-9(b)],该配合物的最大荧光发射波长为 525 nm,属于黄色荧光,这为进一步探讨含苯并咪唑 8-羟基喹啉衍生物配合物的光致发光性质奠定了基础。

3. 高分子化的 8HQM

8HQ 及其衍生物的金属配合物一般作为小分子发光材料直接应用或者是将其

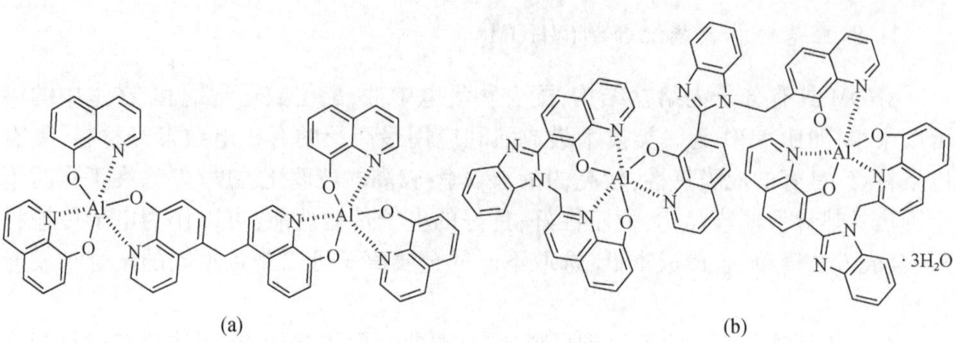

(a) 　　　　　　　　　　　　　　　　　　　　　(b)

图 2-9　8HQ 的分子结构

掺杂在高分子基质中。8HQM 作为小分子材料直接蒸镀制备器件,在加工以及使用过程中会存在结晶现象,将其掺杂于聚合物基质中,又存在相容性问题。单纯的有机小分子金属配合物应用时,大都需要采用气相沉积方法进行成膜,但又会发生相分离而严重影响材料的发光性能和寿命。与有机小分子染料相比,金属配合物虽然热稳定性高,但是晶化现象限制了其应用。针对以上问题,近年来越来越多的研究人员将精力集中在此类材料的高分子化上,以期在保持 8HQM 优异发光性能的同时改善其加工性能,从而降低成本,简化器件制造工艺。

高分子金属配合物发光材料既具有小分子金属配合物良好的发光特性,又兼具高聚物优异的材料性能,容易弯曲和加工成型,尤其是可溶性聚合物还具有良好的机械性能和成膜性,容易实现大面积显示,可用于制备高分子电致发光平面显示器。文献报道的高分子化 8HQM 根据其结构不同,可分为三类:①双 8HQ 及其衍生物形成共轭 8HQM 高分子;②8HQM 作为交联结构的非共轭高分子;③8HQM 为侧链的高分子聚合物。

Lu 等通过具有刚性链段的 8HQ 高分子与大量的三乙基铝反应得到共聚物[图 2-10(a)],第一次制备出以 8HQM 为侧链结构的含有芳醚的高分子,其中 Alq₃ 成分的含量达到 11%(质量分数),易溶于有机溶剂,其最大发光峰的位置在 510 nm,与 Alq₃ 一致。它的热力学性能比较稳定(T_g 大约为 200 ℃),80%(质量分数)的此种高分子和 20%(质量分数)的 Alq₃ 的复合物可形成透明结实的薄膜。Meyers 首先提出先合成 8HQM 单体再进行开环聚合形成高分子[图 2-10(b)]。这种方法可以通过改变单体从而有效地控制高分子结构,避免高分子交联。

Xia 等合成端基带有 8HQ 基团的聚苯乙烯(图 2-11),利用配位化学反应,在外加小分子的条件下,合成两种带有 Znq₂ 基团的聚合物,在 336 nm 的激发波长下,邻氨基苯甲酸络合的聚苯乙烯含锌配合物在 404 nm 处发强的蓝光,而和邻菲罗啉络合的含锌配合物则在 410 nm 处发出蓝光,前者的发光强度要比后者大一个数量级。

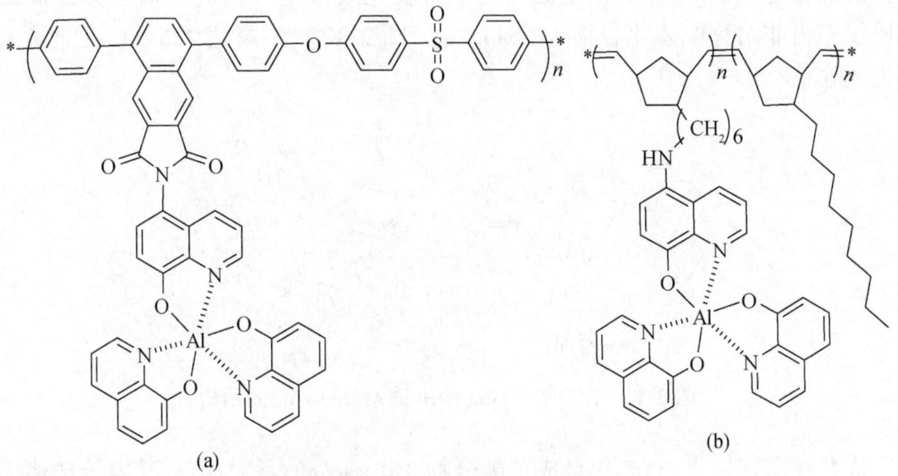

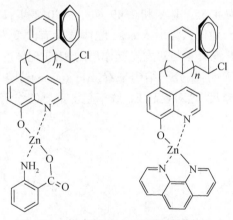

图 2-10　聚合物 8HQM 分子结构

图 2-11　带有 Znq$_2$ 基团的聚合物

4. 其他修饰类的 8HQ 配合物

基于不同配体的配合物中,由于分子组成的不对称性,其成为非晶态,从这点上看,设计合成非对称的、混合配体的配合物对有机电致发光材料的发展具有十分重要的意义。

Leung 等合成并研究了三(8-羟基喹啉)铝衍生物 AlMeq$_2$OH 的发光性质(图 2-12),其中(Meq=2-甲基-8-羟基喹啉),该配合物发蓝光,最大发射波长为

485 nm,发射峰蓝移是由于 C-2 甲基形成的空间位阻削弱了 M—N 键的强度,该化合物的热稳定性良好,在相同电流密度下其发光效率是 Alq$_3$ 的 3 倍。Shao 等设计合成了三齿非对称配体化合物 Al(Saph-q)(图 2-12),T_g 高达 226 ℃,且热稳定性高于 Alq$_3$。

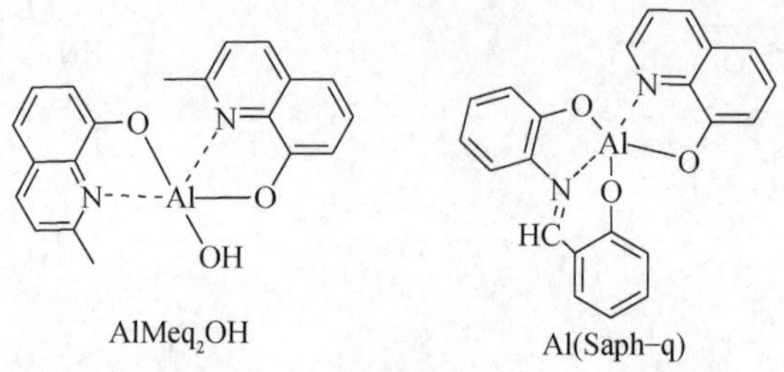

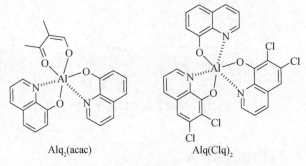

AlMeq$_2$OH　　　　　　　　Al(Saph-q)

图 2-12　配合物 AlMeq$_2$OH 和 Al(Saph-q)的结构

　　许并社课题组于 2008 年合成了配合物 Alq$_2$(acac)(图 2-13),其电子迁移率比 Alq$_3$ 高,并且具有较好的成膜性能和较高的荧光效率,无论是亮度还是电流密度都高于 Alq$_3$。Alq$_2$(acac)和 Alq$_3$ 的最大亮度值分别为 15 650 cd/m^2 和 11 196 cd/m^2; EL 效率最大值分别为 4.35 cd/A 和 2.49 cd/A。2012 年,Petrova 组同样研究了 Alq$_2$(acac)的 EL 性能,他们认为引入 acac 配体并没有改变发光颜色,只是增加了效率,因为 acac 配体并没有参与对发光起作用的 8HQ 配体的 π-π* 跃迁。另外,通过对表面形态的研究表明:从分子结构来看,Alq$_2$(acac)中包含的柔性 acac 配体,导致了较高的表面平整度,这对提高 EL 效率起了重要的作用。

Alq$_2$(acac)　　　　　　　　Alq(Clq)$_2$

图 2-13　配合物 Alq$_2$(acac)和 Alq(Clq)$_2$ 的分子结构

　　Jang 等合成了混合配体发光材料 Alq(Clq)$_2$(图 2-13),与 Alq$_3$ 相比 T_d 值增加,这是由于引入 Clq 配体增加了热稳定性。二者 PL 光谱基本一致,而 EL 光谱却从 Alq$_3$ 的 528 nm 红移至 550 nm,同时还证明配合物的 EL 光谱与 Clq 配体的个数呈线性关系红移。在结构为 ITO/TPD/Alq(Clq)$_2$/LiF/Al 的器件中,启亮电压和最大亮度值分别为 6.7 V 和 780 cd/m^2。

硼介于金属与非金属之间,且具有较小的原子半径。8-羟基硼化锂是由硼与 4 个 8-羟基喹啉配位形成阴离子,再和锂离子结合形成的小分子配合物,简称 LiBq$_4$ (图 2-14),该化合物在紫外光照射下发出强烈的蓝色荧光,峰值为 452 nm。LiBq$_4$ 不仅可以作为发光材料,它还具有一定的电子传输性能,可以替代 LiF 作为电子注入材料制备有机电致发光器件,在器件亮度、电流效率、起亮电压等方面均优于 LiF 体系,是一种高性能的有机电致发光器件的电子注入材料。

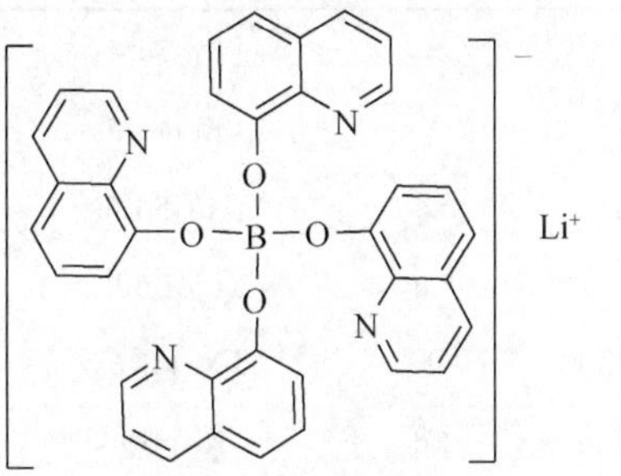

图 2-14   LiBq$_4$ 的分子结构

2.3   稀土配合物

稀土配合物发光是无机发光与有机发光、生物发光研究的交叉领域,有着重要的理论研究意义及应用价值。在稀土功能材料的发展中,稀土发光材料格外引人注目。稀土元素的原子具有未充满的受到外层屏蔽的 4f5d 电子组态,因此有丰富的电子能级和长寿命激发态,能级跃迁通道多达 20 余万个,可以产生多种多样的辐射吸收和发射,稀土发光几乎覆盖了整个固体发光的范畴,只要谈到发光,几乎就离不开稀土元素,因此其在发光和激光材料方面具有潜在的应用价值。

2.3.1   稀土元素的光学性质

稀土一词是从 18 世纪沿用下来的名称,因为当时用于提取这类元素的矿物比较稀少,而且获得的氧化物难熔化、难溶于水,也很难分离,其外观酷似“土壤”,因而称之为稀土。稀土元素具有独特的光、电、磁等性能,被誉为现代工业的“维生素”和“21 世纪的战略元素”,对经济与科技的发展有着不可忽视的影响。

1. 稀土离子的电子结构

稀土元素包括元素周期表中ⅢB族,序数为 21 的钪,序数为 39 的钇以及序数为 57 镧~64 钆的轻稀土元素和 65 铽~71 镥的重稀土元素,共计 17 种。表 2-2 为三价稀土离子的电子构型。

表 2-2　三价稀土离子的电子结构

Z	元素	符号	Atom	M^{3+}	M^{3+}半径/Å
21	Scandium(钪)	Sc	$[Ar]3d^14s^2$	$[Ar]$	0.745
39	Yttrium(钇)	Y	$[Kr]4d^15s^2$	$[Kr]$	0.900
57	Lanthanum(镧)	La	$[Xe]5d^16s^2$	$[Xe]$	1.061
58	Cerium(铈)	Ce	$[Xe]4f^15d^16s^2$	$[Xe]4f^1$	1.034
59	Praseodymium(镨)	Pr	$[Xe]4f^36s^2$	$[Xe]4f^2$	1.013
60	Neodymium(钕)	Nd	$[Xe]4f^46s^2$	$[Xe]4f^3$	0.995
61	Promethium(钷)	Pm	$[Xe]4f^56s^2$	$[Xe]4f^4$	0.979
62	Samarium(钐)	Sm	$[Xe]4f^66s^2$	$[Xe]4f^5$	0.964
63	Europium(铕)	Eu	$[Xe]4f^76s^2$	$[Xe]4f^6$	0.950
64	Gadolinium(钆)	Gd	$[Xe]4f^75d^16s^2$	$[Xe]4f^7$	0.938
65	Terbium(铽)	Tb	$[Xe]4f^96s^2$	$[Xe]4f^8$	0.923
66	Dysprosium(镝)	Dy	$[Xe]4f^{10}6s^2$	$[Xe]4f^9$	0.908
67	Holmium(钬)	Ho	$[Xe]4f^{11}6s^2$	$[Xe]4f^{10}$	0.899
68	Erbium(铒)	Er	$[Xe]4f^{12}6s^2$	$[Xe]4f^{11}$	0.881
69	Thulium(铥)	Tm	$[Xe]4f^{13}6s^2$	$[Xe]4f^{12}$	0.869
70	Ytterbium(镱)	Yb	$[Xe]4f^{14}6s^2$	$[Xe]4f^{13}$	0.858
71	Lutetium(镥)	Lu	$[Xe]4f^{14}5d^16s^2$	$[Xe]4f^{14}$	0.848

从电子结构上看,稀土的荧光性能可分为如下三类:

(1) $Sc^{3+}(3d^0)$、$Y^{3+}(4d^0)$、$La^{3+}(4f^0)$、$Lu^{3+}(4f^{14})$,这类稀土离子的外层轨道全空或全充满电子,外层没有电子跃迁,不产生荧光;

(2) Sm^{3+}、Eu^{3+}、Tb^{3+}、Dy^{3+},这类稀土离子的外层 4f 轨道电子均在 7 个(半数充满)左右,其 f-f 跃迁能量适中,与很多具有强紫外吸收能力的有机配体的三重态能级的跃迁能量相匹配,能量转移效率高,能产生较高强度荧光;

（3）Ce^{3+}、Pr^{3+}、Nd^{3+}、Pm^{3+}、Ho^{3+}、Er^{3+}、Tm^{3+}、Yb^{3+}，这类稀土离子外层 4f 轨道上电子与第（1）类相差不多，化学性质比较不活泼，其光谱项之间能量差较小，非辐射跃迁的可能性增大，能产生低强度荧光。

Gd^{3+}由于比较特殊未列出，其 4f 壳层电子结构处于半充满，较稳定，最低激发态较高，不容易激发，但在激发态时同样与（2）类稀土离子一样发射高强度荧光。本章主要介绍三价镧系离子和镧系配合物，因此后续内容中提及的稀土离子指的是镧系离子。

2. 稀土离子的光谱特征

稀土离子吸收能量由基态变为相应的激发态，再以非辐射衰变至 $4f^n$ 组态的激发态（亚稳态），此能态再向低能态进行辐射跃迁便产生稀土荧光。稀土离子的吸收和发射光谱可归因于三种情况：f-f 跃迁，即 f^n 组态内能级的跃迁；f-d 跃迁，即 4f-5d 组态间的能级跃迁；电荷转移跃迁，即配体向金属离子的电荷转移跃迁或是相反。

三价稀土离子的发光主要来自 4f 组态内的 f-f 跃迁，由于宇称禁阻，这些未充满的 4f 电子层使得稀土离子具有丰富的多重态能级和线谱。稀土离子的 f-f 跃迁具有低的摩尔吸光系数、相对较长的发光寿命（长达几毫秒），除镧（$4f^0$）和镥（$4f^{14}$）不发光外，其他稀土离子均有各自特征的发光性质，波长范围从紫外光、可见光一直延伸到红外区，如 Eu^{3+} 发红光，Tb^{3+} 发绿光，Er^{3+} 和 Nd^{3+} 发近红外光，可作为各种发光材料（上转换发光、下转换发光、近红外发光等）的首选基质。

图 2-15 为常用的三价稀土离子的能级图，根据波长范围和发射强度的不同，发光稀土离子可以分为两大类：Pr^{3+}、Nd^{3+}、Ho^{3+}、Er^{3+}、Tm^{3+} 和 Yb^{3+} 为第一类，它们在可见区或近红外区有相对较弱的发光，主要原因是它们的最低发射态与最高非

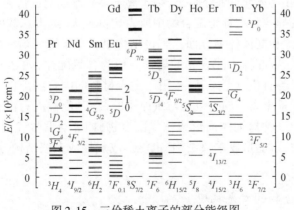

图 2-15　三价稀土离子的部分能级图

辐射能级差较小,发光容易被 O—H 和 N—H 等高频振动基团猝灭。第二类包括在可见区有较强发光的 Eu^{3+}、Tb^{3+}、Sm^{3+} 和 Dy^{3+},它们的最低发射态与最高非辐射能级差较大,因此它们的发光不容易被 O—H 和 N—H 等基团猝灭。

3. 稀土离子发光特点

由于稀土离子电子跃迁的方式不同,产生的荧光强度也不同,总体看来,稀土离子的发光具有以下特点:①f-f 跃迁的发射光谱呈线性,色纯度高,但强度较低,不利于吸收激发能量,发光效率不高;②荧光寿命长;③4f 轨道处于内层,很少受到外界影响,材料发光颜色基本不随基质不同而改变;④光谱形状很少受温度影响,温度猝灭小,浓度猝灭小。

正是由于这些优异的性能,稀土配合物成为探寻高新技术材料的主要研究对象。目前稀土发光材料广泛应用于照明、显示、显像、医学放射学图像、辐射场的探测和记录等领域,形成了很大的工业生产和消费市场规模,并正在向其他新兴技术领域扩展。

2.3.2　稀土配合物发光理论基础

1. 稀土配合物的配位特性

正三价稀土离子配位性能优良,形成配合物后,4f 电子云收缩,4f 电子轨道只有较少的部分参与到化学键,稀土离子和配体之间主要通过静电作用成键,其存在形式为离子型配位键,和过渡金属相比,稀土金属具有更为丰富的价电子数和更大的基态自旋值,同时较大的离子半径也决定了稀土离子配合物较高的配位数和多样的配位模式,在配体允许的条件下,稀土离子多数形成配位数为 8 或 8 以上的配合物。八配位的配合物在稀土配合物中所占比例最大,约占总数的 1/3,不但数量最多,在配位形式和配体种类方面八配位结构也极其丰富。稀土配合物的特征配位原子为氧原子,因此稀土配合物的配体一般为含氧配体,如 β- 二酮、羧酸、吡唑酮、氧膦、冠醚类等有机分子。其中,用于发光材料的配合物配体一般为羧酸类和 β-二酮类。由于稀土离子同时也能与氮原子配位(其配位能力没有氧原子强),有时配合物同时引进含氮配体而形成三元配合物,如邻菲罗啉、2,2′-联吡啶等。稀土与配体配位时,既能形成单核结构,也能形成双核或多核结构,这与配体的类型有关。

2. 稀土配合物的发光机理

三价稀土离子的 f-f 跃迁属宇称禁阻跃迁,因此该跃迁较弱且激发态容易失活,自由稀土离子的荧光极弱,这些对荧光探针、发光器件的设计都很不利。但是通过选择适当的配体与稀土离子配位,通过分子内的能量传递,敏化中心离子发光,可以有效增强稀土离子的荧光性质。稀土配合物的荧光主要是受激发的配体通过分子内非辐射能量传递过程把配体吸收的能量传递给稀土离子,从而使稀土离子发出其特征荧光,这种发光现象可以称为稀土敏化发光(图 2-16),而配体敏化稀土离子使其发出特征荧光的效应则被称为 Antenna 效应或天线效应。稀土配合物的发光过程是一个吸收光—传递能量—发射光(A-ET-E)的过程:配体吸收紫外–可见光后受激发进行 $\pi \rightarrow \pi^*$ 跃迁,由基态 S_0 跃迁到其激发态 S_n 的某个振动能级,然后经由非辐射过程衰减到最低激发单重态 S_1;S_1 可以通过辐射跃迁回到基态 $S_0(S_1 \rightarrow S_0)$ 发出配体自身荧光,或者通过非辐射系间窜越方式将能量传递给配体激发三重态(T_1 或 T_n);配体激发三重态可以通过辐射跃迁方式失去能量回到基态而发射出配体磷光,也可以通过键的振动耦合等非辐射方式把能量由配体最低激发三重态 T_1 传递给稀土离子的某一激发态(又称振动能级);最后稀土离子以辐射跃迁方式回到稀土离子的基态,并发射出稀土离子的特征荧光。

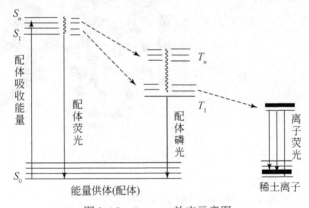

图 2-16　Antenna 效应示意图

稀土配合物的发光强度受配体对光的吸收强度、配体与金属之间能量转移的效率 $\eta_{en,tr}$ 及金属发光效率 Φ 的影响。$\eta_{en,tr}$ 很难直接测定,一般通过下列方程计算获得

$$\eta_{en,tr} = \Phi / \Phi_M \qquad (2\text{-}1)$$

$$\Phi_M = \tau_{exp} / \tau_D^{77\,K} \qquad (2\text{-}2)$$

式中,τ_{exp} 为实验条件下测量的金属离子荧光寿命;$\tau_D^{77\,K}$ 为 77 K D_2O 溶剂中金属离子的荧光寿命(假设 77 K D_2O 溶液中不存在非辐射跃迁);Φ_M 为金属离子荧光发射的量子产率。以 f-f 跃迁能激发很难直接测量 Φ_M,一般采用式(2-2)间接测量计算。能量转移效率取决于配体三重态能级与金属离子最低激发态能级匹配的程

度,Balzali 等通过实验总结提出,当配体的三重态能量比金属离子的振动能级高 3500~5000 cm⁻¹时,能量传递效率较高。通过天线效应寻找合适的配体制备稳定的、寿命长的稀土荧光配合物是目前稀土荧光研究的热点。大环配体特别是穴状多齿配体具有良好的热力学稳定性,满足稀土离子高配位数的要求,为获得稳定的荧光配合物提供了可能。

Stephane 等报道了一种含羟基的多酰胺型多齿穴状配体及其稀土发光配合物(图 2-17)。Eu(Ⅲ)、Tb(Ⅲ)、Dy(Ⅲ)、和 Sm(Ⅲ)配合物均可溶于水,而且在水溶液中配合物也能保持很好的荧光强度,尤其是 Tb(Ⅲ)配合物的量子产率更是高达 0.61。非常高的吸光度和量子产率、在水溶液中足够的稳定性等优点使得该配合物成为具有实用价值的镧系发光配合物,在基于荧光共振能量转移的商业单光子时间免疫分析中具有广泛的应用前景。

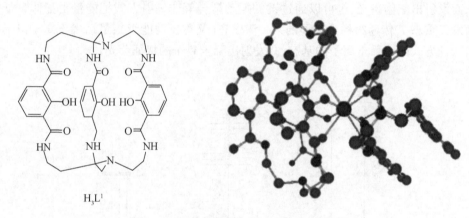

图 2-17　配体结构和[Eu(H₂L¹)₂]⁺的结构

3. 影响稀土配合物发光性能的因素

稀土配合物发光性能研究是化学与物理相交叉的领域之一。就配合物本身来讲,影响其荧光性能的因素主要有以下四个方面:

1) 稀土离子本身电子层结构

对于常见的三价稀土金属离子,由于不同稀土离子中 4f 电子的最低激发态和基态之间的能级差不同,它们在发光性质上有一定差别,根据电子跃迁的性质以及发光强度,可将其分为以下三类:

(1) La³⁺(4f⁰)、Lu³⁺(4f¹⁴)具有惰性结构的稀土离子,由于无 4f 电子或 4f 轨道已满,没有 f-f 跃迁,稀土离子不发光;Gd³⁺(4f⁷)的 4f 轨道半满,f-f 跃迁的激发能级太高,因此也不发光。

（2）$Pr^{3+}(4f^2)$、$Nd^{3+}(4f^3)$、$Ho^{3+}(4f^{10})$、$Er^{3+}(4f^{11})$、$Tm^{3+}(4f^{12})$、$Yb^{3+}(4f^{13})$ 这些离子的电子跃迁能级较多，且最低激发态与基态的光谱项间能级间距较小，当受到配体三重态能量激发后，电子在各光谱项间的跃迁将产生较强的非辐射失活，故这些稀土离子配合物通常仅有较弱的稀土离子荧光。

（3）$Sm^{3+}(4f^5)$、$Eu^{3+}(4f^6)$、$Tb^{3+}(4f^8)$、$Dy^{3+}(4f^9)$，这些离子的最低激发态和基态之间的能级差较大，并且 f-f 跃迁能量频率落在可见区，f-f 跃迁的非辐射失活概率较小，电子跃迁能量适中，较容易找到合适的配体，使配体的三重态能级与其 f-f 的电子跃迁能量相匹配，因此可以看到较强的荧光。

2）配体 T_1 与稀土离子振动能的匹配情况

能级差过大或过小均不能有效实现能量的传递，也就得不到高强度的荧光，较高的发光效率对应于较佳的能级差。也就是说对于某一指定的稀土离子，必须选择适当的配体与其连接，配合物才有可能产生较强的荧光。

3）温度

一般情况下，随着环境温度的下降，$\Delta(E_T-RE^{3+})$ 的下限加宽，温度下降，配合物荧光产率增大，反之则降低。这主要为热逆传能影响所致。

4）配合物自身结构

提高配合物的发光强度，主要是改变配体的结构，一般来说，配体的共轭平面和刚性结构程度越大，形成的配合物结构稳定性越大，从而可以大大降低发光的能量损失，配合物中稀土离子发光效率就越高。另外，具有良好柔性的配体对中心离子的有效包合可以屏蔽极性溶剂分子对配合物发光的猝灭作用，从而增强配合物的发光性能。配合物的结构是可以人为控制的一个重要因素，结构上的差异往往对稀土离子的发光性能影响很大，选择合适的功能基团和设计适当的配体能提高稀土配合物的荧光强度。

2.3.3　发光稀土配合物的应用

稀土配合物发光材料具有荧光量子产率高，单色性好，发光效率高，发射光谱范围覆盖紫外、可见到红外光区，且光、热及化学稳定性好等优点，在发光器件、转光农膜、荧光探针、电致发光显示、分析化学和生物医学等方面具有很高的应用价值。

1. 在发光材料方面的应用

稀土离子的发光特性主要取决于 4f 壳层电子的性质，随着 4f 壳层电子的变化，稀土离子表现出不同的电子跃迁形式与极其丰富的吸收和发射光谱。此外，由于 4f 电子处于内壳层,被外层 5s5p 屏蔽,所以基质对其发光特性影响不大。能在可见光区产生较强荧光的 Sm(Ⅲ)、Eu(Ⅲ)、Tb(Ⅲ)、Dy(Ⅲ)等镧系配合物的杂化材料是一类极有开发和应用价值的荧光物质。特别是在紫外光激发下通过发射红、绿、蓝三基色荧光而组成白光发射的镧系配合物杂化材料正成为人们研究的热点,利用它们可研制出发光二极管(LED)照明光源、彩色显示器件及发光涂料等极其有用的器件。

将镧系配合物掺入到高分子基质可以组装出具有良好发光性、导电性及稳定性的杂化材料并有望应用于高效节能的 LED 中。由于镧系二酮类配合物在有机溶剂中易离解,Okamoto 等合成了一种镧系二酮类高分子配合物,并详细探讨了其激光性质,研究发现这种配合物在氙灯的激发下,在出现降解的同时也发射出一种寿命极短的荧光,这被认为是产生激光的先兆。近红外光区发射的镧系离子 Er(Ⅲ)、Nd(Ⅲ)的特征荧光发射分别位于 1540 nm 和 1340 nm,其有望应用于光通信材料等领域。

Kobayashi 等发现在含 Eu(tta)$_3$、Eu(hfac)$_3$ 的 PMMA 光纤中,三苯基磷的加入可增加荧光强度,由于镧系配合物杂化发光材料的发射光只在紫外光的照射下才可以看见,所以它们可以作为防伪材料。据报道,欧元防伪标记中的红色纤维是一种 Eu(Ⅲ)和 β-二酮类配体组成的材料。

2. 在转光农膜方面的应用

生态学表明,400~480 nm 的蓝光区和 600~680 nm 的红光区对光合作用有利。而太阳光线中 290~400 nm 的紫外光不仅对植物的生长不利,还会促使农膜的老化。如果将稀土配合物掺入农膜中,如含有冠醚基配体的铕(Ⅲ)配合物(主发射峰在 440 nm 左右),可将紫外光转化为有利于光合作用的红光和蓝光,这样不仅能够提高太阳能的利用率,而且能够达到促进农作物生长、早熟、增产的目的。试验证明:稀土植物生长灯不仅能够增加光合作用强度,加快生产周期,提高农作物质量和产量,而且它比普通荧光灯的光利用率更高,对蔬菜、水稻、刀豆等农作物在分化绿苗、中茎增大、单位面积叶绿素含量等方面均有明显作用。目前,使用稀土配合物作为光转化剂制成的农膜已用于较大面积的扣棚试验。

3. 在荧光探针方面的应用

稀土配合物在荧光检测和探针方面已十分普及。将稀土配合物溶解后涂在需要检测的器件上,然后通过紫外光对待检测器件进行照射,可探测到器件中的空洞部分和裂纹。其应用在集成电路板上面,可以根据其发光强度随电路板温度改变所得到的热成像结果来检查电路板的各部位温度分布的情况。

　　稀土离子可取代生物大分子(蛋白质或酶)中的 Ca^{2+}、Mg^{2+} 等金属离子与氨基酸残基结合,形成稀土–生物大分子配合物。通过对稀土离子荧光特性的研究,可以获知生物大分子的构象变化等信息。由于这种探针条件更接近生命体的生理环境,得出的数据要比 X 射线测量的生物大分子粉末晶体样品数据更准确,更有说服力。

　　宋永海等使用铽–鸟苷酸(Tb-GMP)配合物作为荧光探针构建了一个简单、灵敏的荧光分析方法来研究牛小肠碱性磷酸酶(CIAP)的脱磷酸作用(图 2-18)。CIAP 可将 GMP 的磷酸基团去掉,使水分子与 Tb^{3+} 配位,从而导致 Tb-GMP 配合物的荧光减弱。Tb-GMP 配合物作为检测 CIAP 的荧光探针,具有制备过程简单、选择性良好、灵敏度高、荧光寿命长、生物兼容性好等优点,有利于运用时间分辨荧光分析法来检测有自身荧光的生物样品。更重要的是,使用生物底物 GMP 检测 CIAP 可以作为在生理环境中监测碱性磷酸酶(ALP)的参考。

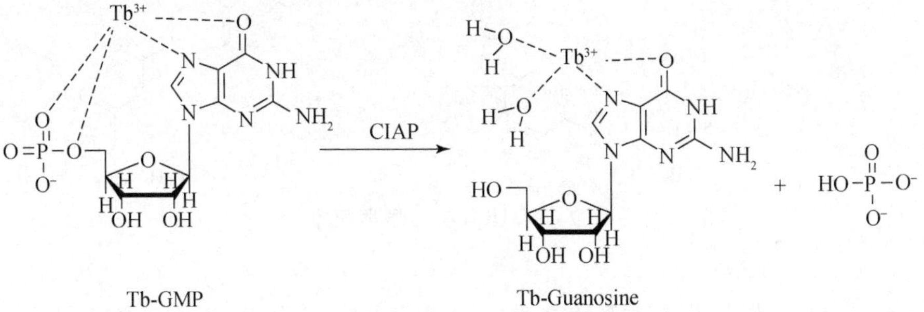

图 2-18　基于 Tb-GMP 配合物检测 CIAP 的原理

　　对于有机小分子稀土配合物,由于其发光寿命比较长,它们在溶液中自由运动时,在其激发态寿命期间可遇到大量的其他运动分子。若这些分子的吸收光谱与这些配合物的荧光光谱能发生有效的重叠,则稀土配合物可作为有效能量给体,将能量传递给这些分子。通过研究其发射谱,可以探察发色团埋藏深度、所在分子的表面静电势、所带电荷等信息。现在其已成功地用于博来霉素与 DNA 的作用和铁传递蛋白中两个铁结合部位与距分子表面距离的研究。

　　将具有生物识别作用的稀土有机配合物作为荧光探针应用于生物医学领域的超灵敏检测,无论在灵敏度、稳定性还是低成本等方面都是非常有前景的标记技术,目前这一领域最新的研究方向是筛选荧光性强兼具安全无毒的配体并增强稀土离子的荧光强度,现已将荧光探针技术应用于较多的生物分子体系,如酶及蛋白质类、核酸及核苷酸类、抗生素及离子载体、胶束及生物膜、卟啉类等。为了将 β-二酮类配体的稀土荧光配合物应用于生物荧光标记,Yuan 等设计并合成了带有氯磺

酰基的四齿 β-二酮类配体(图 2-19)。其中,四齿 β-二酮配体 BHHCT 与 Eu^{3+} 形成的配合物不仅稳定性较好,并且由于活性基团氯磺酰基的存在,其非常适用于生物分子的荧光标记。配体 BHHCT 因只有一个氯磺酰基,可避免其用于蛋白质等生物分子标记时可能产生的生物分子之间的交联反应,而且 BHHCT-Eu^{3+} 配合物具有较高的稳定常数($>10^{10}$),荧光寿命达几百微秒。作为一种已经商品化的荧光标记探针,BHHCT-Eu^{3+} 配合物已在时间分辨荧光免疫分析及核酸杂交分析等生化测定中得到了广泛的应用。

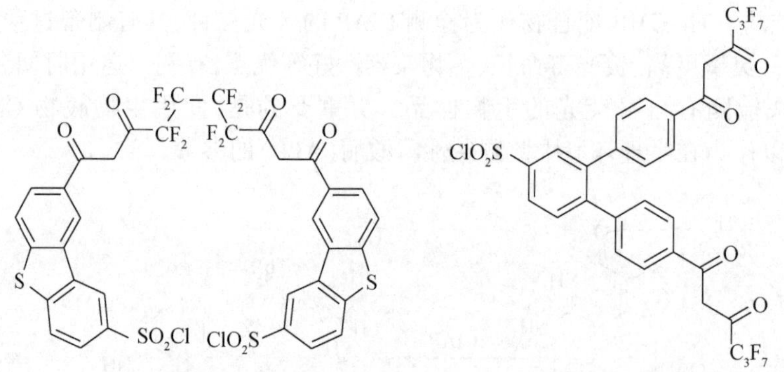

BCOT   BHHCT

图 2-19　四齿 β-二酮类配体

4. 在电致发光显示方面的应用

电致发光显示是继液晶显示和等离子显示后出现的又一平板显示技术。由于其具有驱动电压低、能耗低、视角宽等特点,出现后吸引了越来越多研究者的兴趣。稀土配合物由于发光谱带窄、色纯度好,成为非常有应用前景的发光显示材料。

通过选择适当的配体,改变配体与稀土配合物分子的能级,提高能量传递效率,改善配合物的稳定性等方法,有望提高电致发光器件的性能。Gao 等报道了由 1-苯基-3-甲基-异丁酰基吡唑啉酮-5(PMIPH)及第二配体三苯基氧膦(TPPO)形成的三元配合物 $Tb(PMIP)_3(TPPO)_2$[图 2-20(a)],该配合物具有非常好的 EL 特性。制备的三层器件结构为:ITO/TPD/$Tb(PMIP)_3(TPPO)_2$/Alq_3/Al,显示出 Tb^{3+} 的特征发光,最大亮度为 920 cd/m^2(18 V),流明效率为 0.51 lm/W。当加入 LiF 作电子注入层,亮度可以提高到约 2500 cd/m^2,流明效率为 0.63 lm/W。

Yu 课题组首次报道了红光发射的可溶性稀土配合物盐 $M^+[Eu(TTA)_4]^-$($M^+ =$ Li^+、Na^+、K^+)[图 2-20(b)]的 EL 性质,$M^+[Eu(TTA)_4]^-$ 能很好地溶于大多数有机

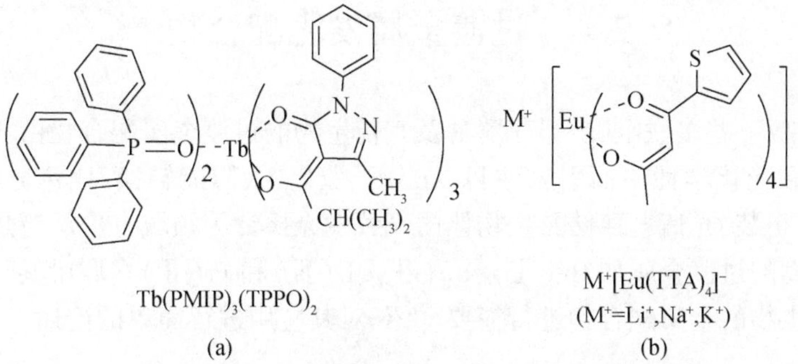

Tb(PMIP)$_3$(TPPO)$_2$

(a)

M$^+$[Eu(TTA)$_4$]$^-$

(M$^+$=Li$^+$,Na$^+$,K$^+$)

(b)

图 2-20　Tb 配合物和 Eu 配合物的分子式

溶剂。将其掺杂在主体聚合物分子 PVK 中,用旋涂法制备了 EL 器件 ITO/PVK:Na$^+$[Eu(TTA)$_4$]$^-$(5%)/OXD-7/Alq$_3$/Al,最大发光亮度达到 3617 cd/m^2。其 PL 光谱表明,阳离子不影响配合物的发光性能,且在 PVK 和 Eu^{3+}之间存在能量传递。在外加能量的激发下,PVK 和 TTA 吸收能量,电子跃迁到激发态,再把能量传递给 Eu^{3+},发出 Eu^{3+}的特征红光。

铕配合物的荧光光谱中通常有 5 个发射峰,它们对应着$^5D_0$-^7F_i($i=0$、1、2、3、4)的跃迁,其中$^5D_0$-$^7F_2$的发射峰最强烈,其波长位于 614 nm 处。Kido 等经过十多年的研究发现,二元铕配合物的亮度远不及三元配合物。通过引进第二配体的三元铕配合物可以得到一些性能优异的材料。例如,Eu(DBM)$_3$Phen(图 2-21)发光波长依然在 612 nm 左右,但亮度提升到 460 cd/m^2。对配合物中的第一和第二配体进行化学修饰,如用 Phen 的衍生物 4,7-二苯基-1,10-菲罗啉(Bath)作第二配体,合成配合物 Eu(DBM)$_3$Bath(图 2-21),亮度提高到了 820 cd/m^2。

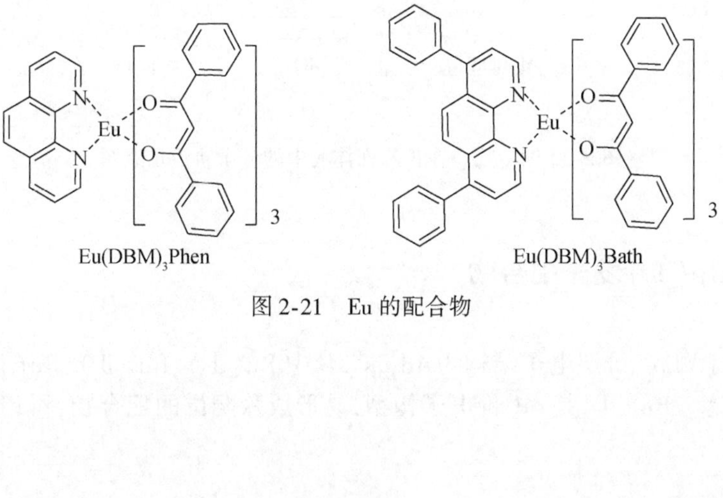

Eu(DBM)$_3$Phen

Eu(DBM)$_3$Bath

图 2-21　Eu 的配合物

2.4　过渡金属发光配合物

　　近年来,一些多联吡啶、邻菲罗啉及其衍生物的过渡金属配合物由于具有独特的光物理和光化学性质而引人注目,在分子催化、太阳能转换、比色分析、分子识别、超分子组装、光信息存储及生物体内光致发光探针等领域有广泛应用。下面将对几种典型的过渡金属如 Re(Ⅰ)、Ru(Ⅱ)、Ir(Ⅲ)和 Pt(Ⅱ)多联吡啶、1,10-菲罗啉及其衍生物的金属配合物进行简要介绍,对其应用进行简单的论述。

2.4.1　Re(Ⅰ)发光配合物

　　Re 的原子序数是 75,价层电子构型为 $5d^5 6s^2$,Re(Ⅰ)的最外层电子为 $5d^6$,在正八面体场中分子轨道如图 2-22 所示。在正八面体场中配合物(L)Re(Ⅰ)$(CO)_3 Cl$ 分子轨道的 HOMO 成分($d\pi$)较接近 Re 原子的 $d(t_{2g})$轨道,它的 LUMO 成分(π^*)较接近配体的 π 轨道。当配合物受到激发时,电子就会从 Re 原子的 d 轨道跃迁到配体的 π^* 轨道,产生 MLCT 跃迁。

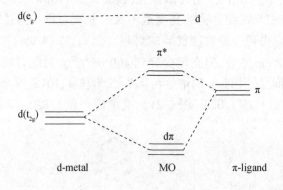

图 2-22　Re(Ⅰ)在正八面体场中的分子轨道示意图

2.4.2　Ru(Ⅱ)发光配合物

　　钌属于Ⅷ族,价层电子结构为 $4d^7 5s^1$,其中 Ru(Ⅰ)、Ru(Ⅱ)、Ru(Ⅲ)是常见的三种价态。Ru(Ⅱ)是 $4d^6$ 价电子构型,易形成六配位的配合物,可以与三个双齿型 N^N 配体(如 bpy、phen、dafo)或者两个三齿型 N^N^N 配体(如 tpy)形成稳定的多吡啶钌(Ⅱ)配合物,且热力学性质稳定、光物理和电化学性质丰富。研究者对钌(Ⅱ)多吡啶配合物发光机理已经进行了很多研究。一般认为,钌(Ⅱ)多吡啶配合物的荧光是由^{3}MLCT 激发态到基态的跃迁产生的。激发态位置如图 2-23 所示。配合物能否产生荧光与最低激发态的本质有关。若最低激发态为^{3}LC 或^{3}MLCT,往往会出现荧光发射;若最低激发态为^{3}MC,则^{3}MC 激发态要么以非辐射跃迁形式极快地回到基态,要么发生配体解离反应,通常观察不到荧光。由于^{3}MLCT 的自旋−轨道耦合程度比^{3}LC 大,所以^{3}MLCT 激发态的辐射跃迁速率比^{3}LC 的大。也就是说在低温刚性介质中,^{3}LC 激发态寿命比^{3}MLCT 长。在室温液体介质中,更容易观察到的发射是辐射速率较大的^{3}MLCT 激发态。配体的结构、还原性质和配体场强度决定激发态的能量和构型,从而决定了能否发光与发光强度。

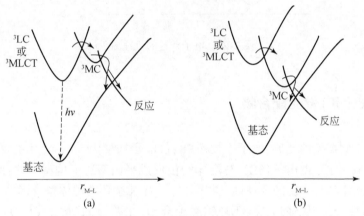

图 2-23 Ru(Ⅱ)多吡啶配合物激发态位置示意图

2.4.3 Ir(Ⅲ)发光配合物

Ir 位于周期表的Ⅷ族,原子序数是 77,价电子构型为 $5d^76s^2$,铱在配合物中具有多种价态,如 Ir(Ⅵ)、Ir(Ⅳ)、Ir(Ⅲ)和 Ir(Ⅰ)等,最常见的是三价。Ir(Ⅲ)价电子构型是 $4d^6$,与 C^N、N^N、O^O 等双齿配体易形成六配位的配合物。八面体构型的 Ir(Ⅲ)配合物电子跃迁方式如图 2-24 所示。当配合物受到光激发后,从基态跃迁到单重激发态:^{1}LC、^{1}MLCT、^{1}MC,这是吸收过程,接着通过系间窜越到达三重激发态:^{3}LC、^{3}MLCT、^{3}MC,然后回到基态发光。对于 Ir(Ⅲ)配合物而言,引入不同的配体,其基本的光物理性质也会随之改变。金属铱配合物由于具有磷光寿命相对较短,发光效率高,光热稳定好,并且发光颜色可受配体调控,覆盖整个可见光区等特点成为发光材料领域研究的一个热点。

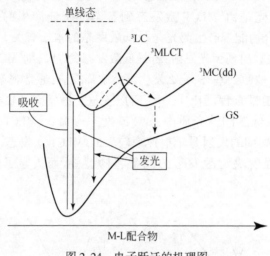

图 2-24　电子跃迁的机理图

2.4.4　Pt(Ⅱ)发光配合物

Pt 位于周期表的Ⅷ族,原子序数是 78,价电子构型为 $5d^9 6s^1$,其主要的氧化态为+2 价,Pt(Ⅱ)为 d^8 电子构型,与配体配位形成平面四边形构型。这种构型使得 Pt(Ⅱ)对配体具有一定的选择性,通常会与含有 N 杂环的配体螯合形成 Pt(Ⅱ)配合物,其主要分为以下四大类:①环铂类配合物[主要为 Pt(N^C)(O^O)类];②含二亚胺类的铂配合物(N^N 类铂配合物);③含三齿配体的铂配合物;④含卟啉类的铂配合物。其中第二类和第三类可以通过炔基将 Pt(Ⅱ)与发色团直接连接起来。

Pt(Ⅱ)配合物是一类光物理与光化学性质优异的磷光材料,具有激发态寿命长、Stokes 位移大等优点,图 2-25 直观呈现出了 Pt(Ⅱ)配合物的发光机制。二价的 Pt(Ⅱ)为 d^8 电子构型,热力学上倾向于形成平面四边形结构,这种四配位的平面结构导致 Pt(Ⅱ)配合物与其他金属配合物[如 Ru(Ⅱ)、Os(Ⅱ)、Rh(Ⅲ)、Ir(Ⅲ)等,通常为六配位的八面体配合物]存在很大的不同,这在很大程度上决定了 Pt(Ⅱ)配合物的吸收、发光和激发态性质。

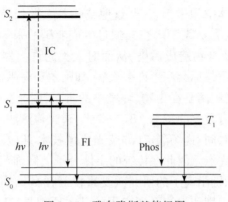

图 2-25　雅布隆斯基能级图

2.5　Re(Ⅰ)、Ru(Ⅱ)、Ir(Ⅲ)和 Pt(Ⅱ)发光配合物的应用

1. 在化学传感器领域的应用

化学传感器是指有着分子尺寸或比分子尺寸大一些的、在与被分析物相互作用时能够给出实时信号的一种分子器件。它的优点是小型化、操作简单、费用低、灵敏度高、屏蔽作用强、不需要预处理等,因此受到人们的广泛青睐。如图2-26所示为化学传感器的结构示意图,化学传感器主要由识别部件和报告部件两个部件组成。识别部件选择性地与被分析物相结合,使传感器所处的化学环境发生改变。报告部件使识别基团与被分析物相作用转变为容易观察到的输出信号(如荧光、电极电势、电流等)。

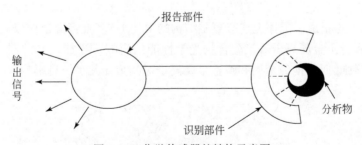

图 2-26　化学传感器的结构示意图

1) 在金属阳离子传感方面的应用
近年来,社会的进步和工业的发展,在改善人们生活的同时也带来了各种隐

患。各种未处理干净的金属离子,尤其是重金属离子随着"三废"流入环境中,有的甚至已在各种生物体中积累起来,严重地威胁着人类和各种生命体的健康。例如,Hg^{2+}是毒性最大的重金属离子之一,通过生成亚硝酸汞等多种途径释放到环境中,对水、空气、土壤及食物造成污染,从而对人类的许多器官造成不可修复的损伤。铜离子的浓度严重超标会产生许多疾病,如阿尔茨海默病、肝豆状核变性。因此,有效地识别和检测阳离子在生物、环境中的含量,对于生物科学、环境科学、医药科学等诸多领域具有重要的意义。其中荧光/磷光检测法不仅方法简便,而且在灵敏度、选择性、响应时间、现场测定(如荧光成像技术)以及利用光纤进行远距离检测方面均有其突出优点。因此在传统的主体分子上修饰荧光团以构建超分子荧光/磷光传感器用于识别阳离子的研究颇受重视,新的研究成果也不断涌现出来。此类光敏超分子体系识别和检测金属离子的基本原理是,基于主体分子对离子的识别,荧光团起信号转换作用。通过将主体分子的识别信息转换为光信号,并以荧光基团的光物理性质来表达,如荧光的增强或减弱、谱带的移动、荧光寿命的变化等,最终实现对响应离子的检测。

Sullivan 等合成了在 5 位取代的 Re(Ⅰ)邻菲罗啉配合物[Re(phen-5-aza-18-crown-6)(CO)$_3$Cl](1)。该配合物通过在邻菲罗啉上修饰冠醚基团实现配合物的功能性。向配合物甲醇溶液中滴加 Pb(OAc)$_2$到 51 倍当量,最大发射峰红移 20 nm,荧光强度增加 2.5 倍。

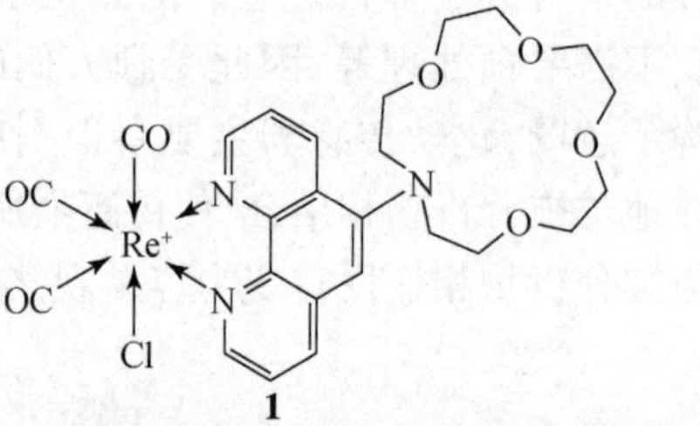

1

Schanze 等报道了配体上连有冠醚结构的 Re(Ⅰ)多吡啶配合物(2),他们研究了碱金属和碱土金属离子对该配合物光学性能的影响。当加入 Ca^{2+}时,该配合物荧光强度增强,而其他碱金属和碱土金属离子对其荧光几乎没有影响。

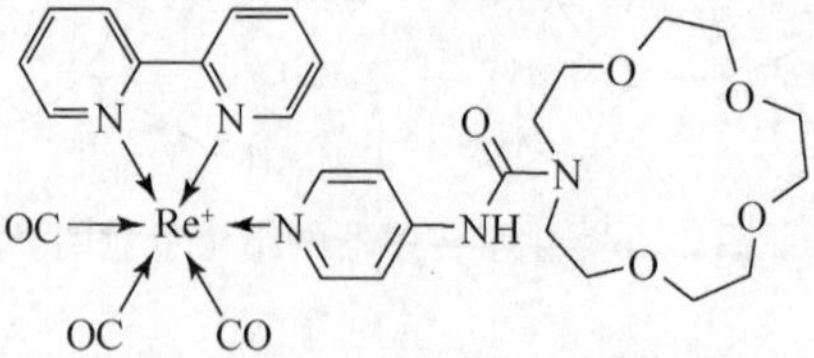

2

　　Cheng 等合成了二核钌多吡啶配合物(**3**),在配合物的水/乙腈(1:1,体积比)溶液中加入各种金属离子,配合物的荧光被 Cu²⁺ 显著猝灭,该配合物在识别 Cu²⁺ 方面具有灵敏度高、选择性好、检测限低等优点。

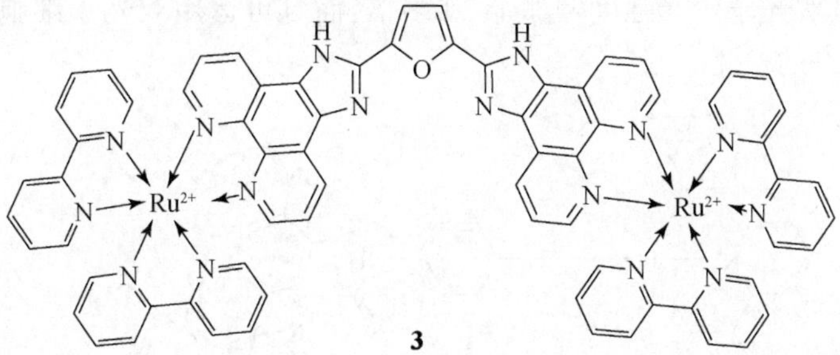

3

　　Li 等合成了铱配合物 Ir(thq)₂(acac) (**4**),在配合物中加入 Hg²⁺ 后,溶液的颜色由红色变成黄色,在加入 1 倍当量后其磷光发射完全猝灭,是一类 on-off 型磷光传感器,并且电化学实验也表明,随着 Hg²⁺ 的加入,其电化学性质也发生明显变化,也可用于 Hg²⁺ 的电化学传感器。

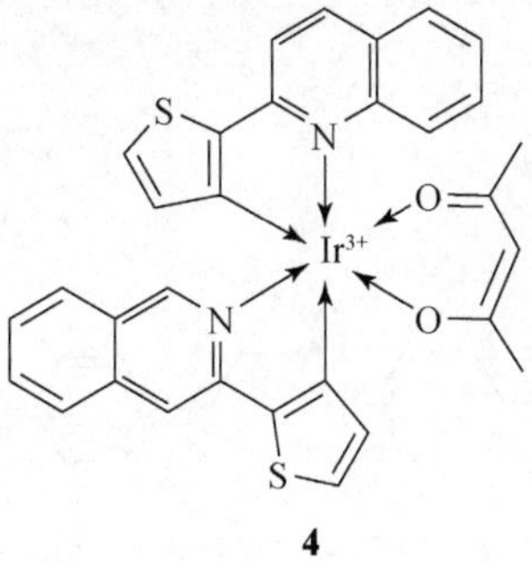

4

　　李刘涛等合成了铱配合物(**5**),在配合物的微量乙醇和大量水的混合溶液中,加入 Cu²⁺ 后,配合物的紫外–可见吸收光谱和磷光发射光谱均发生显著变化,并且对 Cu²⁺ 的识别具有高度的选择性和优良的抗干扰能力。其可能的识别作用机理是,铱配合物 N^N 配体侧链上吡啶上的氮、酰胺上的氧和它们之间的仲胺原子可以选择性螯合 Cu²⁺,从而导致配合物的磷光猝灭,实现 Cu²⁺ 的有效检测。

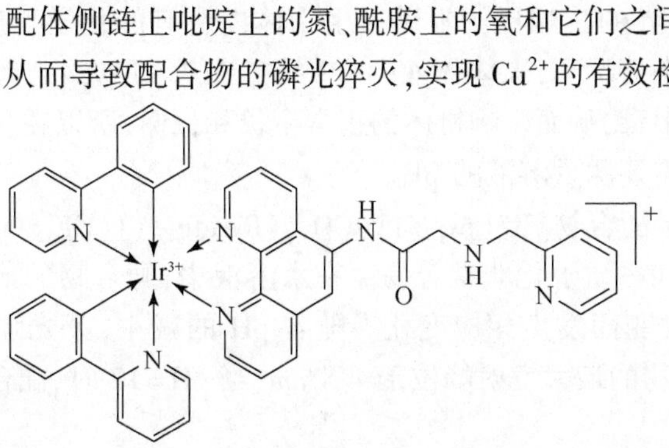

5

Kim 等将罗丹明引入到多吡啶铂(Ⅱ)配合物中合成了配合物(**6**),利用罗丹明的开环反应和 Hg^{2+} 催化的脱硫反应,配合物在缓冲溶液中能通过颜色变化和发光增强来选择性识别 Hg^{2+}。研究发现,该配合物具有较大的双光子吸收截面,在滴加 Hg^{2+} 后,其双光子荧光强度增加了 20 多倍,而且可运用双光子细胞成像实现其对细胞中 Hg^{2+} 的检测。

6

利用 Hg^{2+} 的亲硫性,Sun 等将含硫的氮杂冠醚引入到多吡啶铂(Ⅱ)配合物中合成了配合物(**7**)。配合物存在着 ICT 和 MLCT 两种跃迁,与 Hg^{2+} 络合后,抑制了其中的 ICT 过程,促进了 MLCT 过程,使其吸收光谱发生变化,可通过颜色变化来识别 Hg^{2+}。

7

2) 在 pH 传感方面的应用

氢离子的活度或者溶液 pH 是表征溶液性质的重要物理化学参数,它不仅影响溶液的其他物理化学性质,同时也影响反应速率和反应方向;它不仅对非生物界产生影响,对生物界的影响更为显著。生物体内所有的化学反应都在一定的 pH 下进行,例如,正常情况下,人体体液的 pH 维持在 7.35~7.45,超出这个范围便会引起酸中毒或碱中毒,从而影响机体的正常生长和代谢,所以在科学研究和生产生活的各个方面都需要测量溶液的 pH。

Lam 等报道了配合物 $[Re(pypzH)(CO)_3(Pyridine)](CF_3SO_3)$(**8**)。3-(2-吡啶)-吡唑质子化和去质子化非常容易。在水溶液中,配合物的最大发射峰位置和强度随着 pH 的改变而发生相应变化。随着 pH 的减小,荧光强度逐渐增强。当 pH=2.3 时,配合物的最大发射峰位于 448 nm,当 pH=12 时,配合物的最大发射峰位于 487 nm。

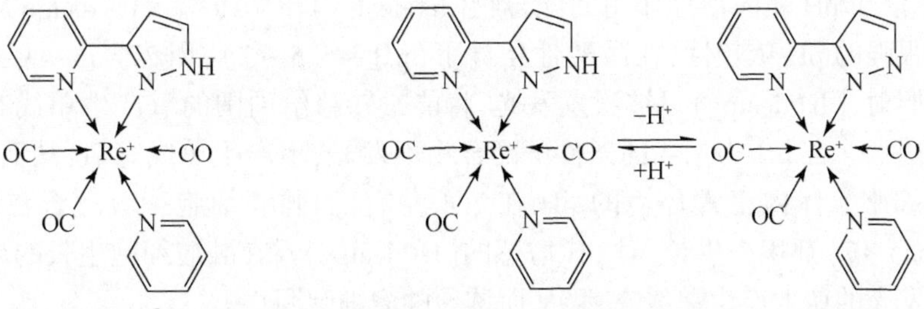

8

Cheng 等合成了一个含有咪唑基团的六核钌(Ⅱ)多吡啶配合物(**9**),并研究了 pH 的变化对其荧光性质的影响,这个配合物是利用配体中咪唑基团的质子化–去质子化作用对配合物的荧光性质进行调控。当 pH 从 1.82 变化到 6.48 时,最大发射峰从 598 nm 蓝移到 592 nm,荧光强度增加 14%;当 pH 从 6.48 变化到 11.55 时,最大发射峰从 592 nm 红移到 605 nm,荧光强度减弱到原有的 21%。总体来说,该配合物通过咪唑环的质子化–去质子化作用,可充当 off-on-off 开关。

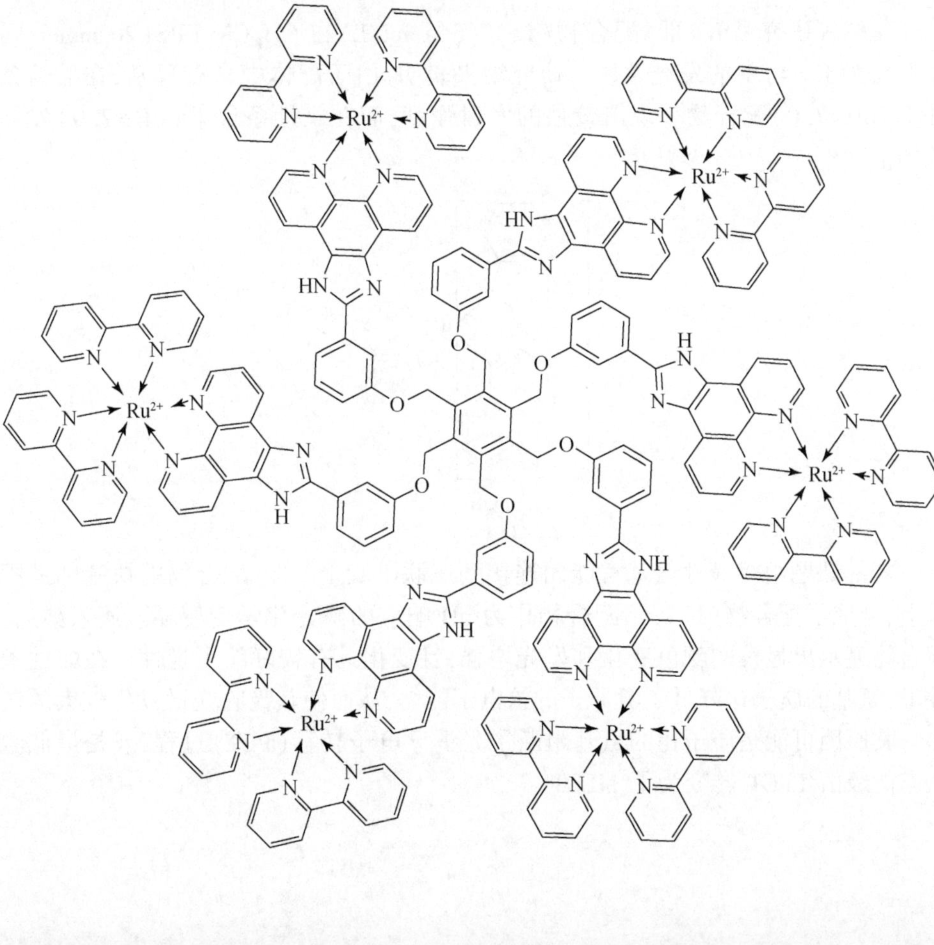

9

　　Shinsuke 等报道了以 2-(5′-N,N′二乙基氨基-4′-间甲苯基)吡啶(deatpy)为配体,具有潜在 pH 靶向治疗作用的配合物[Ir(deatpy)₃] (**10**)。[Ir(deatpy)₃]的发射具有很强的 pH 依赖性,在微酸性条件下(pH≈6.5~7),用 377 nm 或 470 nm的激光照射,[Ir(deatpy)₃]被激发发光,将能量转移给周围的氧产生单线态氧,诱导细胞凋亡。在 pH 为 7.4 的条件下配合物不发光,不产生单线态氧,从而不会伤害正常细胞。体内正常环境的 pH 在 7.4 左右,而肿瘤细胞一般适合在偏酸性(pH≈6.5~7)环境中生长,对 pH 敏感的[Ir(deatpy)₃]在肿瘤细胞生长的环境下,通过激发光的照射产生单线态氧,从而诱导肿瘤细胞凋亡。

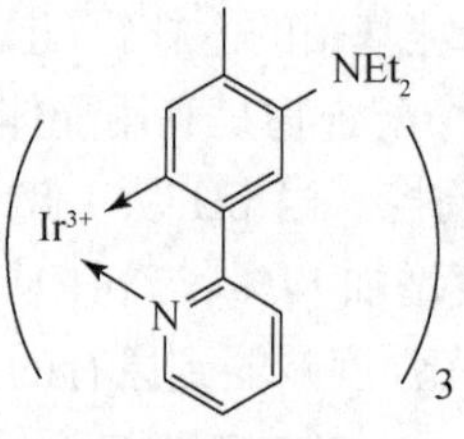

10

　　李峰等研究了 Ir(Ⅲ)配合物(**11**) (5 μmol/L)在 CH₃CN-PBS(20 mmol/L,体积比为 1:4)中的发光性质。研究结果表明,由于配体中含有羟基,在酸性条件下(pH<7.0)配合物表现出较强的发射强度,而在碱性条件下(pH>7.0)发光较弱。

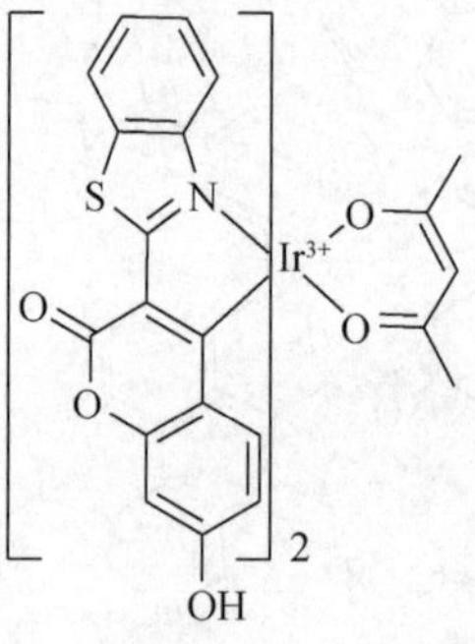

11

　　Yam 课题组将碱性氨基官能团连接到三联吡啶 Pt(Ⅱ)配合物的炔基辅助配体上,合成了配合物(**12**),该配合物作为 pH 响应的磷光化学传感器。滴入酸后,配合物显示出显著的颜色变化和发光增强,且变化具有较好的可逆性。在酸性条件下,氨基的质子化降低了氮原子的给电子能力,从而使其吸收光谱发生较大的蓝移。其原因可能是质子化的氨基阻断了光诱导电子转移(PET)过程,或是最低激发态能级由³LLCT 转变为了³MLCT。

12

3）在阴离子传感方面的应用

　　阴离子在生命科学和化学过程中起着非常重要的作用,设计和合成选择性键合阴离子的传感器,越来越受到科研工作者的关注并成为当前超分子化学研究领域的重要课题。对生物学和环境中重要阴离子具有选择性识别的荧光受体在疾病诊治、环境改造等方面有着广泛的应用前景。例如,氟离子受体可用于骨质疏松的临床诊断;增强氯离子跨膜传输的载体分子一直是囊肿性纤维化研究的目标;此外,目前河流湖泊的超营养作用越来越显著,其中磷酸盐阴离子起主导作用,从河流湖泊中萃取磷酸盐阴离子能够有效抑制超营养作用及由此引起的缺氧和鱼类死亡。相对于阳离子而言,阴离子具有多样的几何构型(球形、平面形、四面体形等),半径较大,电荷密度小,易受溶剂效应影响。配合物作为阴离子探针已有很多报道,其检测机理大多是基于阴离子与配合物配体的羟基、氨基、吡咯、咪唑等基团形成氢键缔合或去质子化作用,将对阴离子的识别信息转换为配合物的吸收、发射及电化学性质的改变,如荧光强度的减弱、光谱的跃迁等。

　　Lees 等报道了一个发光的双核 Re(Ⅰ)多吡啶配合物(**13**),向配合物的二氯甲烷溶液中加入卤素离子、氰根离子或者乙酸根离子时,荧光发射峰从 536 nm 红移至 546 nm,荧光强度显著降低。该配合物与氰根离子、卤素离子和乙酸根离子键合能力非常强,结合计量比为 1∶1。配合物识别灵敏度非常高,加入浓度仅为 10^{-8} mol/L 的氰根离子或氟离子,荧光强度就降低 10%。Duhme-Klair 等报道了对 MoO_4^{2-} 具有传感作用的 Re 配合物(**14**),结合 MoO_4^{2-} 之后,配合物的 MLCT 发射强度逐渐减弱,最后完全猝灭。

　　Baitalik 等制备了含有 4,5-双(苯并咪唑-2-基)咪唑桥联配体的钌(Ⅱ)多吡啶配合物(**15**),该配合物含有两个 N-H 质子,具有选择性识别 F^-、AcO^- 的能力,用肉眼可直接观察到溶液颜色的变化。Gunnlaugsson 等合成了含有脲基的钌(Ⅱ)多吡啶配合物(**16**),该配合物的发射光谱在乙腈溶液中对磷酸盐和焦磷酸盐比较敏感。该配合物可以把磷酸盐和焦磷酸盐区分开来,$H_2PO_4^-$ 使配合物的荧光强度增强,而 $HP_2O_7^{3-}$ 使配合物的荧光强度降低。

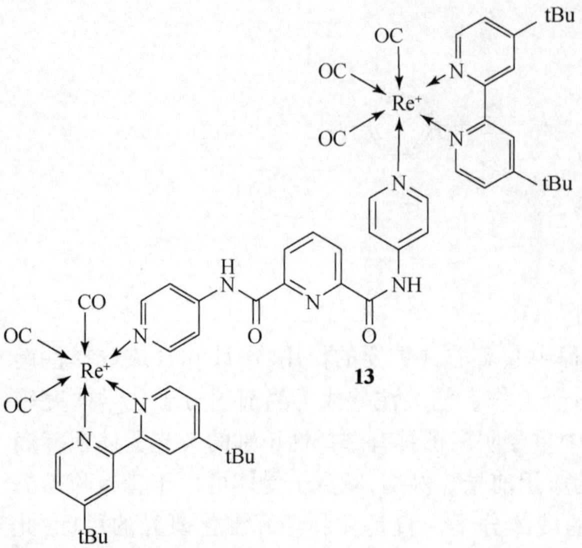

13

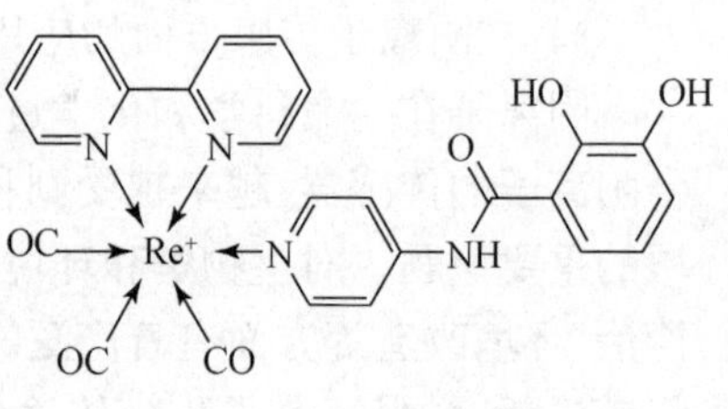

14

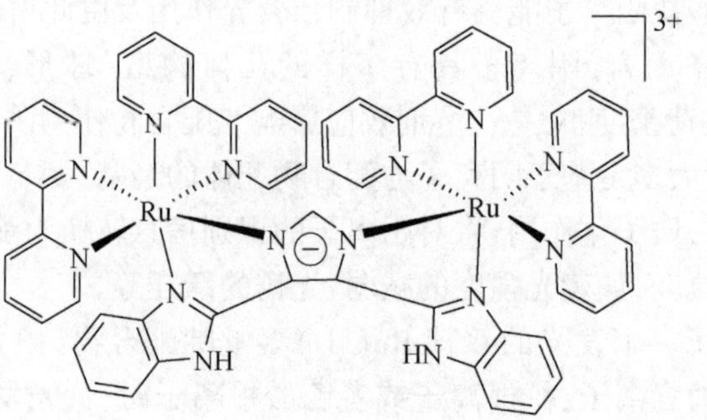

15

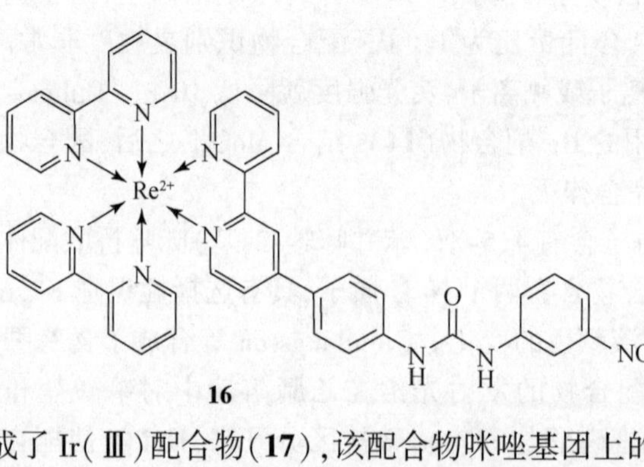

16

Huang 等合成了 Ir(Ⅲ)配合物(**17**),该配合物咪唑基团上的 N-H 质子可作为阴离子识别位点。一旦加入 F⁻、AcO⁻、H₂PO₄⁻,配合物的乙腈溶液从黄绿色变成棕色,其发光强度被强烈猝灭,这是因为配合物咪唑基去质子化后孤对电子的光诱导电子转移作用。Li 等合成了 Ir(Ⅲ)配合物(**18**),加入 F⁻后,配合物溶液的颜色从黄色变成橙红色,并且充当荧光 on-off 开关。

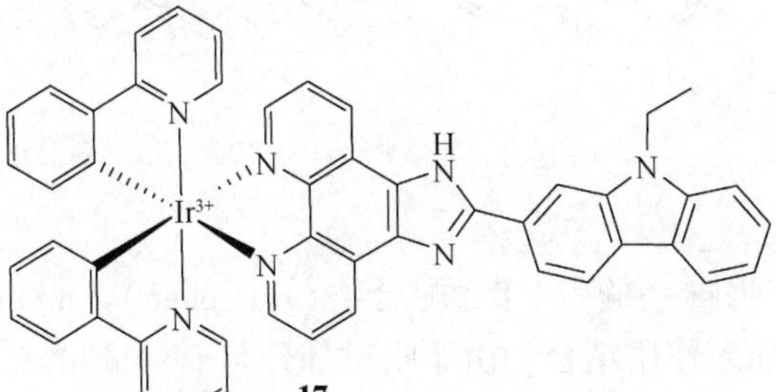

17

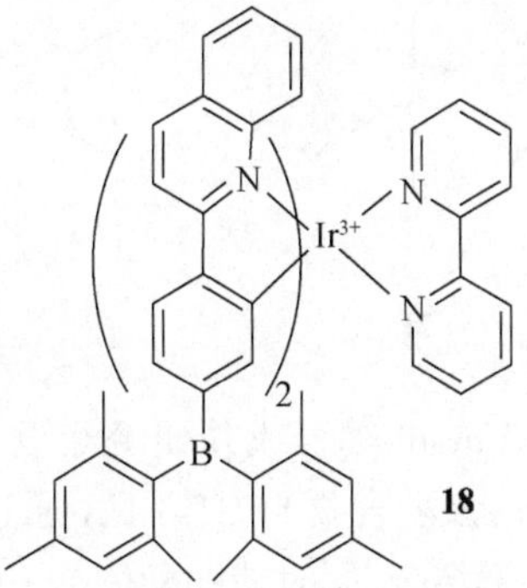

18

2013 年,Zhou 等首次报道了基于苯基吡啶的铂(Ⅱ)配合物(**19**)、(**20**)作为 I⁻探针,铂(Ⅱ)配合物表现出良好的 I⁻识别性质,在 I⁻浓度为 10^{-7} mol/L 下,其猝灭常数 K_{sv} 分别为 4.6×10^5 L/mol 和 3.5×10^5 L/mol。

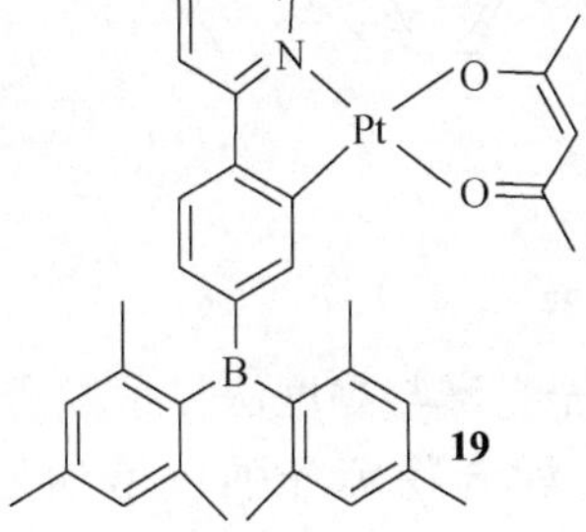

19

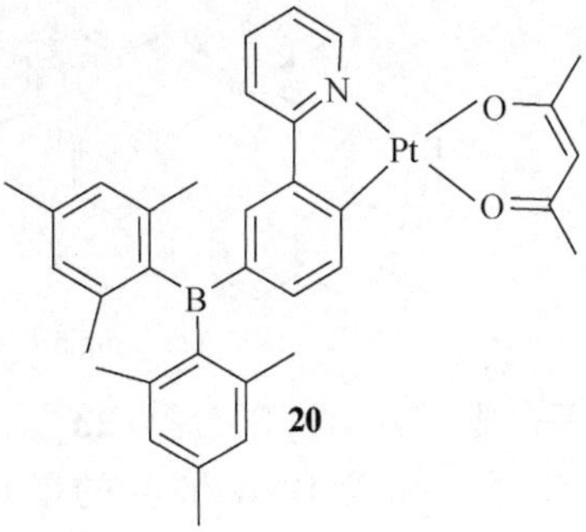

20

2. 在 DNA 传感器方面的应用

核酸是生物体的重要组成物质,在生命过程中扮演着重要的角色。遗传信息储存在核酸碱基对中,并在细胞内表达,促进与控制代谢过程。核酸在正常的生命活动,如生物的繁殖、生长、发育等方面起着至关重要的作用,且与异常生命活动导致的癌变、基因突变等密切相关,如肿瘤、遗传性疾病、放射损伤等疾病的产生都是核酸结构发生变化的结果。过渡金属与多吡啶配体所形成的配合物以其多样的结构和广泛的用途越来越受到人们的重视。该类配合物在分子识别、核酸探针、抗肿瘤药物、分子催化及组装等领域都有广泛的应用前景。设计、合成新颖的多吡啶配合物,研究其性质以及与 DNA 相互作用的机理及模式,对寻找新的核酸探针和用于光纤 DNA 生物传感器的敏感材料具有重要意义。

Schanze 和 Yam 等分别报道了连有平面二亚胺配体的 Re(Ⅰ)配合物(**21**),通过紫外吸收和荧光滴定,发现这些化合物通过插入方式与 DNA 结合。

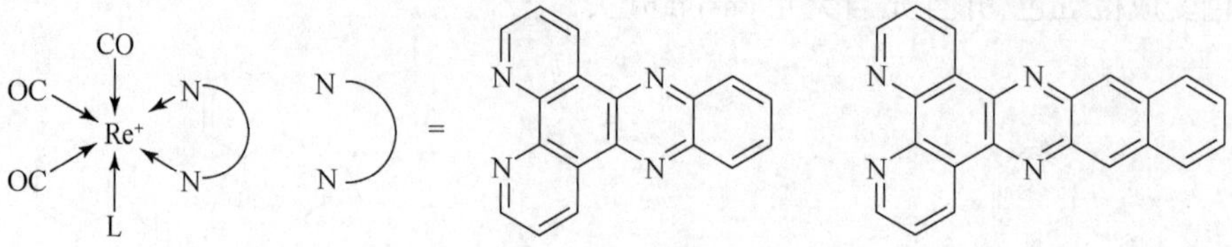

21

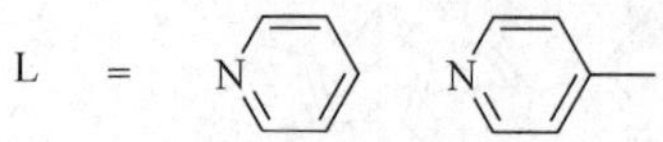

Vuradi 等合成并研究了含有吗啉基的钌(Ⅱ)配合物[Ru(phen)$_2$(mpip)]$^{2+}$(**22**),该配合物与 CT-DNA 通过插入作用结合。由于吗啉部分与 DNA 碱基对中 N 的氢键结合,同时辅助配体 1,10-菲罗啉较大的共平面性与 DNA 的碱基对产生 π-π 堆积作用,因此该配合物与 DNA 的结合性能稳定。

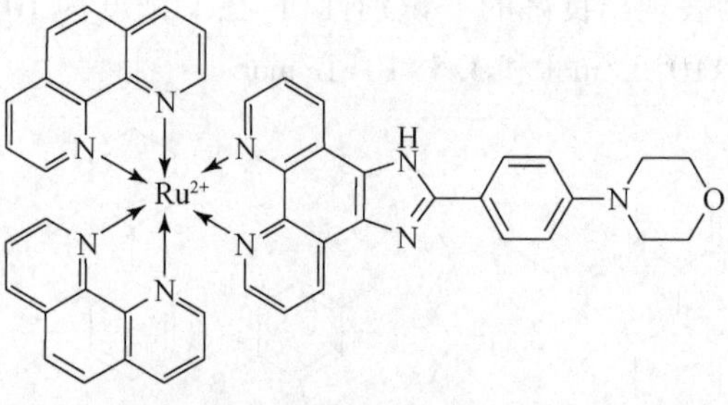

[Ru(phen)$_2$(mpip)]$^{2+}$ **22**

陈小明等合成了 Ir(Ⅲ)配合物(**23**),荧光光谱与黏度法显示配合物以插入的方式与 DNA 作用。随着 DNA 浓度的增加,配合物荧光强度增加且产生蓝移。MTT 比色法得出配合物的 IC$_{50}$ 值为 10.198 μmol/L,说明配合物具有体外抗癌活性,进一步的细胞凋亡实验表明配合物可以诱导癌细胞凋亡。

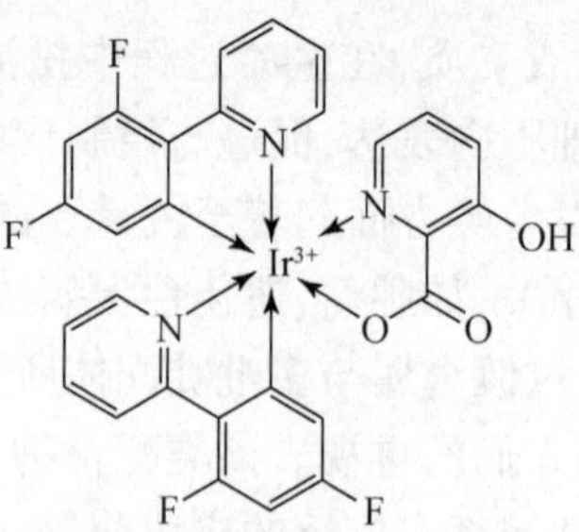

23

Kwon 等将生物学中常用的生物素-抗生物素蛋白系统引入到传感器领域中,结合铱配合物优良的磷光性能得到配合物(**24**),用该配合物进行生物活性分子的检测。他们将生物素修饰到铱配合物上,并增加一个能量给体,得到了铱配合物的蛋白磷光传感器,其传感原理是,生物素与抗生物素蛋白绑定后形成的复杂体系不仅可增加疏水性能,还可大大提高分子内的能量传递,使得配合物的磷光发射强度明显增加,从而实现对抗生素蛋白的检测。

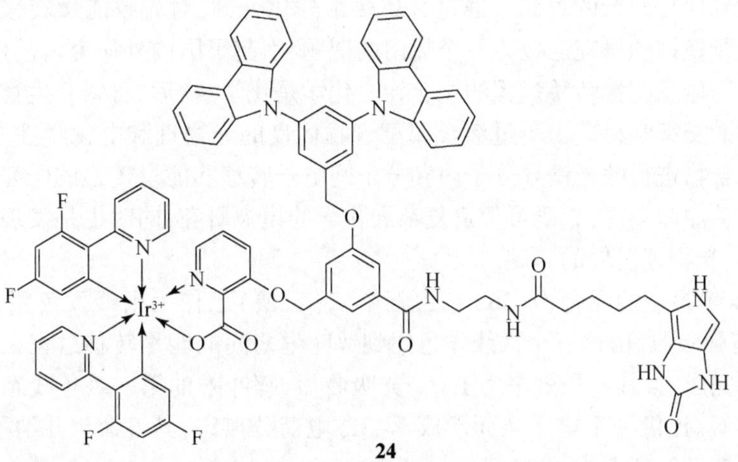

24

Vilar 等报道了 Pt(Ⅱ)配合物(**25**),该配合物能很好地染色细胞核,并主要聚集在核仁中。配合物对原癌基因(c-myc)G-四联体有选择性的响应。相比于二倍体 DNA 的结合系数,它与 G-四联体的结合系数提高了 1000 倍。另外,当配合物与(c-myc)G-四联体结合时,配合物的发光明显增强。与双链 DNA 的探针 DAPI 进行共染实验,两者的染色区域不重叠,说明配合物对另一种拓扑结构的 DNA 结构有特异性响应,如 G-四联体。

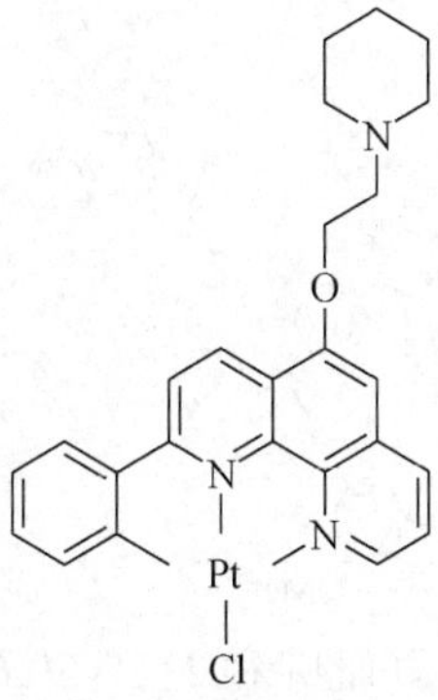

25

3. 在能量传递和电子转移方面的应用

光致能量转移和电子传递是自然界中最重要的物理化学作用之一,典型的代表是光合作用。在光合作用中存在能量和电子供体(叶绿素 a)和受体(醌),供体和受体之间存在一定的距离,光合作用通过一系列的电子和能量转移,成功地将光能转化成了化学能。这就启发我们,如果能通过人工合成手段得到与光合作用反应中心类似的能量和电子供体–受体化合物,模拟自然界的光合作用,就能为太阳能的开发利用打开新的思路。通过合成多组分化合物,对光致能量转移和电子传递过程进行模拟和研究已成为一个热门的课题,引起了国内外研究者的广泛关注。研究配合物体系能量转移过程的配合物光化学是化学、物理、材料和生物等研究者密切注意的交叉学科。由于过渡金属配合物优良的光物理和电化学性质,围绕过渡金属配合物进行的光诱导分子内和分子间电子转移和能量传递的研究越来越受到人们的关注和重视,它既可促进复杂光化学的模拟研究,同时也是发现一系列不同光化学、光物理器件的基础。

Kodis 等报道的配合物(**26**)包含五个二(乙炔)蒽作为天线发色团,在 430 ~ 475 nm 有强吸收,由这五个天线发色团到锌卟啉之间的能量转移过程在皮秒的范围内即可完成,且其量子效率为 1.0。光吸收后,锌卟啉的第一级单线态激发态给其所附的 C_{60} 提供一个电子从而形成 P^+-C_{60}^- 电荷分离态,其寿命为几纳秒,所产生的电荷分离量子产率为 0.96。

26

Constable 等报道了由 2,2′-联吡啶和 2,2′:6′,6″-三联吡啶两种配位单元组成的异多足联吡啶配体及其配合物 $[(bpy)_2Ru(\mu\text{-}I)Os(terpy)]^{4+}$(**27**)和 $[\{(bpy)_2Ru(\mu\text{-}I)\}_2Os]^{6+}$(**28**),激发态时分子内能量从 Ru(Ⅱ)多吡啶单元传递到 Os(Ⅱ)多吡啶单元。Coronado 等报道的多足联吡啶配体 PT 含有 1,10-菲罗啉和 2,2′:6′,

6″-三联吡啶两种配位单元,利用该配体合成配合物[(phen)$_2$Ru(PT)Os(terpy)]$^{4+}$(**29**)。光诱导使分子内能量从 Ru(phen)$_3^{2+}$单元传递到 Os(terpy)$_2^{2+}$单元。

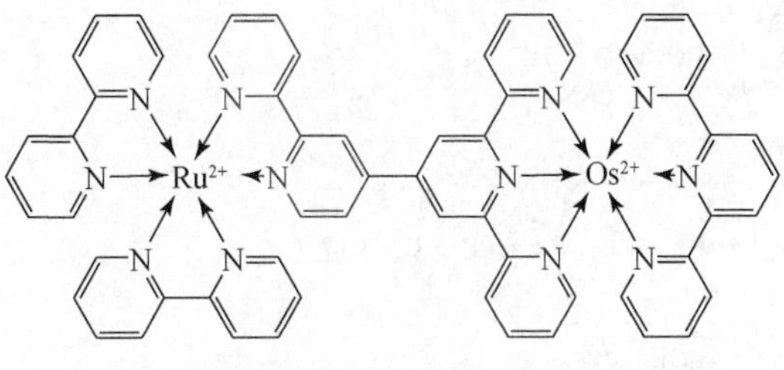

27　[(bpy)$_2$Ru(μ-I)Os(terpy)]$^{4+}$

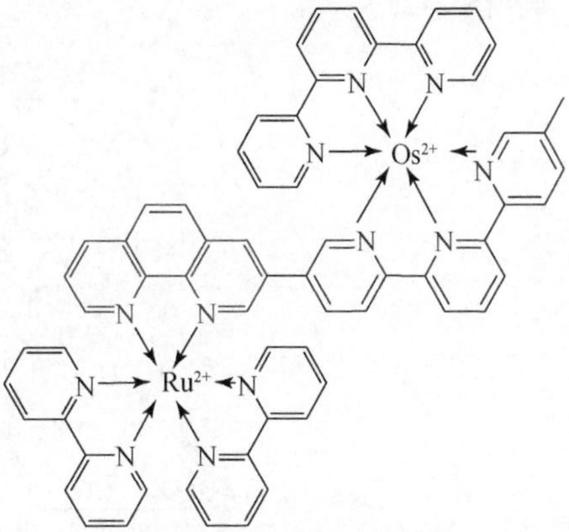

29　[(phen)$_2$Ru(PT)Os(terpy)]$^{4+}$

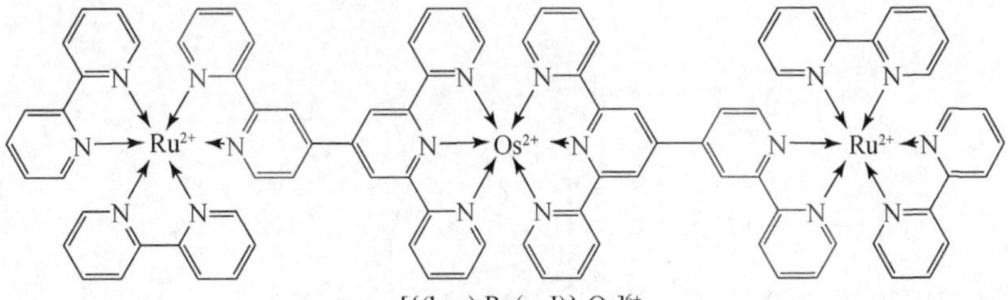

28　[{(bpy)$_2$Ru(μ-I)}$_2$Os]$^{6+}$

Easun 等合成的钌(Ⅱ)配合物(**30**)、(**31**)含有两个配位环境不同的 Ru(Ⅱ)中心,在水溶液中,Ru-CN 单元^{3}MLCT 的能量比 Ru-bpyam 单元高,能量从 Ru-CN 单元转移到 Ru-bpyam 单元,在乙腈溶液中,由于不能形成氢键,Ru-CN 单元^{3}MLCT 的能量比 Ru-bpyam 单元低,金属中心之间的能量传递方向发生逆转,从 Ru-bpyam 单元传递到 Ru-CN 单元。

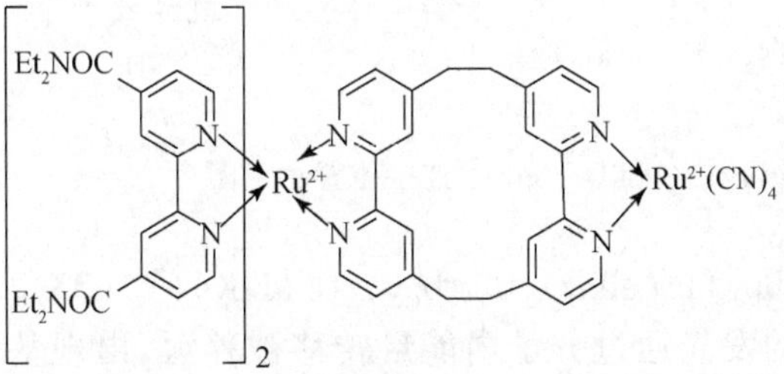

30

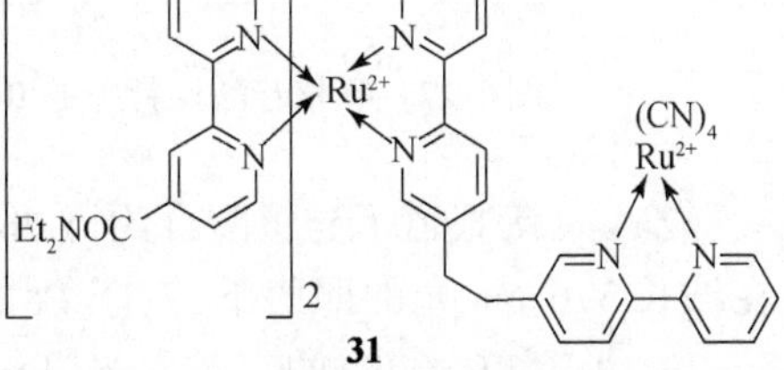

31

Yamamoto 等合成的一系列 Ru(Ⅱ)/Re(Ⅰ)配合物(**32**)均含有一个 Ru(Ⅱ)中心和多个 Re(Ⅰ)中心,Re(Ⅰ)中心吸收光能后,迅速把能量传递给 Ru(Ⅱ)中心,效率高达 89%。Elena 等通过共价连接在两条并列的寡核苷酸探针上的 $Ru(bpy)_3^{2+}$ 和 $Os(bpy)_3^{2+}$ 之间的能量共振转移来检测 DNA 发生突变、碱基错配的位点(图 2-27)。

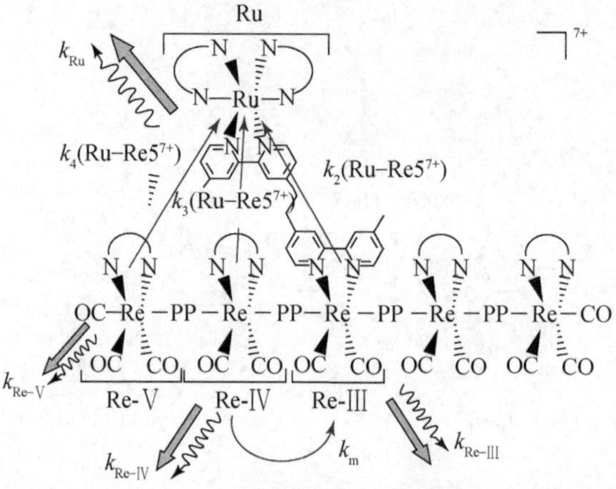

32

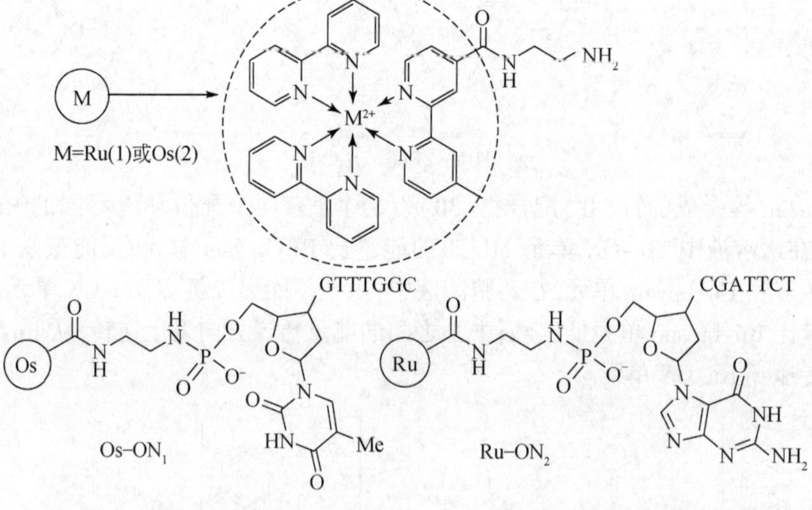

图 2-27　寡核苷酸探针上的 $Ru(bpy)_3^{2+}$ 和 $Os(bpy)_3^{2+}$ 连接位置示意图

　　Ziessel 等报道了异核配合物 $[(dbbpy)Pt(ebpy)_2Ru(bpy)_2Os(bpy)_2]^{4+}$(**33**),在波长 376 nm 光的照射下,基于 Pt 的发光通过分子内能量转移被猝灭,出现基于 Ru(Ⅱ) 和 Os(Ⅱ) 的二重发光,Pt→Os(Ⅱ) 的能量传递速率是 Pt→Ru(Ⅱ) 的 3~6 倍。陈忠宁等报道了一系列 Ru(Ⅱ)/Pt(Ⅱ) 异核配合物(**34**)、(**35**),能量可以有效地从 Pt(Ⅱ) 联吡啶生色团的 ^{3}MLCT 激发态传递到 $Ru(bpy)_3^{2+}$ 单元的

^{3}MLCT激发态。

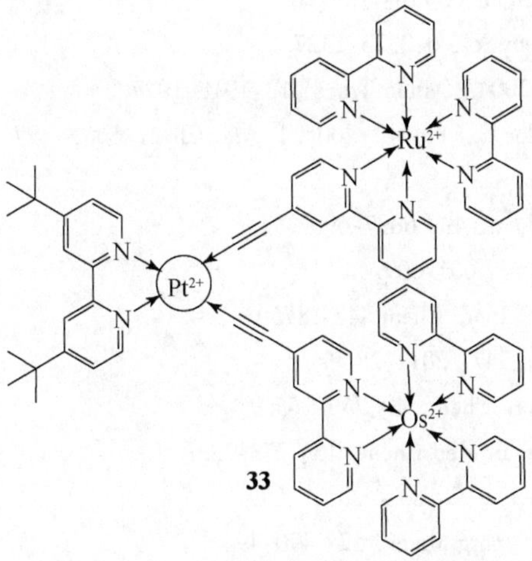

33

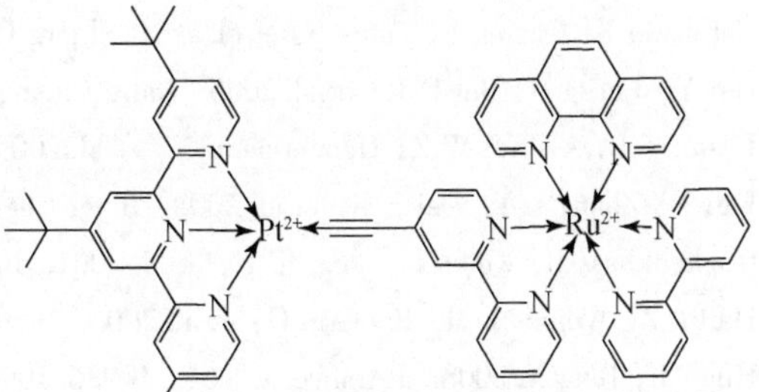

34

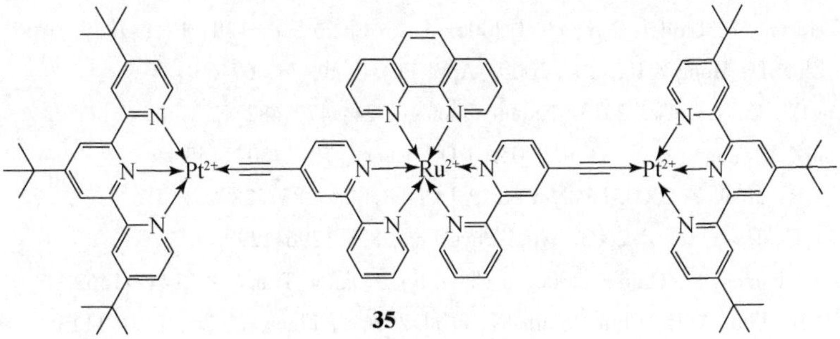

35

参 考 文 献

陈金秋,欧谷平,张福甲,等.2005. 兰州大学学报(自然科学版), 4: 86-91.

王崇侠. 2004. 金属离子与8-羟基喹啉衍生物配合物的合成和荧光性质. 南京:南京师范大学硕士学位论文.

杨英.2010. 含席夫碱或8-羟基喹啉金属配合物的有机−无机杂化材料的合成、表征及其环氧化催化性能研究. 长春:吉林大学博士学位论文.

张梦欣,邓振波,白峰,等.2005. 光谱学与光谱分析, 25: 836-839.

Adachi C, Baldo M A, Forrest S R. 2000. J Appl Phys, 87: 8049-8055.

Amati M, Lelj F. 2003. J Phys Chem A, 107: 2560-2569.

Baitalik S, Wang X Y, Schmehl R H A. 2004. J Am Chem Soc, 126: 16304-16305.

Baldo M A, Thompson M E, Forrest S R. 2000. Nature, 403: 750-753.

Bhaumik C, Maity D, Das S, et al. 2013. Polyhedron, 52: 890-899.

Bichenkova E V, Yu X, Bhadra P, et al. 2005. Inorg Chem, 44: 4112-4114.

Cheng F, He C, Ren M, et al. 2015. Spectrochim Acta A, 136: 845-851.

Cheng F, Tang N, Chen J, et al. 2013. Spectrochim Acta A, 114: 159-163.

Christian H, Annamaria Q, Marie S, et al. 2015. Chem Sci, 6:2323-2327.

Constable E C, Figgemeier E, Housecroft C E, et al. 2004. Dalton Trans, 13:1918-1927.

Coronado E, Galan- Mascaros J R, Marti- Gastaldo G, et al. 2005. J Am Chem Soc, 127: 12351-12356.

Coronado E, Gavina P, Tatay S, et al. 2010. Inorg Chem, 49: 6897-6903.

Cui Y, Liu Q D, Bai D R, et al. 2005. Inorg Chem, 44: 601-609.

Easun T L, Alsindi W Z, Deppermann N, et al. 2009. Inorg Chem, 48: 8759-8770.

Fan Y, Zhang L Y, Dai F R, et al. 2008. Inorg Chem, 47: 2811-2819.

Gholamkhass B, Koike K, Negishi N, et al. 2001. Inorg Chem, 40:756-765.

Hailin Z, Weiner L M, Bar- Am O, et al. 2005. Bioorgan Med Chem, 13: 773-783.

Huali L, Bing X. 2008. Tetrahedron, 64: 10986-10995.

Isiamov A K, Nuritdinov I, Khayitov I A, et al. 2016. Inorg Mater, 52: 490-494.

Kitchen J A, Boyle E M, Gunnlaugsson T. 2012. Inorg Chim Acta, 381: 236-242.

Kodis G, Terazono Y, Liddell P A, et al. 2006. J Am Chem Soc, 128: 1818-1827.

Liang C J, Zhao D, Hong Z R, et al. 2000. Appl Phys Lett, 76: 67-69.

Lin S, Wang Y, Cai C, et al. 2013. Nanotechnology, 24: 477-482.

Liu Y, Duan Z Y, Zhang H Y, et al. 2005. J Org Chem, 70:1450-1455.

Lu J, Hill A R, Meng Y. 2000. J Polym Sci Pol Chem, 38: 2887-2892.

Ma D, Wang G, Hu Y, et al. 2003. Appl Phys Lett, 82: 1296-1299.

Magennis SW, Parsons S, Haid Z. 2000. J Chem Soc, Dalton Trans, 9: 1447-1462.

Mallepally R R, Putta V R, Chintakuntla N, et al. 2016. J Fluoresc, 26: 1101-1113.

Meyers A, Weck M. 2003. Macromolecules, 36: 1766-1768.

Moore E G, Samuel A P S, Raymond K N. 2009. Acc Chem Res, 42: 542-552.

Padilla-Tosta M E, Lloris J M, Martinez-Mauez R, et al. 2001. Eur J Inorg Chem, 6: 1475-1481.

Parmar A, Parekh P, Bahadur P. 2013. J Solution Chem, 42: 80-101.

Petrova P K, Tomova R L, Stoycheva-Topalova R T, et al. 2012. J Lumin,132:495-501.

Qiang L, Jianan Z, Wei S, et al. 2014. Langmuir, 30: 8607-8614.

Qin Y, Kiburu I, Shah S, et al. 2006. Org Lett, 8:5227-5230.

Rahul K, Parag B, Ritu B, et al. 2015. J Mol Struct, 1100: 592-596.

Reddy M R, Reddy P V, Kumar Y P, et al. 2014. J Fluoresc, 24: 803-817.

Saha D, Das S, Bhaumik C, et al. 2010. Inorg Chem, 49: 2334-2348.

Sampson M D. 2015. Inorg Chem, 77: 385-387.

Sun P, Duan J, Lih J, et al. 2003. Adv Funct Mater, 13: 683-691.

Ventura B, Barbieri A, Barigelletti F, et al. 2008. Inorg Chem, 47: 7048-7058.

Vincent M, Nathalie D B, Pascal C, et al. 2006. Bioorg Med Chem Lett, 16: 5988-5992.

Vuradi R K, Putta V R, Nancherla D, et al. 2016. J Fluoresc, 26: 689-701.

Wang D, Chen H, Su Y, et al. 2013. Polym Chem, 4: 85-94.

Wang X, Chang H, Xie J, et al. 2014. Coord Chem Rev, 273: 201-212.

Wenger O S. 2013. Acc Chem Res, 46: 1517-1526.

Xia X W, Lu J M, Li H, et al. 2005. Opt Mater, 27: 1350-1357.

Xu B S, Chen L Q, Liu X G, et al. 2008. Appl Pyhs Lett, 92: 103305.

Xu B S, Hao Y Y, Wang H, et al. 2005. Solid State Commun, 136: 318-322.

Yamamoto Y, Tamaki Y, Yui T, et al. 2010. J Am Chem Soc, 132: 11743-11752.

第3章 配合物的磁性

  磁性是物质的一种基本性质,任何物质都具有磁性。最早发现的磁性存在于磁铁矿等强磁性材料中。1986年,Miller报道了第一例分子基磁体,从此揭开了配位化合物领域中分子磁体的探索篇章。分子基磁体是一类通过化学方法把自旋载体(自由基或顺磁金属离子)及有机配体以自组装或控制组装的方式组合而成的磁性化合物,其磁性来源于分子中具有未成对电子的顺磁中心之间的磁耦合。这些磁耦合既来自于分子内相互作用,也来自于分子间相互作用。分子内相互作用通常是由桥连配体传递的超交换作用。只要分子设计合理,通过调控不同的自旋载体和配体,就可以调控磁体的结构和性质。随着现代科学理论和实验技术的发展,有关分子基磁体的研究逐渐受到化学家、物理学家和材料学家等各界学者的广泛关注。经过几十年的发展,分子基磁体研究已经成为化学、物理学与材料科学的前沿交叉领域。人们通过测定配合物的磁化率可以确定分子中的未成对电子数,获得配合物中心金属的氧化数和电子构型的有关信息,某些情况下还可以得到中心原子的立体结构(对称性)以及配合物的价键性质等有关信息。通过研究孤立顺磁离子在配体场中的自旋状态,人们可以实现高低自旋态之间的转变,并通过温度、压力、光照等外界条件实现可控调节;通过研究自旋之间的协同行为,还可以对磁耦合作用、磁有序温度等进行调节,从而得到各种具有不同体相磁性质的分子材料。同时,分子基磁性材料还容易得到详细的结构信息,有助于结构与性能之间关联的研究以及磁耦合机理的探索。此外,基于分子基磁体的化学可调控性,与磁性相关的一些其他物理、化学性质往往可以通过分子设计,增加具有相应功能的基元,将其与磁性融合在同一材料中。

  由于配合物化学结构的多样性,分子间堆积方式千差万别,导致此类材料比传统磁性材料表现出更为丰富多样的磁学性质。除了常见的抗磁性、顺磁性、铁磁性、反铁磁性和亚铁磁性以外,研究者们还发现了许多新颖而有趣的磁现象,如变磁性、自旋交叉双稳态、单分子磁体、单离子磁体、单链磁体等。分子基磁性材料合成条件温和,方法便利,化合物相对容易得到单晶,有利于进行结构与性能相关性研究。且通过改变有机配体和桥连基团,或者组合不同的顺磁中心,可以有目的地调控分子结构,进而实现对分子磁性的调控。此外,与传统磁性材料相比,配位化合物磁性材料具有体积小、密度小、透明度高、溶解性好、可塑性强、易加工、构效可调控等优点。因此,分子基磁体有望成为新一代的磁性材料,在量子计算、高密度信息存储及分子自旋电子学等领域有极为广阔的应用前景。本章将从分子基磁性材料的类型、合成策略、研究进展等方面对其进行简要介绍。

在介绍分子基磁体类型之前,有必要先介绍一个基本概念:磁化率(magnetic susceptibility, 记作 χ)。它可以表述为材料对外加磁场响应的量度,是表征宏观磁性的一种定量标尺,满足关系式

$$M = \chi H$$

式中,H 为外加磁场强度;M 为材料在外加磁场中被磁化的强度,单位是 G,1G = 10^{-4}T;χ 无量纲,习惯使用 emu/cm³(电磁单位/厘米³)为单位。研究中常用到的摩尔磁化率 χ_M 是由 χ 和摩尔体积相乘得到的,单位是 emu/mol 或 cm³/mol,它是指单位磁场下,1 mol 磁介质的磁化强度,也可以理解为 1 mol 磁介质的所有磁偶极子的磁矩之和。为了方便,本书在下文叙述中采用 χ 替代 χ_M。在磁性研究中,$\chi_M T$ 是一个重要的物理量,其单位是 cm³·K/mol。摩尔磁化强度单位为 cm³·G/mol,此外,它还常用 $N\beta$ 来表示

$$1 \ N\beta = 5583 \ \text{cm}^3 \cdot \text{G/mol}$$

式中,N 为阿伏伽德罗常量,6.02×10^{23} mol^{-1};β 为玻尔磁子

$$\beta = \frac{e\,\hbar}{2m_e c} = 9.27 \times 10^{-21} \ \text{cm}^3 \cdot \text{G} = 1 \ \text{B} \cdot \text{M}$$

其中,e 为电子电荷;$\hbar$ 为普朗克常数;m_e 为电子质量;c 为光速。

由于室温时的 χ 值是一个不方便测得的数,所以研究者们通常使用有效磁矩 μ_{eff}(effective magnetic moment),它定义为

$$\mu_{\text{eff}} = \left(\frac{3k}{N}\right)^{1/2} (\chi T)^{\frac{1}{2}}$$

式中,k 为玻耳兹曼常量,1.38×10^{-23} J/K。

如果以玻尔磁子为单位,则

$$\mu_{\text{eff}}(\text{B.M}) = \left(\frac{3k}{N\beta^2}\right)^{1/2} (\chi T)^{\frac{1}{2}}$$

所以有

$$\chi = \frac{N\beta^2}{3kT} \mu_{\text{eff}}^2$$

当温度不太低、外场不很高的时候,磁化强度为

$$M = \frac{Ng^2\beta^2 H}{4kT}$$

这种情况下,磁化率可用如下表达式:

$$\chi = \frac{M}{H} = \frac{Ng^2\beta^2}{4kT}$$

当仅存在自旋贡献的时候

$$\chi = \frac{Ng^2\beta^2 s(s+1)}{3kT} = \frac{N\mu_{eff}^2}{3kT}$$

式中,$\mu_{eff}^2 = g^2\beta^2 s(s+1)$,这是我们在配合物磁性研究中惯用的"磁矩的平方",其中,g 为朗德因子,不同的体系其取值不同

$$g = 1 + \frac{J(J+1) + S(S+1) - L(L+1)}{2L(L+1)}$$

式中,J 为是角量子数;S 为自旋量子数。

对于冻结体系,上述纯自旋式可作为推算磁化率的一级近似解

$$\chi = \frac{N\beta^2}{3kT}[4s(s+1)]$$

式中,$\frac{N\beta^2}{3k} = \frac{6.02 \times 10^{23} \times (9.27 \times 10^{-21})^2}{3 \times 1.38 \times 10^{-16}} = 0.125 \ cm^3 \cdot K/mol$,因此上式可以简化为

$$\chi = 0.125[4s(s+1)]/T$$

抗磁体会被外加磁场排斥,且抗磁体磁化率与样品温度无关。与之相对,顺磁体会被外加磁场吸引,且顺磁磁化率与样品温度有关。

附:计算配合物磁化率的免费软件:Program Condon。

网址:http://www.condon.fn-aachen.de/

3.1 抗 磁 体

把一个样品放置在磁场中,材料内部的磁场与自由空间的值一般是不相同的。因而该物体会被磁化,如果样品内磁力线密度减小[图3-1(a)],就可以认为这种样品是抗磁性的。也就是说,抗磁体会产生一个磁通,与引起该磁通的外场相对抗。抗磁性是所有物质的一个根本属性,起源于成对电子与磁场的相互作用。即使对于外层具有未成对电子的过渡金属,由于它们具有许多填满的内壳层,其磁化率也有已填满壳层的抗磁性成分。只是抗磁磁化率比顺磁磁化率小得多,通常能够通过测量磁化率与温度的关系将它们区分开。事实上,顺磁磁化率在低温时常常变得非常大,以致几乎不用对它们进行校正。

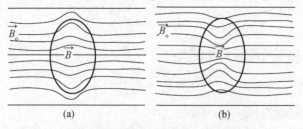

图 3-1　在外磁场作用下的抗磁体(a)和顺磁体(b)

抗磁磁化率的一个重要特点是具有加和性,即分子的抗磁磁化率等于组成该分子的原子与化学键的抗磁磁化率之和。对于配合物而言,抗磁磁化率可以从组成配合物的配体原子和抗衡离子的抗磁磁化率加和得到。抗磁材料的 χ 是负的,而且相当小,范围在 $-10^{-6} \sim -10^{-4}$ emu/mol。抗磁磁化率与温度和外加磁场强度均无关。通常仅把它们用作磁化率测量的校正,以便获得顺磁磁化率。

3.2　顺　磁　体

顺磁性是包含未成对电子的物质所具有的一种属性,本书把研究范围限于过渡金属和稀土金属离子形成的配合物。顺磁物质的共同特点是:当外加磁场为零的时候,由热运动引起的原子磁矩排列是无规则的;当施加一个外场时,顺磁性物质可受外磁场影响,逐渐向外磁场强度较高的区域移动,即受外磁场的吸引。在外磁场诱导下,顺磁性物质的感生磁矩的方向与外磁场相同,磁力线变密,即物质内部磁力线密度增大[图 3-1(b)]。顺磁性物质的磁化率通常与温度有关。在高温下,摩尔磁化率 χ_M 与热力学温度 T 成反比: $\chi = C/T$。这就是居里定律,其中 C 为居里常数。根据居里定律可推出: $\chi^{-1} = C^{-1}T$,利用 χ^{-1} 对 T 的关系曲线可以得到居里常数。

居里定律仅适用于顺磁性离子之间没有磁耦合的自由离子,当体系中的顺磁性离子之间存在磁相互作用时,居里定律不成立。居里定律实际上是用变量 P(压强)、V(体积)、T(温度)表示的理想气体定律的磁模拟。对于磁系统,我们利用 H(磁场强度)、M(磁化强度)、T(温度)表示,并且对理想气体导出的热力学关系式,可以通过 H 替代 P,M 替代 V,从而转换到磁系统中。

当气体的压强变得很高,或者出现分子间相互作用时,就会与理想气体性质发生偏离。同样,在许多情况下,配合物并不能严格遵守居里定律。对很多配合物来说,原子磁矩之间存在一定的磁耦合使磁化率偏离居里定律。这种磁耦合有两类:一类是直接的自旋–自旋耦合,通过金属离子之间的金属键实现;另一类是间接的自旋–自旋耦合,金属离子通过其间的桥相互作用,称为超交换耦合。配合物体系中普遍存在超交换耦合,因此需要对居里定律进行修正

$$\chi = C/(T-\theta)$$

即居里–外斯(Curie-Weiss)定律。式中,校正项 θ 具有温度的单位 K。θ 出现负值是很常见的,但不能将它与没有物理意义的负温度混淆。θ 表示分子内和分子间的相互作用,当 θ 符号为负时,称为反铁磁性;反之,当 θ 符号为正时,称为铁磁性。有研究者认为,θ 值同时还反映了分子间相互作用和基态零场分裂对磁性的影响。

2015 年,Li 课题组首次报道了通过顺磁性配合物调节磁弛豫行为的工作。顺磁体在无外场的情况下,杂乱无章,属于磁无序体系。在外加磁场的情况下会产生长程有序。目前研究的两大类分子磁性材料有:第一,长程有序分子磁体,包括铁磁体、反铁磁体、亚铁磁体以及弱铁磁体等(图 3-2),每一种长程磁有序态都有它独特的磁场响应(图 3-3);第二,低维磁体,包括单分子磁体和单链磁体。

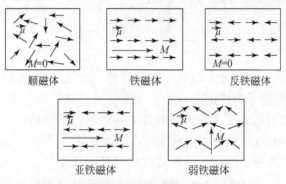

图 3-2　不同的长程有序磁体中的自旋取向

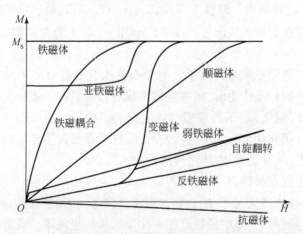

图 3-3　各种磁有序态的磁化强度随外加磁场变化的曲线

3.3　长程有序分子磁体

3.3.1　铁磁体

如果给定晶格上的全部磁矩均自发地排列在同一方向上,那么这样的有序态就是一种铁磁态。这种有序化不需要外场,而且通常外场还会使铁磁相受到破坏。

自旋的自发有序化在某个临界温度(也称居里温度,记为 T_C)以下继续存在,磁化强度随外场极快饱和,在去除外场后,磁化强度不再随时间变化。当温度高于 T_C时,磁化率遵循居里–外斯定律。经典模型中,铁磁体(ferromagnet)的自发磁化在 T_C 以上应该为零。具有铁磁性排列的材料实际上是由许多极微小的磁畴组成的,每个磁畴内所有的自旋排列完全一致,但每个畴和临近的畴又有不同的取向,从而降低了系统的自由能。

铁磁体的自发磁化强度 M 数值非常大,分子场理论(MFT)假设在铁磁体内部存在某种磁场 H_m,它决定了自旋的取向。临近温度 T_C 就是指当高于这个温度时,自发磁化强度便因热运动而消失。外斯引入了分子场理论,他假定存在一种内部磁场 H_m,它与磁化强度成正比

$$H_m = \lambda M$$

式中,λ 为外斯场常数。当温度高于 T_C 时,作用在样品上的总磁场 H_T 是 H_m 和外部磁场 H_{ext} 之和

$$H_T = H_m + H_{ext}$$

根据居里定律,上式可整理为

$$M/H_T = M/(\lambda M + H_{ext}) = C/T$$

整理后有

$$M[1 - (\lambda C/T)] = CH_{ext}/T$$

或

$$\chi = M/H_{ext} = C/(T - T_C)$$

根据居里–外斯定律

$$\chi = C/(T - \theta)$$

则

$$\theta/T_C = 1$$

这意味着居里–外斯温度 θ 和铁磁性交换作用之间有密切关系。即理想的铁磁体,$\theta/T_C = 1$。这只是分子场理论的近似结果,在实际体系中 θ 一般稍大于 T_C。

综上所述,铁磁性物质的主要特点可以归结如下:①磁化率 $\chi > 0$,且很大;②χ 不是常数,而是随磁场 H 而变;③χT 随温度 T 而变,通常随温度降低而升高(图3-4),当 $T > T_C$ 时,χ 遵守居里–外斯定律;④存在磁滞现象。磁性表现为非常大的磁化率 χ,而且即使无外加磁场,铁磁体也表现出磁化强度(常称为自发磁化强度)。铁磁体均是由含有不满原子壳层,具有固有磁矩的过渡金属或稀土金属原子所组成的。由于量子力学的交换作用,这些原子的固有磁矩的方向趋于一致,从而表现出巨大的自发磁化强度。

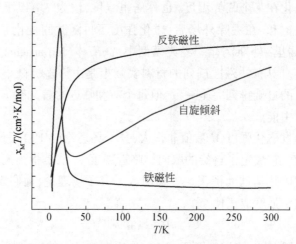

图 3-4　典型铁磁性、反铁磁性和自旋倾斜材料的磁化率与温度的关系曲线

3.3.2　反铁磁体

在对实验室合成的金属有机配合物的研究中,研究者发现具有反铁磁有序的配合物远远多于具有铁磁有序的配合物,其中所观察到的物理现象也比铁磁体中更为复杂。由顺磁态到反铁磁态的跃变是一种合作效应,同时伴随着一个特征长程有序化温度,通常称为 Neel 温度,记为 T_N。但是很多参考书上都采用和铁磁体一样的 T_C 作为临界温度的缩写。在反铁磁状态下,相同原子磁矩的空间取向呈反平行排列。当温度低于 Neel 温度时,反铁磁体(antiferromagnet)中自旋反平行排列,当反平行排列的自旋完全相等时不产生净磁矩和自发磁化,磁化强度随外场近似线性地缓慢增加。在 Neel 温度以上,反铁磁体表现顺磁行为,近似遵守居里–外斯定律。χT 值通常随温度降低而降低(图 3-4,高温区缓慢降低,临界温度以下,χT 值随温度降低急剧下降)。

在分子场理论中,将反铁磁体考虑成两个相互穿插的子晶格 A 和 B (图 3-5),子晶格之间磁矩反平行排列,而每个子晶格都均匀磁化,晶格内所有磁矩均平行排列,并使用分子场理论对铁磁体的处理方法来处理单个子晶格中的磁矩。通过分子场理论的处理可以得到以下结论。

(1)分子场理论预测反铁磁体同样也满足 $\theta/T_C = 1$,但事实上很少有体系满足这个关系。反铁磁体的 θ/T_C 的值会取决于体系的特定磁结构。对于没有自旋阻挫的体系,这个值在 2~5 之间。

(2)在 T_C 以下,反铁磁体具有特征的各向异性。磁有序物质中自旋的指向称

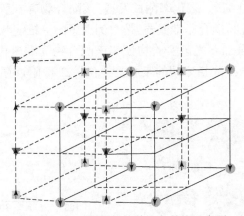

图 3-5　相互穿插的简单立方晶格示意图

为易轴。对一个反铁磁体,在有序态时当外加磁场平行于易轴时,平行磁化率 $\chi_{//}$ 在 0K 时为零。随温度上升 $\chi_{//}$ 上升,并在 T_C 时达到峰值。而当外加磁场垂直于易轴时所测得的垂直磁化率 $\chi_\perp$ 在 T_C 以下保持恒定,在 T_C 以上与 $\chi_{//}$ 重合。并且以粉末数据所测得的结果 χ_{powder} 满足以下关系

$$\chi_{powder} = (\chi_{//} + 2\chi_\perp)/3$$

值得指出的是,分子场理论给出其 T_C 为 $\chi_{//}$ 的峰值,而实际中并非如此。Fisher 曾经给出反铁磁体的比热容和磁化率之间的关系

$$c(T) = A(\partial/\partial T)[T\chi_{//}(T)]$$

式中,A 为一个与温度变化非常缓慢的方程。这个公式表明,比热容 $c(T)$ 的峰值所在的温度与 $\partial(T\chi_{//})/\partial T$ 的峰值位置一致。这才是反铁磁体的 T_C,一般它比 $\chi_{//}$ 的峰值温度低,这个偏差在于分子场理论忽略了短程相关。

(3)反铁磁体分子场理论处理还给出了以下关系

$$\theta = T_C = 2S(S+1)zJ/3k$$

式中,S 为体系的总角动量;J 为体系的交换常数;z 为格子点的磁配位数。根据这个关系,可以粗略估计反铁磁体中的交换作用的大小。

反铁磁性配合物,其阳离子通常为过渡或稀土金属离子,邻近配位离子为阴离子。金属离子之间距离较大,它们的电子壳层交叠程度较低。因此,反铁磁性配合物磁矩之间存在间接交换作用,而不是像铁磁性物质那样的直接交换作用。其相邻磁子晶格的磁矩磁化强度之间相互反平行,因此对外并不显示磁性。在外磁场作用下,只能出现微弱的磁性,即 $\chi > 0$,但很小,一般数量级在 $10^{-5} \sim 10^{-3}$。

2015 年,Goswami 等报道了首例在低温下呈现自旋倾斜反铁磁有序的氧嗪酸配合物。同年,Lu 等报道了一例含有 Fe-F-Fe 一维链的 Fe^{III} 配合物 $FeF_3(4,4'-bpy)$,

（4,4′-bpy＝4,4′-联吡啶）。磁化率测试发现,该配合物存在强烈的链内相互作用
（$J/k_B＝-19.2$ K）,链间耦合非常微弱,是一例理想的一维链状反铁磁体(图3-6)。
磁化率、比热容、Mössbauer 光谱实验均证实该配合物为顺磁体。在静态磁化率测
试、比热容及 Mössbauer 光谱之间的表面差异表明,2 K 附近存在长程磁有序。

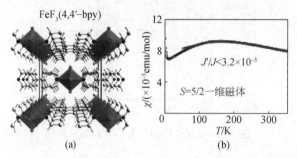

图 3-6　(a)配合物 FeF_3(4,4′-bpy)堆积图;(b)磁化率-温度曲线

3.3.3　亚铁磁体

　　Neel 在解释铁氧体的磁行为时率先提出了亚铁磁体(ferrimagnet)的概念。
亚铁磁体是反铁磁体的一个特例,当反平行排列的两个子晶格中的自旋大小不
等时,磁矩不会被抵消,依然具有净磁矩。随着外场的不断增大,反铁磁相互作
用被克服,最终达到顺磁态。在亚铁磁体体系中,大小不相等的磁矩采取反平行
取向而产生净磁矩,具有自发磁化行为(图3-3)。它具有类似铁磁体的行为:在
T_C 以下,具有较大的净自发磁化,磁化强度也随外加磁场的增加迅速达到饱和。
但由于磁矩反平行,所以其饱和磁化强度为 A、B 两个子晶格中磁矩的差:$M＝$
$|M_A－M_B|$。继续增加磁场,能克服反铁磁作用,而最终达到极化的顺磁态。亚铁
磁体这种有序态具有特定的优势:①它的自旋之间为反铁磁作用,故一般具有比
铁磁作用强的磁交换,因此可能获得较高的有序温度 T_C;②由于其中的自旋不
能完全抵消,所以它依然具有较大的自发磁化,这和铁磁体相似,能获得常规意
义上的磁体。

　　亚铁磁体可以分为以下两类:①异自旋体系,即反铁磁相互作用的自旋大小不
同的金属离子有规律地交替排列导致净自旋磁矩;②同自旋的拓扑亚铁磁体系,它
们具有特定的拓扑结构,使同种金属离子间的铁磁和反铁磁相互作用按一定的规
律交替出现,从而产生净自旋磁矩。在分子磁体的设计中,Kahn 首先提出"亚铁磁
途径"构造磁链化合物,后来被广泛应用。迄今所得的几例 $T_C＞300$ K 时的室温分
子磁体都是亚铁磁体。

2009 年,南开大学 Bu 课题组报道了一例具有单晶-单晶(SCSC)转变现象的三维 Mn^{II} 配合物 $[Mn_3(HCO_2)_2(L)_2(OCH_3)_2]$(L = nicotinate N- oxide),该配合物属于 C_2/c 空间群,每个不对称单元中包含 1.5 个 Mn^{II} 离子,一个甲酸阴离子,一个 L 配体和一个去质子的甲醇(图 3-7)。Mn1 和 Mn2 离子都是六配位的,配合物呈现独特的 5-节点(3,6)-连拓扑网格。2~300 K 下直流磁化率测试曲线显示亚铁磁和自旋-倾斜特征。50 kOe(1Oe = 79.5775 A/m)外场、温度 2 K 下场致磁饱和曲线及场冷/零场冷测试证实了该配合物为亚铁磁体。由于该配合物 Mn^{II} 间存在多种磁交换途径,真正的磁交换机理难以解释,需要借助中子衍射实验深入探究。

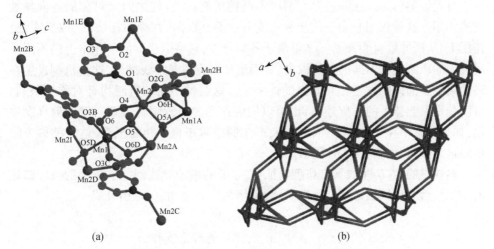

图 3-7 (a)配合物 $[Mn_3(HCO_2)_2(L)_2(OCH_3)_2]$ 中心离子的配位环境;
(b)配合物 $[Mn_3(HCO_2)_2(L)_2(OCH_3)_2]$ 的拓扑结构示意图

Fabelo 等在 2011 年报道了一例三维锰配合物亚铁磁体 $[Mn_3(suc)_2(ina)_2]_n$(suc = 丁二酸,ina = 异烟酸),并利用先进的中子衍射技术测定了其低温晶体结构。由中子衍射精修得出的 Mn^{II} 离子磁矩略小于文献报道的独立 Mn^{II} 离子,这可以归因于自旋离域键或几何磁场波动。有机桥连配体共价键和无机层间偶极相互作用之间的竞争导致该三维网格的亚铁磁有序行为。

3.3.4 弱铁磁体和自旋倾斜

在弱铁磁体(weak-ferromagnet)体系中,长程相互作用使磁矩采取相互倾斜的取向,在几乎垂直于自旋排列的方向上产生较小的净磁矩(图 3-2),从而使之具有自发磁化行为。弱铁磁体属于反铁磁体系,但具有类似铁磁体的行为。与亚铁磁体不同,弱铁磁体中不同子晶格上的自旋完全相等。但弱铁磁体中两个子晶格中的自旋并非平行排列,而是相互倾斜并具有一定夹角 α,在几乎垂直于自旋排列的方向产生较小的净磁矩,使体系具有弱的自发磁化[图 3-8(a)]。净磁矩的大小与不同磁矩之间的倾斜角 α 有关。

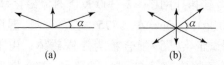

图 3-8　(a) 自旋倾斜;(b) 隐藏的自旋倾斜

　　自旋倾斜(spin canting)存在两种不同的机制:①自旋之间反对称的各向异性交换作用。这种作用倾向于使相邻自旋采取垂直取向,并叠加在铁磁(或反铁磁)作用上,从而导致自旋倾斜。②单离子各向异性,它将引起不同子晶格上的不同金属离子的磁矩具有不同的择优取向,从而造成自旋的非共线排列,这种机制发生在磁性离子多面体间发生相互倾斜的体系中。这两种不同的机制均有对称性限制,可以分别引起体系的自旋倾斜,也可以同时作用。自旋倾斜未必一定导致自发磁化,如果体系中存在更多子晶格系统,产生的净磁矩也会相互抵消,这时就称为隐藏的自旋倾斜,如图 3-8(b)所示。

　　弱铁磁的 M-H 曲线具有典型特征:在很低的磁场处达到一个较小的自发磁化值 M_R,然后与反铁磁体相似,随磁场缓慢增加。通过 M_R 可以由公式

$$\alpha = a\sin(M_R/M_S)$$

估计其倾斜角 α 的大小。式中,M_S 为体系的理论饱和值。

　　自旋倾斜首先由苏联科学家 Dzyaloshisky 通过唯象学方法提出,用来研究 α-Fe_2O_3 的磁行为,后来 Moriya 给出了更坚实的理论基础。该现象在许多配合物中被广泛研究。一般来说,它有两个不同起因:一是各向异性交换中的反对称交换组分(DM 作用),其唯象哈密顿为 $H_{DM} = -\sum D_{ij}(S_i \times S_j)$,式中,$D_{ij}$ 为矢量,由于 $D_{ij} = -D_{ij}$,因此称为反对称交换。D_{ij} 的大小可根据以下公式进行估算

$$|D_{ij}/J| = \frac{g - g_e}{g}$$

其中,g 为 D_{ij} 方向的朗德因子;g_e 为自由电子朗德因子,2.0023。其方向与相邻原子之间的对称性密切相关。如果两个自旋之间存在对称中心相关,则 D_{ij} 等于 0。

　　自旋倾斜的另一个原因是单离子各向异性,它导致不同子晶格上的不同离子 i 和 j 的磁矩具有不同的择优取向,从而造成自旋的非共线排列。这两个原因可以同时也可以各自作用,造成体系的自旋倾斜。一般比较难以区别谁占主导,因为这需要各向异性的单晶磁测量。

对于自旋倾斜的起源,要强调的是它和桥连配体的化学特点之间的关系。最初,自旋倾斜大多是在一些通过单原子桥如 O、Cl、S、Br 等桥连的反铁磁体中观察到。假设 M-X-M 的角度不是 180°,该原子 X 总会使得桥连的金属之间无对称中心,所以在对称性上允许自旋倾斜的发生。通过相似的对称性考虑,由于一些三原子单桥如 N_3^-、$HCOO^-$、$N(CN)_2^-$ 等的非中心对称特征,自旋倾斜在一些它们桥连的反铁磁体中经常被观察到,即三原子配体作单桥时有利于自旋倾斜的弱铁磁体的构筑。

由于自旋倾斜角 α 一般较小(几度以下),其产生的净磁矩也相对较弱,这就是它的名称“弱铁磁体”的来源。尽管在理论上引起了人们的关注,但弱铁磁体在实验中并没有受到广泛重视。其实,“弱”铁磁体并不是很弱,只要具有大的倾斜角,它也能产生很大的净磁矩。例如,在倾斜角为 20° 时,产生的净磁矩相当于饱和磁矩的 1/3。在分子磁体中,文献曾经报道过具有较大自旋倾斜角的体系,如 Fe$(dca)_2(7.2°)$、Fe(pyrimidine)$_2$Cl$_2(14°)$。

北京大学高松院士课题组在弱铁磁体配合物研究上做了大量卓有成效的工作,详细分析了单原子、双原子、三原子等不同长度桥连配体在金属离子磁交换中的作用及对配合物整体磁行为的影响。例如,Zhang 等报道的一例基于次级模块 $[Cr(bpy)(CN)_4]^-$ 构筑的一维异核双金属 Cr-Mn 配合物 $\{Mn(bpy)(H_2O)[Cr(bpy)(CN)_4]_2 \cdot H_2O\}_n$ (bpy = 2,2'-bipyridine)(图3-9),临界温度 $T_C = 2.3$ K 和临界场 4.0 kOe 下显示变磁行为,在 200 Oe 外场下,自旋倾斜导致出现弱铁磁基态,在 500～1000 Oe 之间又逐渐消失。外场高于 4000 Oe 时,该配合物转变为铁磁体。其自旋倾斜可能源于 Cr-Mn 离子之间反对称的 Dzyaloshinski-Moriya(DM)相互作用。

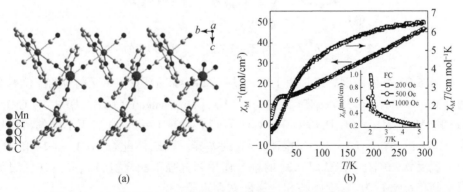

图 3-9　(a) 配合物 $\{Mn(bpy)(H_2O)[Cr(bpy)(CN)_4]_2 \cdot H_2O\}_n$ 沿 b 轴方向的一维之字形链;(b) 磁化率–温度变化曲线

3.3.5　变磁体

　　变磁性是指在外场的诱导下从反铁磁态转变为铁磁态或亚铁磁态的磁行为,也可以认为变磁体(metamagnet)是随外加磁场变化发生相变的反铁磁体。变磁性只有在外场存在时才有意义。变磁性化合物总的磁行为可能是反铁磁性的,但它必须具有不可忽略的铁磁相互作用。与自旋翻转需要的弱各向异性不同,变磁体系一般都具有比较大的各向异性,并且都具有竞争的交换作用。变磁行为能够在一些同时具有链(层)内铁磁和链(层)间反铁磁相互作用的一维、二维体系中观察到。当外磁场低于临界场(H_c)时,变磁体表现出链(层)间的反铁磁有序;当外磁高于临界场时,发生磁相变,表现出链(层)内的铁磁有序。该类化合物的等温磁化强度曲线(M-H曲线)呈现特征的 S 形(图 3-3)。

　　变磁性常常与其他磁行为共存于磁性配合物中,如 2011 年高恩庆课题组报道的一例叠氮–羧基混合三重桥配合物$\{[Co_2(L)(N_3)_4]\cdot 2DMF\}_n$(L = 1,4-bis(4-carboxylatopyridinium-1-methyl) benzene)。(μ-EO-N_3)$_2$(μ-COO)三重混合桥与Co^{II}离子形成一维链(图 3-10),进而通过 bis(pyridinium)配体相互连接,形成二维层状结构。磁性研究发现,该配合物出现罕见的反铁磁有序、金属磁和慢磁动力学共存现象。

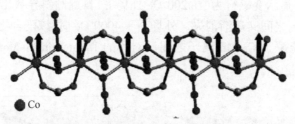

图 3-10　Co^{II}离子与叠氮–羧基混合三重桥形成的一维链

　　2015 年,郑丽敏课题组报道了三例基于$Mn_2(salen)_2$双核单元构筑的配位聚合物,$[Mn_2(salen)_2(C_6H_9PO_3H)](ClO_4)$(**1**)、$[Mn_2(salen)_2(C_6H_5PO_3H)](ClO_4)$(**2**)和$[Mn_2(salen)_2(C_6H_5PHO_2)](ClO_4)$(**3**),发现 O—P—O 采用不同的桥连模式(*syn-anti*, *syn-syn*)会导致动态磁行为的差异。顺磁体配合物(**1**)、(**2**)和(**3**)均呈现反铁磁耦合,但(**2**)和(**3**)的耦合作用明显强于配合物(**1**),并且在低温下观察到单链磁行为、自旋倾斜和金属磁共存现象。

3.4　低维磁体

呈现量子尺寸效应的超顺磁体主要存在于单分子磁体和单链磁体。它们不仅表现出超顺磁体所具有的量子隧穿效应和慢弛豫现象,更重要的是在制备方法上,这些配合物具有尺寸均一、可控性好、易于修饰等优点,因此一经出现就受到化学、物理学以及材料学等领域研究者的极大关注。

3.4.1　单分子磁体

第一例表现出单分子磁体(single-molecular magnets, SMMs)性质的化合物是1993 年 Sessoli 等报道的十二核锰化合物$[Mn_{12}O_{12}(O_2CCH_3)_{16}(H_2O)_4]$,该簇合物内部核心的四个 Mn(Ⅳ)离子通过 μ_3-O 桥连成正四面体结构,外围则由八个具有显著各向异性的 Mn(Ⅲ)离子形成环状排列,并通过乙酸根和氧桥与内层 Mn_4 相连[图 3-11(a)]。研究发现,该化合物在极低的温度下具有超顺磁性,并表现出慢磁弛豫效应和磁化强度量子隧穿效应。这一发现激发了人们空前的研究热情,并逐渐发展成为分子磁学领域的一个重要分支。众所周知,单分子磁体是由分立的、磁学意义上没有相互作用的单个分子组成,属于一类在阻塞温度(blocking temperature, T_B)以下,即使无外加磁场时,仍然能够保持自旋有序的单分子化合物。不同于传统磁体的磁性主要来自于原子或分子之间长程协同效应,单分子磁体的磁性体现在单个分子上,这种独特的磁行为主要体现为磁化和退磁过程中的磁弛豫、弛豫过程中的量子隧穿效应以及交流磁化虚部依赖频率变化所体现的超顺磁性等。2015 年,Craig 等报道了一例非常罕见的单金属 Mn^{Ⅲ} 单分子磁体,高场

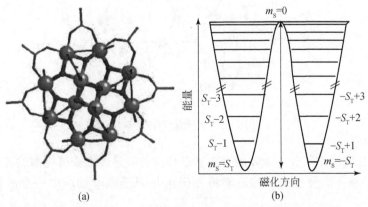

图 3-11　(a)Mn_{12}-ac 分子结构图;(b)自旋基态能量双井图

电子顺磁共振光谱显示中心 Mn^{III} 离子结构上的扭曲会产生显著的负轴零场分裂和很小的正交各向异性,这种微弱的正交各向异性与易轴磁各向异性结合会导致中心 Mn^{III} 离子产生场诱导慢弛豫现象。

在单分子磁体体系中,引起慢弛豫的参数有自旋基态(S_T)、单轴各向异性(零场分裂参数 D)和基于金属的横向各向异性。前者有两个特点形成能垒 U,自旋基态自旋向上和自旋向下构象,可以认为是一个双井能量图[图 3-11(b)]。这个间隙很容易通过 $|D|S_T^2$(S_T为整数)和 $|D|(S_T^2-1/4)$(S_T为1/2)计算得到。由此可见,显著的磁各向异性和高自旋基态是构筑理想单分子磁体的必备要素。然而,2008年,Ruzi 等就 Mn_6 体系的磁各向异性与磁相互作用所开展的理论研究表明:高的自旋基态和大的单轴各向异性是不可兼得的。从原理上分析,提高自旋基态往往意味着配位化合物的核数提高,而每一个自旋粒子的磁各向异性轴的排列通常遵循最大熵原理,从而容易导致体系总各向异性抵消。因此,高核数化合物的磁各向异性往往较低,甚至消失。这一因素导致过渡金属单分子磁体中的有效弛豫能垒一直没能达到人们的期望值。

最近,Escuer 等报道了一例由 salyciloximate 配体和 EO 模式叠氮桥连而成的八核锰簇 ($Mn_2^{II}Mn_6^{III}$)配合物,该配合物的结构单元可以看作 $\{Mn_3^{III}(\mu_3\text{-}O)(salox)_3\}$ 和四面体构型的 Mn^{II} 阳离子堆积而成的双三角帽构型(图 3-12),其自旋基态 S 达到该体系的最大值17,簇内锰离子间呈铁磁耦合,交流磁化率测试显示出明显的频率依赖关系,磁化强度翻转能垒为 35 cm^{-1}。目前所报道的该类体系中的最大弛豫能垒也仅为 326 K。

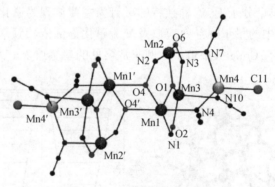

图 3-12　八核锰簇配位环境

如何合理优化单分子磁体的自旋基态和磁各向异性去获得更高的有效弛豫能垒,进一步提升单分子磁体的磁学特性仍然是分子磁学领域中一个亟待解决的难题。

近年来大量的实验和理论研究发现,向单分子磁体中引入单电子数目多且具有强旋轨耦合的顺磁性稀土离子,是制备高能垒单分子磁体的有效途径。这是由于顺磁性稀土离子 f 轨道电子的内秉性使它们含有较大的自旋轨道角动量和未猝灭轨道角动量成分,从而展现出比仅具有 d 轨道电子的过渡金属大得多的磁各向异性。相比于过渡金属单分子磁体,人们对稀土基单分子磁体(Ln-SMMs)所开展的相关研究起步较晚,但是其发展势头迅猛。经过十多年的发展,科学家们已经合成出大量稀土簇状化合物用于单分子磁体的研究。迄今为止,基于双核、三核、四核稀土簇的 Ln-SMMs 研究较多(更高核数 Ln-SMMs 较为少见),其中以 Dy-SMMs 报道最多,相关磁–构关系及弛豫机理研究也比较透彻,并且有效能垒也得到了明显提高。例如,2013 年 Winpenny 等报道的一系列四核化合物$[Ln_4K_2O(O^tBu)_{12}]\cdot C_6H_{14}$(Ln = Gd、Tb、Dy、Er)中,$Dy^{III}$化合物表现出单分子磁体性质,并显示两个磁弛豫过程,能垒分别为 692 K 和 316 K。将其掺杂到抗磁性的$[Y_4K_2O(O^tBu)_{12}]$和$[Y_5O(O^iPr)_{13}]$中后,能垒达到 842 K,这是目前多核 Ln-SMMs 所能达到的最高能垒。

　　最近,Wang 等报道了一系列在直流场为零的条件下显示单分子磁行为的双核Dy^{III}配合物,这种现象在羧基桥连的Dy_2体系中是非常罕见的。其有效能垒高低可由端基中性配体调节(图 3-13),理论计算表明,这些配合物的中心Dy^{III}离子周围的电荷分布是出现单分子磁行为的决定性因素。这些配合物中,通过五个共平面的配位原子相结合的沿磁轴方向较大的电荷分布和在赤道平面(硬质面)上较低的电荷分布最终形成强大的易轴配体场。这一工作为通过硬质面上原子的微调静电势调节镧系单分子磁体的动态磁行为提供了有效方法。

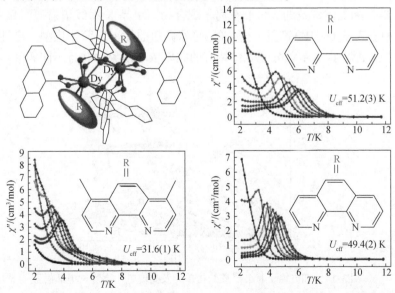

图 3-13　羧基桥连的双核Dy^{III}单分子磁体及不同有机配体对单分子磁行为的微调作用

　　2015 年,Tong 课题组报道了一例具有[2 × 2]四方格子状 Dy_4^{III} 簇结构单元的配合物,交流磁化率测试所显示的虚部频率依赖以及慢弛豫现象证实该配合物为单分子磁体(图 3-14)。在直流场为零的条件下,观察到两个截然不同的磁弛豫过程,能垒分别为 U_{eff1} = 93 cm^{-1} 和 U_{eff2} =143 cm^{-1}。该配合物是 Dy_4^{III} 单分子磁体系统中迄今为止表现出的最高能垒。同年,南开大学的程鹏课题组报道了两例基于呋喃-2,5-二羧酸(FDA)配体的 Dy^{III}-MOFs:$\{[Dy_2(FDA)_3(DMF)_2] \cdot 1.5DMF\}_n$(1) 和 $[Dy_2(FDA)_3(DMF)_2(CH_3OH)]_n$(2),二者具有相似的三维结构,但是中心离子 Dy^{III} 的配位环境显示出对理想四方反棱柱(D_{4d} 对称性)构型不同程度的背离。两例配合物均存在慢弛豫行为,配合物(2)中 Dy^{III} 离子较 D_{4d} 对称性扭曲程度较低,其翻转能垒比配合物(1)高。研究表明,对称性相关的单离子行为在磁弛豫过程中起到重要作用。2016 年,他们又报道了一例在溶剂热条件下制备的基于三核 $\{NiDy_2\}$ 单分子磁体单元构筑的三维异核金属配位聚合物 $\{[NH_2(CH_3)_2]_2[NiDy_2(HCOO)_2(abtc)_2]\}_n$($H_4abtc$ = 3,3′,5,5′- azobenzene-tetracarboxylic acid)。Dy^{III} 和 Ni^{II} 离子通过羧基上的氧原子交替连接,形成三核线性“沙漏”状结构,相邻的三核 $\{NiDy_2\}$ 单元进而通过 HCOO$^-$ 桥连接,构成一维“阶梯”状结构。该一维结构进一步通过 abtc^{4-} 配体桥连成复杂的三维网格。拓扑分析发现这是一类全新的拓扑构型,研究者将其命名为 zsw3。交流磁化率测试显示,该配合物虚部信号具有明显的频率依赖现象,并且伴随两个弛豫过程,1000 Oe 外加直流场下有效能垒分别为 40 K 和 42 K。这是首例以单分子磁体簇作为建筑模块制备的显示单分子磁行为的三维 Ni-Ln 异核金属配位聚合物。赵斌等报道了一系列基于 8-羟基喹啉希夫碱衍生物和 β-二酮配体构筑的双核镧系离子配合物。单晶 X 射线衍射研究显示,这些配合物中心离子 Ln(III)都是八配位的,呈略微扭曲的十二面体构型。磁性研究证实,双核 Dy 配合物显示单分子磁体特有的频率依赖现象。并且不同镧系离子周围

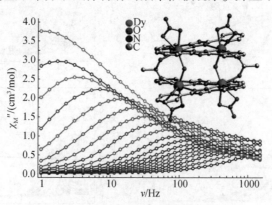

图 3-14　四方格子状 Dy_4^{III} 簇结构单元及交流磁化率测试虚部信号

配位环境的微小改变导致配合物显示出截然不同的磁行为。这一工作也证明了共配体在调节单分子磁体动态磁行为方面的重要作用。

2003 年,日本的 N. Ishikawa 教授课题组报道了一例单核稀土单分子磁体 $[Pc_2Ln]^- \cdot TBA^+$ [Ln = Tb、Dy、Ho、Er、Tm 或 Yb;Pc = dianion of phthalocyanine; $TBA^+ = N(C_4H_9)_4^+$] (图 3-15)。这类单分子磁体的慢磁弛豫行为来源于配合物分子中孤立的金属离子,因此被看作一类特殊的单分子磁体,又被称为单离子磁体(single-ion magnets, SIMs)。单离子磁体的出现极大地丰富了对现有分子磁性配合物磁行为进行分析的研究方法,同时,计算化学的发展也为计算孤立离子的配体场和能级提供了便利的条件。这例配合物的出现开辟了设计单分子磁体的新途径。

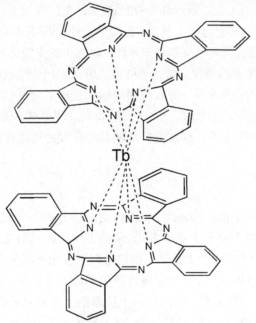

图 3-15　首例单离子磁体 $[Pc_2Ln]^- \cdot TBA^+$ 的结构

2011 年,Brooker 等报道了一例环状配合物 $DyZn_3$,Dy(Ⅲ)离子被 Zn(Ⅱ)和配体共同构筑的环所包结,展现出了单离子磁体行为;Kajiwara 等也报道了相类似的结构 $ErZn_3$,其同样展现出了单离子磁体行为。随后报道了大量这样由配体和抗磁离子 Zn(Ⅱ)构筑的线性单离子磁体,$LnZn_2$(Ln = Ce(Ⅲ)、Tb(Ⅲ)、Dy(Ⅲ)、Er(Ⅲ)、Ho(Ⅲ)、Yb(Ⅲ))和双核化合物 LnZn(Ln = Tb(Ⅲ)、Dy(Ⅲ))。其中,Tong 等报道的单离子磁体 $[Zn_2Dy(L)_2(MeOH)]^+$(L = 2,2′,2″-(((nitrilotris(ethane-2,1-diyl))tris(azanediyl))tris(methylene))tris-(4-bromophenol)),交流出峰位置在 29.6 K,有效能垒为 305 cm^{-1},在扫描速度为 0.02 T/s 时,磁滞回线的最大观测温

度为 12 K,这是目前单离子磁体中的最高值。

　　相对于多核簇状 SMMs,单离子磁体结构要简单得多,主要是双层夹心三明治结构,其典型代表是酞菁双层单核化合物家族和配位几何与酞菁类似的多酸类化合物。早期报道的具有缓慢磁弛豫行为的单核化合物主要集中在镧系或锕系化合物中。其原因是这些离子中自旋–轨道耦合十分强烈,足够补偿配体场带来的猝灭效应,因而这些离子往往具有大的单离子磁各向异性。原则上,类似的行为也可以发生在具有单轴磁各向异性的单核过渡金属化合物中。只是在过渡金属配合物中,配体场通常比金属离子的自旋–轨道耦合要强,导致其轨道角动量在很大程度上被猝灭。降低配位数可能是克服这个问题的有效方法,低的配位数可以保证一个相对弱的配位场,从而使自旋–轨道耦合最大化。最近几年,相当数量的配位数为五、四、三或二的过渡金属单离子磁体逐渐被报道,也有少量为六配位。另外,改变配体的给电子能力也能在一定程度上调节过渡金属离子的磁各向异性。单离子磁体拥有较高的自旋翻转能垒(最高达 938 K),所体现的磁化强度量子隧穿效应、界面干涉以及磁弛豫行为都突破了经典理论和量子力学的界限,为人们揭示纳米磁体的量子隧穿效应提供了重要的物理模型。然而,从实际应用的角度考虑,我们发现单核单分子磁体的磁滞回线多呈蝴蝶形(即矫顽场为零),这样的特征使其难以成为信息存储的载体。

3.4.2　单链磁体

　　单链磁体(single-chain magnets, SCMs)是继单分子磁体之后分子磁学领域的又一前沿课题。相对于单分子磁体来说,单链磁体可能具有更高的各向异性能量壁垒(目前最高达 154 K),大大提高了磁信息存储应用所必需的最低温度,有更好的应用前景,对其磁特性的研究无论是在基础理论方面还是在实际应用方面都具有非常重大的意义。1963 年,R. J. Glauber 从理论上预言铁磁性耦合的 Ising 自旋链(图 3-16)有慢弛豫动力学,但是直到 2001 年才由 Gatteschi 等在实验上得到证实:他们报道了第一例呈现磁化强度缓慢弛豫现象的 Co(Ⅱ)-有机自由基交替链,并被定义为单链磁体(single chain magnet, SCM)。其能垒为 $\Delta_{\text{Glauber}} \approx 8J_F S_T^2$,后经 Clérac 和 Miyasaka 等调整为 $\Delta = 8(J_F + |D|)S_T^2$。单链磁体是指在空间一个维度上磁性中心间具有强的磁作用,而在另外两个维度上磁作用非常弱(10^{-4} 量级) 的一维 Ising 链。在这种材料中,磁化强度的弛豫作用动力学导致了磁滞回线的出现,

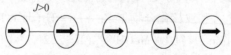

图 3-16　铁磁耦合的 Ising 链模型

也就是说具有了磁体的性质。

　　单链磁体的磁弛豫过程遵从 Arrhenius 定律,表明是一个热活化机理。在阻塞温度以下,这些体系的磁化强度没有足够的热能来顺应所加的以一定频率变化的振荡磁场。因此在这个频率时,整体的磁化强度就会冻结,矫顽力也会随之出现。阻塞过程的存在使得三维有序不可能在低温下存在,链间相互作用尽管存在,但由于阻塞能垒太高不能克服,所以不能再使链间自旋载体有序排列。在低温下,弛豫时间会随着温度的降低而呈指数性增大,因此这种材料虽然没有经典磁体中的长程有序,但仍然可以认为是磁体。在单链磁体中存在磁双稳态以及与此相联系的"记忆"效应可以在一维材料中观测到,不需要任何链间相互作用。因此,这些研究结果可能会开创一个新的领域,如实现在一个单链磁体内存储信息或者开发一种在碳纳米管中构造磁性离子结构的新型一维材料。

　　单链磁体的形成必须具备三个基本条件:①自旋载体必须有一个很强的 Ising 型的各向异性(如 Co^{II}、Mn^{III}、Dy^{III}),以能够在一个方向上阻塞或冻结住磁化强度;②体系必须是一维铁磁链、亚铁磁链或自旋倾斜弱铁磁链,构造上就要求组成链的基本磁单元的自旋尽可能大,而且基本磁单元之间的偶合作用要尽可能强;③一维链间必须尽可能是磁孤立的,以力求避免三维有序,这就要求链内和链间之间的相互作用比例必须非常大(理论上要求大 10^4 倍)。目前报道的单链磁体主要有铁磁链、亚铁磁链和弱铁磁链三种类型。令人遗憾的是,单链磁体的冻结温度仍然在液氮温度之下,离实际应用还有很大的差距。

　　2011 年,高松课题组报道了一例有机金属单离子磁体,该配合物是基于 Er^{3+} 和两个不同的芳香配体组成的三明治构型,仅包含 19 个非氢原子(图 3-17)。5 K 以下出现蝶形磁滞回线,交流磁化率测试显示存在两个热致磁弛豫过程,能垒分别为 197 K 和 323 K。

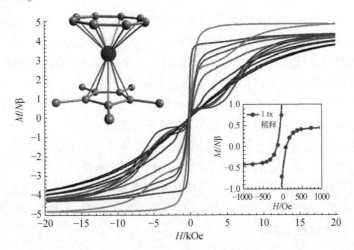

图 3-17　三明治构型的 Er^{III} 离子配合物及磁滞回线

2016 年,Chen 等报道了两例 Dy-单离子磁体,$[Dy(Cy_3PO)_2(H_2O)_5]$ Cl_3·(Cy_3PO)·H_2O·$EtOH(1)$,$[Dy(Cy_3PO)_2(H_2O)_5]Br_3$·$2(Cy_3PO)$·$2H_2O$·$2EtOH(2)$,$(Cy_3PO = tricyclohexyl phosphine oxide)$,中心 Dy^{III} 离子采用七配位的五角双锥几何构型(图 3-18)。两例配合物均显示出较高的翻转能垒[1:472(7) K,2:543(2) K],并且配合物(2)的磁滞温度达到了 20 K,这是目前报道的最高磁滞温度。Chen 等的这一工作开创性地提出了利用结构上的五角双锥几何对称性抑制量子隧穿效应的方法。

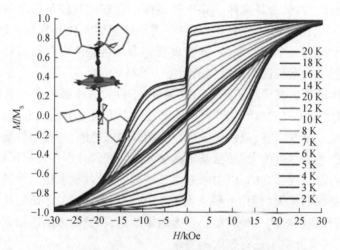

图 3-18 五角双锥构型的 Dy^{III} 离子配合物及其磁滞回线

3.4.3 低维磁体的研究方法

低维磁体(SMM,SCM)的磁学性质可以通过静态磁学(static magnetism)和动态磁学(dynamic magnetism)两个方面来研究。静态磁学研究主要包括:① χT 和 $1/\chi$ 对温度 T 的变化曲线。通过 χT 对温度 T 的变化曲线可以看出配合物基态的信息,对磁化率数据的拟合还可以得到自旋载体间磁耦合的品质和大小。② 单晶磁滞回线。磁滞回线的出现说明该化合物具有磁体的性质,原则上讲,这使得在低维磁体储存信息成为可能。同时可以看到,在某些特定的磁场范围内出现一个(或几个)台阶(平台),这种台阶(平台)的出现可能是外场诱导下磁化强度的量子隧穿效应(QTM)所导致的,而这种行为在经典磁体中通常是观测不到的。

低维磁体的静态磁学研究主要集中在磁晶各向异性上,除了以上两种表征方法外,磁化强度与旋转角度的相关图以及不同方向上的场冷却曲线等方法也可以用来表征和描述这种磁晶各向异性。

　　动态磁学研究主要包括以下内容:交流磁化率对温度 T 和频率 H 的变化曲线。在交流磁化率实验中,人们把一个以特定频率振荡的磁场加到样品上来探测样品的磁化强度弛豫作用的动力学。这时观察到的磁化率信号是一个复数形式,即实部磁化率(χ' , in- phase ac susceptibility)和虚部磁化率(χ'' , out- of- phase ac susceptibility)。如果单链磁体的集合体在一定温度下保持不变,而改变交流磁化率的频率,虚部磁化率的最大值将出现在振荡场的频率等于分子翻越势能壁垒的速率(即弛豫作用的速率)。图 3-19 为 Clérac 等报道的一例经典 Mn^{III} - Ni^{II} 单链磁体 $[Mn_2(saltmen)_2Ni(pao)_2(py)_2](ClO_4)_2$ ($saltmen^{2-} = N,N'$ - (1,1,2,2- tetramethyl- ethylene) bis(salicylideneiminate, $pao^- =$ pyridine-2-aldoxime) 的交流磁化率与温度和频率的相关图。从图上可以看出,在 6.5 K 以下,交流磁化率的实部和虚部的最大值都随着频率变化而变化,说明了磁弛豫作用的发生,从而排除了任何三维有序的可能。

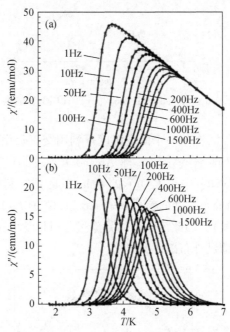

图 3-19　配合物 $[Mn_2(saltmen)_2Ni(pao)_2(py)_2](ClO_4)_2$ 的交流磁化率的实部
(χ')(a)和虚部(χ'')(b)的温度和频率相关图

　　χ'' 峰值的出现表明,此时的磁化强度弛豫作用的速率($1/\tau$)等于交变磁场的频率(ω)。因此,选用不同频率所得到的 χ'' 峰值信号可以提供不同的 $1/\tau$ 对温度 T 的数据,根据 Glauber 的理论可知,不同的 $1/\tau$ 对温度 T 的数据满足 Arrhenius 关系式

$$\tau(T) = \tau_0 \exp(\Delta/(k_B T))$$

式中,Δ 为翻转磁矩方向的有效能量壁垒;k_B 为 Boltzmann 常量。在阻塞温度时,上述方程可以写成对数形式

$$\frac{1}{T_B} = -\frac{k_B}{\Delta}[\ln(2\pi\gamma) + \ln(\tau_o)]$$

式中,γ 为交流磁场的频率,以 $1/T_B$ 对 $\ln(2\pi\gamma)$ 作图,就可得到各向异性有效能量壁垒 Δ 和 τ_o(图 3-20)。

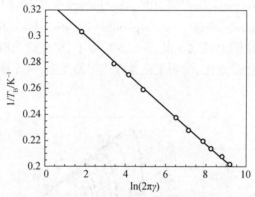

图 3-20 配合物[Mn$_2$(saltmen)$_2$Ni(pao)$_2$(py)$_2$](ClO$_4$)$_2$的 $1/T_B$-$\ln(2\pi\gamma)$ 图

此外,对于低维磁体,在某一个固定温度下利用交流磁化率数据还可以得到半圆形的 Cole-Cole 图(即 χ''-χ' 图,又称 Argand 图),图 3-21 所示为单链磁体[Mn$_2$(saltmen)$_2$Ni(pao)$_2$(py)$_2$](ClO$_4$)$_2$的 Cole-Cole 图。利用 Debye 模型对其拟合,得到表征弛豫时间分布宽度的参数 $\alpha = 0.06$(α 值在 $0\sim1$ 之间变化,$\alpha = 0$ 时说明体系具有单弛豫时间)。因此该体系的弛豫过程可以认为是一个单弛豫过程,从而排除了自旋玻璃或随机排布磁体的可能。

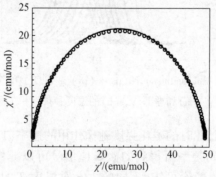

图 3-21 配合物[Mn$_2$(saltmen)$_2$Ni(pao)$_2$(py)$_2$](ClO$_4$)$_2$在 4 K 时的 Cole-Cole 图

　　动态磁学研究还包括直流场的方法。在阻塞温度以下,体系的磁化强度(磁矩)翻转速度逐渐变缓直至冻结,交流磁化率信号也会逐渐消失,弛豫过程无法通过交流磁化率的方法来研究。但可以通过直流磁化率的方法来继续研究更低温度下的磁化强度的弛豫现象,这就是磁化强度的衰减实验。在这种实验中,先用一个直流强场使多晶样品磁饱和,然后外场迅速减小到零,随后在零场下对磁化强度的衰减进行监测,得到磁化强度对时间的关系,通过分析处理也可以得到有效壁垒的大小。

3.5　多功能分子基磁性材料

　　随着科技的飞速发展与进步,具有单一性质的功能材料已经不能满足人们的需要,因此开发和研究具有多功能的复合材料逐渐成为科学家们研究的热点。分子基材料良好的化学调控性可以将多种物理化学性质融合在同一材料中,为开发新的复合材料提供了便利。在分子基磁体的基础上引入其他诸如导电、手性、微孔性质就可以形成具有双功能或者多功能的磁性材料,实现磁性和其他性质的完美结合,同时还可以研究它们之间的相互作用。

　　通常情况下,这类材料在一个分子中拥有至少两种物理的或化学的不同性质。如图 3-22 所示,两种性质分别命名为 A 和 B。以下是几种性质相互作用的例子:A 和 B 两种性质独立共存,互不影响[图 3-22(a)];B 与 A 之间相互作用,定义为“双性质”[图 3-22(b)];A 和 B 作用产生了第三种性质 C[图 3-22(c)];A 受到外界刺激而改变[图 3-22(d)];A 和 B 受到外界刺激而改变[图 3-22(e)]。创建和优化这样的作用对于形成新的性质是非常必要的。

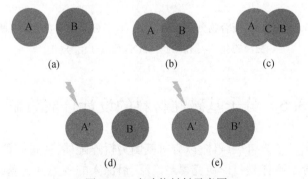

图 3-22　多功能材料示意图

(a) A 和 B 两种性质共存;(b) B 被 A 改变;(c) A 和 B 产生第三种作用 C;(d) A 受外界刺激而改变;
(e) A 和 B 受外界刺激而改变

目前研究较多的是微孔分子磁体、手性磁体及光–磁体。例如,最近 Lu 等报道的一系列结构相似的双核 Ln_2-配合物,其中 Dy_2-配合物显示出场致单分子磁行为,并且荧光测试中在可见光区观察到较强的发射峰(图 3-23)。

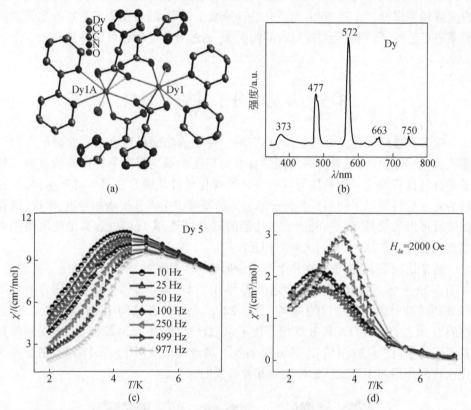

图 3-23　双核 Dy_2-配合物分子结构图(a);Dy_2-配合物的荧光发射峰(b);
交流磁化率–温度的实部(c)和虚部信号(d)

3.6　分子基磁性材料的设计合成策略

以顺磁金属离子为自旋载体,以有机基团为桥连配体,通过配位化学方法制备的金属配合物分子磁体是目前研究得最广泛、最深入的一类分子基磁体,原因主要在于:金属配合物的单晶结构有利于从理论上对分子基磁体中磁性来源和机理进行研究,建立相应模型从而更好地对实验进行预测和指导;而且由于合成方法的可操作性以及有机配体种类和结构的多样性,我们可以得到更多新的不同结构、不同磁性现象的磁性材料。对金属配合物而言,其中顺磁金属离子为磁性中心,产生磁矩;非磁性的有机配体作为超交换通道连接相邻的磁性中心。金属离子和有机配体的变化会造成晶体结构的改变,从而会影响磁性能。自旋载体通常为过渡金属离子或镧系稀土金属离子。在构建单元中,可以形成单核、双核及多核配合物,依据晶体工程原理进行适当的分子组装,可以进一步形成一维、二维或三维分子基磁体。

　　具有丰富配位模式并能够有效传递磁耦合的桥连配体是构筑分子基磁体的关键。配合物中的桥连配体对分子基磁性材料具有重要影响。作为桥连配体,不仅要具有良好的配位能力和优良的传递电子的能力,而且要利于缩短所连接的顺磁中心离子之间的距离,从而使分子轨道更好地重叠。因此在设计合成具有特定功能的磁性材料过程中,不仅要考虑配体配位模式的多样性,还要注重其作为磁交换桥的传导能力。通常选择合适的配体作为构筑单元,再通过有效传递磁交换作用的小分子桥将这些构筑单元连接起来,达到预想的特定结构和功能。当前常用的桥连配体主要有 COO^-、CN^-、N_3^-、$C_2O_4^{2-}$、SCN^- 等共轭的小分子桥,由于它们在配位选择、配位模式、磁性传递上各具特色,已经在分子基磁性材料领域各自形成一个庞大的家族。下面将针对 COO^-、CN^-、N_3^- 桥连配合物对分子基磁性材料的研究现状进行具体介绍。

3.6.1　羧基

　　羧酸类配体的溶解性相对较好,配位能力强且配位方式灵活多变(图 3-24)。加上其有机基团的多样性,在配合物的合成方面被广泛地采用,尤其近年来被广泛用于设计合成有机框架材料。由于各种桥连方式的羧酸根可以有效地传递铁磁或反铁磁耦合,在磁性配合物研究中占据非常重要地位。羧基采取不同的桥连模式,所传递的磁性质也不尽相同。

　　(1)syn-syn 羧基桥传递反铁磁相互作用:通常的情况下,syn-syn 桥连的羧基在过渡金属配位聚合物中会传递弱的或中等强度的反铁磁相互作用。

　　(2)anti-anti 羧基桥传递弱的磁相互作用:在二价金属的羧基配合物中,单一羧基桥连的结构比较少见,含有羧基单一桥连构型的情况就更少。目前,这类含有 anti-anti 羧基单桥连的配合物仅限于 Mn^{III} 希夫碱类链状化合物、Fe^{II} 和 Cu^{II} 的二维层状配合物,羧基桥传递弱的或中等强度的铁磁相互作用。

　　(3)syn-anti 羧基桥传递弱的反铁磁相互作用。总体来说,含有 syn-anti 基桥连的配合物会因为磁轨道之间的不匹配而产生较小的反铁磁耦合,所有已经报道的此类配合物的磁交换耦合常数 J 都在 $0\sim2$ cm^{-1} 之间。含有这种羧基桥连的磁性化合物,特别是金属锰的化合物,其磁性质对微小的结构变化,如羧基桥的共面性、Mn—O 之间的距离、O_{anti}—Mn—O_{syn} 之间的夹角等都非常敏感。

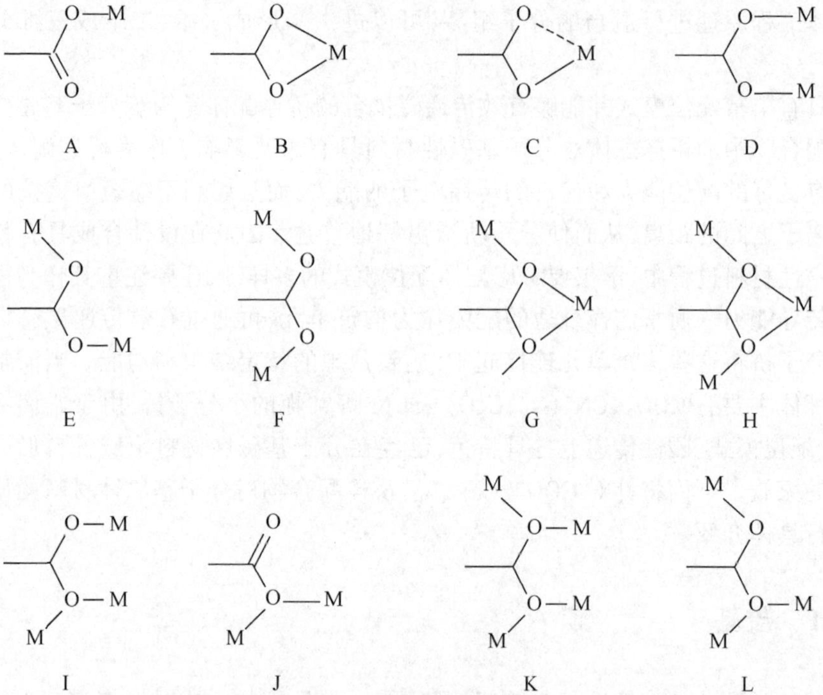

图 3-24 羧基的配位模式

A:单齿;B:对称双齿螯合;C:不对称双齿螯合;D:$syn\text{-}syn$ 桥连模式;E:$syn\text{-}anti$ 桥连模式;
F:$anti\text{-}anti$ 桥连模式;G:$\eta\text{-}O,O'\text{-}\mu\text{-}O,O$;H:$\mu\text{-}O,O\text{-}\eta\text{-}O,O'\text{-}\mu\text{-}O',O'$;
I:$\mu\text{-}O,O'_{syn}\text{-}\mu\text{-}O,O$;J:$\mu\text{-}O,O$;K:$\mu\text{-}O,O'\text{-}\eta\text{-}O,O\text{-}\mu\text{-}O',O'$;L:$\mu\text{-}O,O'_{anti}\text{-}\mu\text{-}O,O$

3.6.2 叠氮桥

叠氮具有多种配位模式,并且可以有效地传递磁耦合,是目前研究较多的桥连配体。叠氮常见的配位模式是 μ-1,1(end on,EO)和 μ-1,3(end to end,EE),其他模式都是在此基础上衍生出来的(图 3-25)。其中,μ-1,1,1,1 模式比较罕见且其配位键键长较长。叠氮传递的磁耦合作用与其配位模式和在配合物中具体的配位几何参数密切相关。一般认为,在 μ-1,1 配位模式下的叠氮传递的磁耦合性质和大小取决于 M—N_3—M′ 之间的夹角大小,磁耦合的大小以及从铁磁耦合到反铁磁耦合转变的临界角度不仅取决于金属离子的性质,还与共配体有很大关系。在共配体存在的情况下 μ-1,1 配位模式的叠氮传递的磁耦合更加复杂,并且由共配体的轨道对称性引起的磁轨道补偿与反补偿效应也应考虑进去。μ-1,3 配位模式下的叠氮一般传递反铁磁耦合,但是也有例外的报道。研究表明,μ-1,3 配位模式下的叠氮传递铁磁耦合的情况与其配位扭角有关。总之,对于一个由叠氮桥连的配合物来说,影响其磁耦合大小和性质的因素包括自旋载体的种类、叠氮的配位模式、M—N_3—M′夹角、配位键长和配位扭角等,遇到不同的情况要具体分析。

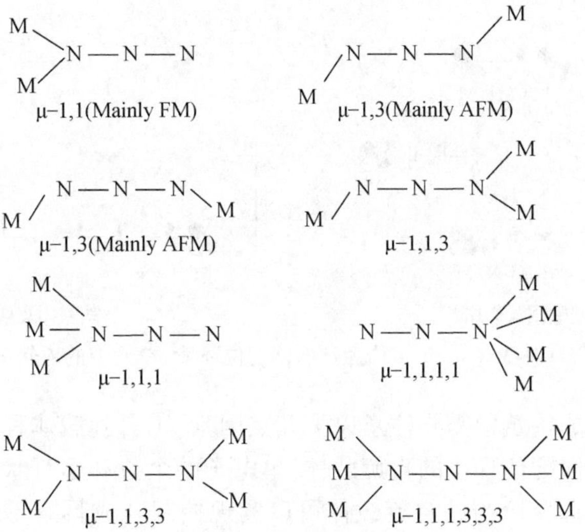

图 3-25　叠氮基团的配位模式

值得指出的是,同为三原子桥,叠氮桥连模式和羧基桥连模式有一定的相似性,但由于羧酸根离子和叠氮离子在配位原子(O、N)、电子共轭程度和几何特点(弯曲或线性)三个方面均有显著不同,其结构和性质截然不同。若把这两种桥整合到一个体系,结合它们的优点,将易于构筑丰富的拓扑结构和得到新颖磁性质的配位聚合物。

3.6.3　氰基

氰基是很好的桥连配体,因为氰基的三键结构有着优良的传输电子功能,且碳端和氮端有良好的配位能力,易和金属离子连接扩展。从结构和合成方面考虑,氰基为不对称桥连配体,可选择性地以 M—CN—M′的线性方式连接两种不同的过渡金属离子。氰基金属配合物框架比较稳定,通常可用来作惰性构筑基元。从磁性质方面考虑,氰基桥能有效地传递磁相互作用。氰基以线性方式连接两个金属离子,使得在 M—CN—M′中,M 与 M′金属之间磁相互作用本质的预见成为可能。两个金属离子成高对称线性排列,使得通过调换桥连配体两端的顺磁金属离子可以调节自旋中心之间的磁交换。如图 3-26 所示,如果氰基连接的两个金属离子的磁轨道是不正交的($t_{2g}+t_{2g}$ 或 e_g+e_g),则两个金属离子间存在反铁磁相互作用;如果氰基连接的两个金属离子的磁轨道是严格正交的($t_{2g}+e_g$),那么它们之间存在铁磁相互作用。可见相对于与氧桥或叠氮桥配合物,氰基簇合物更容易预测到结构和金属离子之间磁相互作用的类型。

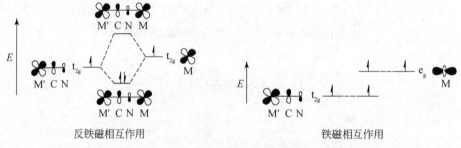

图 3-26　M-CN-M′(M 和 M′均为八面体配位环境)单元中的磁轨道相互作用

　　在具体的合成构筑中需要注意以下几点因素:①自旋载体种类及其配位环境的选择。处于不同配位环境的自旋载体,单电子的个数和运行状态不同导致磁性的表现也不同。选择恰当的自旋载体可以实现控制合成具有不同性质的分子磁体。②桥连配体的选择。在一定的自旋载体之间,桥连配体是影响磁相互作用的一个主要因素,不同的桥连配体其传递磁相互作用的性质和能力不同。③共配体选择。在杂化体系中,可以通过对共配体种类、比例以及非配位基团进行调节来控制配合物结构从而控制性质。④自旋载体和磁性桥连配体之间的比例。自旋载体和磁性桥连配体的比例往往影响配合物之间磁传导的维度,而得到高维数的配位聚合物更容易得到较高的 T_C。此外,磁性桥连配体和自旋载体的比例还受到共配体、抗衡离子等因素的影响。

　　附:研究方法及磁性材料测试顺序。

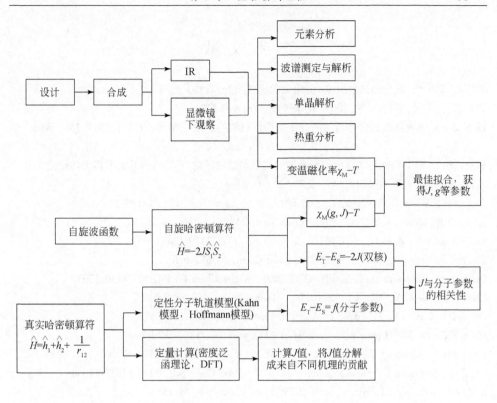

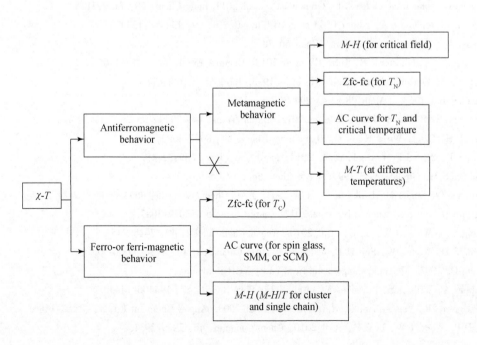

参 考 文 献

林双燕,郭云南,许公峰,等.2010. 应用化学, 27：1365-1370.

许公峰,王庆伦,廖代正,等.2005. 化学进展, 17：970-977.

杨芬.2015. 具有缓慢磁弛豫行为的分子基磁性材料的合成与性质研究. 长春:吉林大学博士学位论文.

杨乾.2012. 新型叠氮基磁性配位聚合物的构筑与性质研究. 天津:南开大学博士学位论文.

袁梅,王新益,张闻,等.2012. 大学化学, 27：1-8.

Ababei R, Pichon C, Roubear O, et al. 2013. J Am Chem Soc, 135：14840-14853.

Batten S R, Murray K S. 2003. Coord Chem Rev, 246：103-130.

Bi Y, Guo Y N, Zhao L, et al. 2011. Chem Eur J, 17：12476-12481.

Blagg R J, Ungur L, Tuna F, et al. 2013. Nat Chem, 5：673-678.

Caneschi A, Gatteschi D, Lalioti N, et al. 2001. Angew Chem Int Ed, 40：1760-1763.

Chen G J, Gao C Y, Tian J L, et al. 2011. Dalton Trans, 40：5579-5583.

Chen G J, Guo Y N, Tian J L, et al. 2012. Chem Eur J, 18：2484-2487.

Chen Y C, Liu J L, Ungur L, et al. 2016. J Am Chem Soc, 138：2829-2837.

Chilton N F, Langley S K, Moubaraki B, et al. 2013. Chem Sci, 4：1719-1730.

Clérac R, Miyasaka H, Yamashita M, et al. 2002. J Am Chem Soc, 124：12837-12844.

Craig G A, Marbey J J, Hill S, et al. 2015. Inorg Chem, 54：13-15.

Febelo O, Gañadillas-Delgado L, Orench I P, et al. 2011. Inorg Chem, 50：7129-7135.

Feyerherm R, Loose A, Ishida T, et al. 2004. Phys Rev B, 69：134427-134428.

Fisher M E. 1960. Proc Roy Soc, A254：66-78.

Ganivet C R, Ballesteros B, Torre G, et al. 2013. Chem A Eur J, 19：1457-1465.

Gehring S, Fleischhauer P, Paulus H, et al. 1993. Inorg Chem, 32：54-60.

Glauber R J. 1963. J Math Phys, 4：294-307.

Goswami S, Biswas S, Konar S, et al. 2015. Dalton Trans, 44：3949-3953.

Guo P H, Liu J, Wu Z H, et al. 2016. Inorg Chem, 54：8087-8092.

Han S D, Zhao J P, Liu S J, et al. 2015. Coord Chem Rev, 289：32-48.

Holmes S M, Girolami G S. 1999. J Am Chem Soc, 121：5593-5594.

Ishikawa N, Sugita M, Ishikawa T, et al. 2003. J Am Chem Soc, 125：8694-8695.

Jiang S D, Liu S S, Zhou L N, et al. 2012. Inorg Chem, 51：3079-3087.

Jiang S D, Wang B W, Su G, et al. 2010. Angew Chem Int Ed, 49：7448-7451.

Jiang S D, Wang BW, Sun H L, et al. 2011. J Am Chem Soc, 13：4730-4733.

Kahn O. 1993. Molecular Magnetism. New York：VCH Publishers.

Lappas A, Wills A S, Prassides K, et al. 2003. Phys Rev B, 67：144406-144408.

Lescouëzec R, Vaissermann J, Ruiz-Pérez C, et al. 2003. Angew Chem Int Ed, 42：1483-1486.

Li D P, Wang T W, Li C H, et al. 2010. Chem Commun, 46：2929-2931.

Liu J, Chen Y C, Liu J L, et al. 2016. J Am Chem Soc, 138: 5441-5450.

Liu K, Li H H, Zhang X J, et al. 2015. Inorg Chem, 54: 10224-10231.

Lu H C, Yamamoto T, Yoshimune W, et al. 2015. J Am Chem Soc, 137: 9804-9807.

Lu Y B, Jiang X M, Zhu S D, et al. 2016. Inorg Chem, 55: 3738-3749.

Miyasaka H, Clérac R. 2005. Bull Chem Soc Jpn, 78: 1725-1748.

Miyasaka H, Clérac R, Mizushima K, et al. 2003. Inorg Chem, 42: 8203-8213.

Moriya T. 1960. Phys Rev, 120: 91-98.

Motokawa N, Matsunaga S, Takaishi S, et al. 2010. J Am Chem Soc, 132: 11943-11951.

Peng Y, Mereacre V, Baniodeh A, et al. 2016. Inorg Chem, 55: 68-74.

Rinehart J D, Ozarowski A, Sougrati M T, et al. 2010. J Am Chem Soc, 132: 18115-18126.

Rousse G, Radtke G, Klein Y, et al. 2016. Dalton Trans, 45: 2536-2548.

Ruiz E, Cirera J, Cano J, et al. 2007. Chem Commun, 1: 52-54.

Sessoli R, Gatteschi D, Caneschi A, et al. 1993. Nature, 365: 141-143.

Toma L M, Ruiz-Pérez C, Pasán J, et al. 2012. J Am Chem Soc, 134: 15265-15268.

Vicente R, Fallah M S E, Casanovas B, et al. 2016. Inorg Chem, 55: 5735-5737.

Wang J J, Sun J, Yang M, et al. 2015. Inorg Chem, 54: 11307-11313.

Wang W M, Zhang H X, Wang S Y, et al. 2015. Inorg Chem, 54: 10610-10622.

Wang Y L, Han C B, Zhang Y Q, et al. 2016. Inorg Chem, 55: 5578-5584.

Wang Y L, Ma Y, Yang X, et al. 2013. Inorg Chem, 52: 7380-7386.

Wang Z G, Lu J, Gao C Y, et al. 2013. Inorg Chem Commun, 27: 127-130.

Woodruff D N, Winpenny R E P, Layfield R A. 2013. Chem Rev, 113: 5110-5148.

Yanai N, Kaneko W, Yoneda K, et al. 2007. J Am Chem Soc, 129: 3496-3497.

Zadrozny J M, Xiao D J, Atanasov M, et al. 2013. Nat Chem, 5: 577-581.

Zhang L, Zhang P, Zhao L, et al. 2016. Inorg Chem, 54: 5571-5578.

Zhang S W, Duan E Y, Han Z S, et al. 2016. Inorg Chem, 55: 1202-1207.

Zhao J P, Hu B W, Yang Q, et al. 2009. Inorg Chem, 48: 7111-7116.

第4章 铁电体配合物

金属-有机骨架配合物是由有机配体与金属离子通过自组装过程形成的,多样的有机配体和各类金属离子的自组装必然带来丰富的空间拓扑结构和独特的物理性能,因此在光、磁、电等多个领域存在广泛的应用前景。对于配合物铁电性能的研究起源较早,但是由于单晶培养及测试技术的限制,一度进展缓慢。最近几年,在化学家、材料学家和物理学家的共同努力下,配合物铁电性的研究进展突飞猛进,取得了大量颇有意义的成果,然而近年来介绍配合物铁电性的专著并不多见。

早在18世纪与19世纪,材料的焦电性和压电性已被科学家广泛研究,压电性是指如果对没有对称中心的晶体外加电场会产生应变;若给予晶体外加应变,也会产生电极化的改变。若晶体电极化的改变同时会受到外在应力和温度的影响,则称为焦电性。然而并非所有的焦电材料与压电材料都具有铁电性。凡在外加电场作用下产生宏观上不等于零的电偶极矩,从而形成宏观束缚电荷的现象称为电极化。具有自发极化,且该极化能够随外场重新取向的一类材料称为铁电材料。铁电材料是介电材料的一个亚类,介电材料是一类以感应的方式对外加电场做出响应,即沿电场方向产生电偶极矩或者电偶极矩改变的材料。由于自身结构的原因,铁电材料同时具有压电性、热电性、非线性光学效应、电光效应、声光效应、光折变效应和反常光生伏打效应。这些性质使得它们可以将声、光、电、热效应相互联系起来,成为一类非常重要的复合材料。铁电材料具有以下特点:数值较大的介电常数(dielectric constant, ε')、强的非线性效应、显著的温度和频率依赖性。在外加电场和机械力的作用下,一方面,它们具有温度响应的自发极化作用,因而可以应用在温度传感器、信息储存、机械驱动和能量捕获等方面;另一方面,其有可调控的介电响应和非线性光电效应,可以用来处理和操控电磁波铁电体。

罗谢尔(Rochelle, RS)盐($[KNa(C_4H_4O_6)] \cdot 4H_2O$)是史上第一个铁电体化合物,Valasek于1920年揭示了它特异的介电性质,开启了铁电材料研究的热潮。铁电材料包括无机氧化物、无机-有机杂化材料、有机化合物、液晶、聚合物等多种类型,至今已经报道了三百余种。铁电体与铁磁体在许多性质上具有相应的类似性,"铁电体"之名即由此而来,其实它的性质与"铁"毫无关系。介电常数的反常变化是铁电(或反铁电)相变的重要标志之一,它与电滞回线、居里温度共同成为铁电特征的充分条件。

然而,不稳定性、复杂的结构和罗谢尔盐独特的铁电现象导致了早期铁电体研究上的困难。这方面的研究真正快速发展起来是在钛矿型铁酸钡(BTO)和锆酸铅盐(PZT)发现之后。直到最近几年,金属-有机配合物铁电功能材料才引起了国内外同行的研究兴趣。本章主要介绍单晶状态金属-有机框架配合物(MOFs)的铁电现象研究。铁电体金属-有机框架配合物的出现填补了纯无机物和纯有机物铁电体之间的空白。作为一种杂化材料,其优点在于利用无机物和有机物进行组装的过程中,产物结构多变并且可以根据需要进行调整和修饰。此外,这类材料的合成方法相对简单,所需温度也较低。这些优势可以帮助突破铁电体基础研究的一个瓶颈,也就是以往合成方法的偶然性以及由此导致的铁电体数量限制。

随着铁电体配合物的涌现和应用不断扩大,铁电理论在多个方面得到发展,如热力学方法中的 Landau- Devonshire 理论,微观理论中的软模理论、仿自旋波动理论、电子振动理论以及第一性原理计算法。关于这些理论的详细信息,读者可以阅读相关书籍和综述,本书在此不予赘述。铁电体配合物的主要特征是自发电极化作用,这种作用在外加电场下方向可以发生翻转。铁电体同时显示焦电、压电和二次谐波(second harmonic generation, SHG)现象。晶胞内的原子,由于不同的堆叠结构,使得正负电荷产生相对位移,形成电偶极矩,让晶体在不加外电场时就具有自发极化现象,且自发极化的方向能够被外加电场翻转或重新定向,铁电材料的这种特性被称为铁电现象或铁电效应。在 32 个点群中,只有 10 个点群具有特殊极性方向,分别为 C_1、C_s、C_2、C_{2v}、C_3、C_{3v}、C_4、C_{4v}、C_6、C_{6v}(图 4-1)。这 10 个点群称为极性点群。所有铁电晶体的结构都属于极性点群,都是非中心对称的,只有属于这些点群的晶体才有可能发生自发极化。也就是说,我们讨论配合物铁电现象必须在单晶状态下才有意义。由于组装铁电材料的金属离子和有机配体在构筑配合物的过程中具有很大的随机性,因此定向构筑铁电材料并探究其组装规律及性质,成为铁电材料前沿领域极具挑战性的研究热点。下面首先介绍一些与铁电材料研究相关的基本概念。

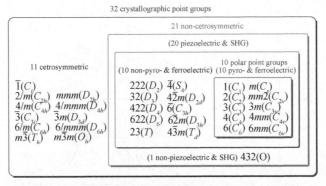

图 4-1　铁电、焦电、压电和二次谐波之间基于对称性的关系

4.1　铁电体配合物基本概念

4.1.1　相变

相变就是指物质从热力学系统的一种相转变为另一种相的过程。在铁电化合物中,相变的特征就是顺电–铁电(paraelectric-ferroelectric)相变。这一转变通常伴随晶体结构的改变,并导致化合物的介电性、弹性、热稳定性等多种性质强烈的反常变化。同时,这种相变会受到压力、电场、冲击波、激光等因素的影响。根据不同的标准,相变有多种不同的分类方式。

基于热力学函数变量吉布斯自由能(G)的行为,相变可以分为一级相变和二级相变(甚至更高级相变)。一级相变自由能的一阶导数在相变点是不连续的,而二级相变自由能的一阶导数在相变点是连续的,类似于函数熵(S)、体积(V),但是二级相变自由能的二阶导数在相变点是不连续的,类似于比热容(C_p)[图4-2(a)]。对于铁电体,晶体化合物的固有偶极矩定向排列产生自发极化(P_s)。极性状态的出现导致结构从高温、高对称性的顺电相转变为低温、低对称性的铁电相。随着温度降低,一些高温相对称元素在临界温度(T_c)以下会丧失,这也被称为对称性破缺(symmetry breaking)。在这种情况下,需要引入有序参数来衡量系统的有序度。对于经历相变的铁电系统,引入的有序参数是自发极化强度P_s。自发极化强度的不连续变化对应一级相变,连续变化对应二级相变[图4-2(b)]。

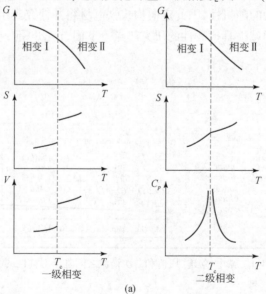

(a)

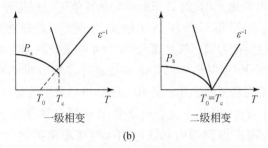

(b)

图 4-2　（a）物理性质随温度的变化规律；（b）介电常数和一级、二级相变的
极化作用随温度变化规律

另一种铁电相变的分类方法是基于在临界温度点发生的相变性质，包括：①位移型（displacive type）；②有序–无序型（order-disorder type）（图 4-3）。无机氧化物一般属于第一种类型，如 $BaTiO_3$，离子的相对位移产生自发极化。$NaNO_2$ 属于典型的第二种铁电类型，其中 NO_2^- 的偶极再定位产生铁电现象。这两种类型并不相互排斥。事实上，铁电晶体通常既显示位移型又显示有序–无序型特征。

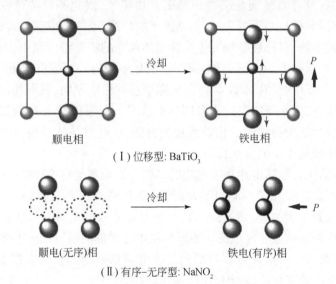

图 4-3　铁电体两种类型示意图

铁电体相变的级数及其他相关的详细信息，需要通过热分析、介电常数测试、结构分析、光谱测试等多种手段获得。差示扫描量热法（DSC）和比热容可以对确定相变级数提供非常有用的信息。例如，在 DSC 曲线上，一级相变在临界温度显示一个峰，而二级相变会出现阶梯状。在一些具有有序–无序型相变的实例中，铁

电体对应于有序态的顺电相时,对分子取向的估计值可以根据量热数据,利用玻耳兹曼方程 $\Delta S = nR\ln(N)$ 获得。式中 ΔS 为熵变,数值可以从精细热容测试数据中获得;n 为摩尔分子数量;R 为摩尔气体常量;N 为无序系统的混乱度。

在临界温度附近,与温度相关的介电常数通常表现出明显的不规则变化。介电常数的峰值变化范围甚至高达几十到 10^6,这是相变发生的有效指示。根据居里-外斯定律,$\varepsilon = C/(T-T_o)$,式中,ε 为介电常数;C 为居里常数;T 为温度;T_o 为居里-外斯温度,通过拟合可以得到顺电和铁电相中的居里常数之比 C_{para}/C_{ferro}(图 4-3 Ⅱ)。如果比值接近 8,一般就可以判定为一级相变($T_o < T_C$);如果比值接近 2,通常为二级相变($T_o = T_C$)。值得注意的是,在光学频率中,折光率(n)在临界温度显示不规则变化而非介电常数,原因是 $n^2 \approx \varepsilon$。

根据居里常数数值,铁电化合物可以分为三种类型:①铁电体的居里常数 $C \approx 10^5$ K,多数属于位移型相变;②铁电体的居里常数 $C \approx 10^3$ K,属于无序-有序型相变;③铁电体的居里常数 $C \approx 10$ K,此时铁电相是由一些物理量引发的,而不是极化作用,它们也称为不恰当的或外在的铁电体。

由于顺电-铁电相转变与结构相转变密切相关,因此要弄清楚铁电现象的起源,详细的结构分析是必不可少的,包括离子的位移、晶格中电活性群的有序-无序转变等。如前所述,对称性破缺发生在铁电体相变的临界温度以下。在顺电相,晶体可以是 32 个点群中的任何一种,但在铁电相中,晶体必须属于 10 个极性点群,其中包括 68 个极性空间群(图 4-1)。根据居里对称性原理,铁电相的空间群应该是顺电相的子群,但是研究发现很多例外的情况。变温单晶 X 射线衍射和中子衍射是确定化合物结构对称性变化最直接的方法,通过对晶体结构对称性的分析可以揭示铁电体极化作用的微观机理。

然而,单晶化合物顺电相和铁电相的结构分析通常是有难度的,因为离子微小的位移不但彼此高度相关,而且同容易导致错误精修值和多重解的热参数相关。在探索铁电现象方面,二次谐波技术是一种非常有效的工具。二次谐波对于时间分辨的对称性破缺响应非常敏感。当发生从中心对称的顺电相到非中心对称的铁电相转变时,在相变点附近可以观察到二次谐波信号的变化。根据 Landau 理论,二次谐波对温度的变化曲线与 P_s 曲线是相似的。

通过多种光谱技术可以对铁电相变进行更深入的了解。例如,红外光谱、拉曼光谱和中子散射实验能够对铁电体单晶的软模和晶格振动性质提供非常详细的信息。固态核磁技术特别适用于铁电化合物动力学过程的评价。对线形和弛豫实验的定量分析可以在分子水平上提供相变附近的动态和结构特征,从而获得单个离子对铁电现象的贡献情况。同时,相变过程中的局部动力学和具体原子的电子密度分布特征可以通过电子自旋共振和 Mössbaue 光谱进行研究。

4.1.2　极化作用和电畴

在铁电相中,电位移或者极化作用对电场(P-E)的测试可以提供电滞回线(图4-4)。作为铁电现象的直接特征,电滞回线实际上是铁电体在介电击穿场下电畴或极化开关运动的宏观反映。电畴是晶体中自发极化均匀取向的区域。从电滞回线上,可以获得一些描述铁电现象的特征参数,如自发极化强度(P_s, OI)、剩余极化强度(P_r, OD 或 OG)、矫顽场(E_c, OE 或 OH)。矫顽场通常定义为完全转换剩余极化强度所需的最小场。铁电转换是一个依赖于温度和电场强度的活化过程。

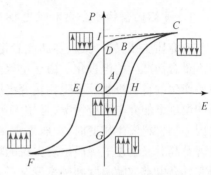

图 4-4　极化强度对电场(P-E)
的曲线,即电滞回线

从微观角度分析,铁电晶体最初由等量的正、负电畴组成,因此晶体中不存在净极化作用。在较低的正向场中,P 和 E 之间是线性相关的(OA),此时晶体表现为常见的介电体。这是因为电场强度太低,不能够影响铁电体的极化作用,对应于没有一个畴被转换的过程。当电场强度接近矫顽场时,一定数量的负电畴被转换为正向的,此时极化作用迅速增强(AB)。在高场中,所有的畴正向排列形成单畴,预示着达到饱和状态(BC)。当电场强度降低到零时,由于一些电畴仍然正向排列,所以极化强度沿 CD 变化。极化作用曲线和 Y 轴交点之间的距离为剩余磁化强度 P_r(OD)。当矫顽场 E_c(OE)应用在负方向时,极化作用降低到零。场强在负方向进一步增加,逆转后完成一个循环($CDEFGHC$)。这样的电滞回线是铁电晶体的一个典型特征。具有双稳态性质的铁磁性化合物,其磁化强度对磁场的曲线(M-H,磁滞回线)与电滞回线类似。

事实上,电滞回线也包括电介质位移和电导率的微小贡献。当电导率的贡献变得不可忽略时,会出现一个圆形循环。有时候,化合物经测试有明显的电滞回线,但实际却与铁电现象部分相关或者毫不相关,这种情况是很常见的。此类情况下的电滞回线不能够用于评估矫顽场和剩余极化强度。铁电性的确凿证据必须由其他独立的方法,如压电、焦电或二次谐波等测试手段提供。因为最重要的铁电化合物的特征是极化开关或电滞回线,所以了解电畴的结构对于充分理解铁电现象是非常必要的。极化开关通常包括现存反平行畴的增加、畴壁运动以及新反平行畴的晶核形成和生长。

4.2　铁电材料的性质测试和研究方法

1. 目标化合物的介电和铁电性质的研究

电介质主要具有传递、存储或者记录电的特征,源于束缚电荷的正、负电荷重心不重合而产生的电极化。由于电极化过程与其物质的结构密不可分,结合铁电性质产生的自发极化及发生相转变温度(居里点)等相关性质,测试目标化合物在不同温度下的介电响应情况,是用来判定它们是否具有相变特性的手段之一。这是因为当材料发生相变时,在居里点附近,介电性发生信号异常,表现为介电常数显著升高后又迅速下降而出现尖锐的峰值。通过对目标化合物的介电性质测量来研究其介电常数随温度和频率变化的依赖性,从而得出其函数关系。同时可沿不同的轴向测试研究其介电的各向异性。铁电材料具有很多独特的性能,电滞回线是判断铁电材料最重要的特征之一,这也是区别其他介电质的一种重要途径,铁电性质的研究主要从电滞回线里观测包括饱和极化值、极化翻转的性质,以及耐疲劳等特性,这些性能的优劣与材料的应用前景息息相关。铁电材料属于极性晶体,有极轴而无对称中心,这就构成了 32 个点群中属于圆锥非旋转群子群的 10 个极性点群,具有连续性。晶体中原子位置的变化导致其出现自发极化,自发极化的出现可以应用于信号存储,正负极化值差别越大,所代表信号的可区分度就越高。这里需要强调晶体结构与自发极化间的重要关系,如含有氢键的配合物,如果氢键中有被质子化的离子同时也具有有序化的运动过程,那么这个配合物就会发生自发极化。而电滞回线未达到标准矩形,则发生误读误写,使元件失真;耐疲劳的铁电体就可以用于多次读写,这些也可以作为判断铁电材料性质是否优良的标准之一。

2. 铁电性质测试仪

利用美国 Radiant 公司提供的 PREMIER Ⅱ型铁电性能测试仪可完成铁电性质的测试。对结晶于铁电材料 10 种极性点群之一的配合物,进行选择性培养,制备出一定尺寸的单晶,从不同晶面涂覆导电银胶,测试极化强度 P 与外加电场强度 E 的关系曲线、外电场 E 为零时的剩余极化强度 P_r、极化强度为零时的矫顽电场强度 E_c、整个晶体成为单畴晶体的自发极化强度 P_s 及介电常数随温度变化的关系,找出其相变温度,测试晶体的自发极化消失时的温度(居里点,即铁电相向非铁电相转变的温度)。

3. 介电以及差示扫描量热等性质测试仪

通过 RT6000 铁–介电性能综合测试仪测试材料的介电性质。以信号发生器输出端的负电极作为参考,得出两端信号的幅度 V_0 和 V_p 及其相位差 θ,由微处理器中的相关数字解调进行计算,得到待测铁电薄膜的等效电阻值 R_p 和等效电容量 C_p;计算出待测铁电薄膜的相对介电常数 ε_r 和介质损耗 tgδ,测试样品介电常数在不同温度及不同频率下的变化规律,研究化合物的相变温度。通过 Q2000 DSC 测试晶体吸收(或放出)热量发生的明显变化,与介电常数变化进行相互验证,并通过结构进行证实。

作为铁电现象存在的直接证据,一些影像技术,如光学法、扫描显微镜法、扫描探针显微镜法等,可以将电畴模式可视化。可视化和电畴模式操控技术的进步是铁电畴广泛应用的关键。本章涉及的金属–有机框架配合物涵盖了相当广泛的化合物,除了经典的 MOFs(金属离子或金属簇通过不同的有机配体连接形成一维、二维或三维结构),还包括无机和有机部分通过氢键连接而形成的零维离子化合物。之所以将氢键离子化合物放在 MOFs 里面讨论,原因是氢键具有共价键、范德华力、离子甚至阳离子 π–π 作用的特征,这些特征使之在超分子相互作用中变得非常独特。例如,在氢键铁电体中,通过氢键进行的质子转移能够引发铁电相变。

铁电体 MOFs 是由阴离子或有机配体组成的,临界温度下通常伴随结构相转变,本章在介绍的时候尽量避免覆盖铁电体的各个方面,只把重点放在对它们的合成、结构分析、介电性和铁电性的研究上。铁电体 MOFs 的介电行为在外加电场的低频范围(<10 MHz)会受到限制,因此本章只详细描述介电常数(ε')的真实部分,不讨论其弛豫性质。下面将根据有机配体的区别,对铁电体配合物进行简要分类介绍。

4.3　常见的铁电体配合物

4.3.1　酒石酸盐系列

1. [MNa(C$_4$H$_4$O$_6$)]·4H$_2$O (M=K、NH$_4$)

四水合酒石酸钾钠,[KNa(C$_4$H$_4$O$_6$)]·4H$_2$O,又称罗谢尔盐(RS),是一例典型的由氢键构筑的金属–有机框架配合物。其重要意义在于它是历史上首例铁电物质。罗谢尔盐是利用酒石酸氢钾和碳酸钠在水溶液中合成的。单晶结构分析显示,每个不对称单胞中包含一个酒石酸盐,四个水分子,一个 Na$^+$,二分之一个 K1 和 二分之一个 K2 离子(图 4-5)。

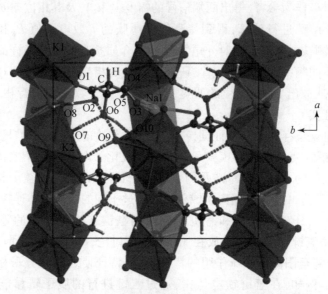

图 4-5　罗谢尔盐在顺电相晶体结构示意图,虚线代表氢键

K^+ 和 Na^+ 的配位环境都是由酒石酸盐和水分子上的氧原子构成的,分别形成双帽三棱柱构型和扭曲的八面体构型。K1 和 Na1 离子均作为桥连离子,连接两个酒石酸配体,而 K2 离子连接四个酒石酸配体,每一个酒石酸配体与其余六个同样的酒石酸相连。酒石酸配体之间通过水分子上的 O8 原子紧密相连。两排平行于 a 轴的酒石酸配体通过 K^+ 和 Na^+ 交替连接。相邻的链间通过氢键形成沿 bc 方向的二维平面。也就是说,罗谢尔盐的晶体结构中含有两种不同的链。

罗谢尔盐显示出 255 K 和 297 K 两个居里点,在 255 K 之下和 297 K 之上,其晶体属于正交晶系 $P2_12_12$ 空间群,对应于顺电相。而在这两个居里点之间,晶体属于单斜晶系 $P2_1$ 空间群,对应于铁电相。两种相变都属于二级相变。从对称性破缺的观点来看,顺电相中,空间群 $P2_12_12$ 的最大异构子群是 $P2_1$ 和 $P2$。这仅仅是罗谢尔盐空间对称性破缺的情况(图 4-6)。

更详细的结构分析显示,铁电相中(274 K)存在两种不同的极化链。一种类似于高温顺电相(323 K),另一种类似于低温顺电相(213 K)。二者的主要区别是顺电结构之间每个酒石酸配体与晶轴相关的取向。Pepinsky 等曾提出罗谢尔盐的有序-无序转变理论。然而,对两种顺电相测试所得的热力学参数却不支持该理论。之后 Solans 等提出:铁电性质是由两种沿 a 轴方向不等价的链引发的。每一条链都有不同的极化方向且平行于 a 轴。

罗谢尔盐的介电常数分别在 255 K 和 297 K 处显示反常[图 4-7(a)]。利用居里-外斯定律对高于上述居里点(297 K)的部分进行拟合,得到 $T_o = 297$ K,$C_{para} =$

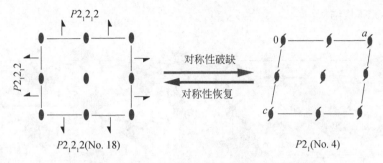

图 4-6　罗谢尔盐从顺电相到铁电相空间群的转变

2.24×10^3 K，P_s 在 278 K 时为 0.25 μC/cm²[图 4-7(b)]。用氘替代罗谢尔盐中部分氢原子以后，两个居里点分别变为 251 K 和 308 K，P_s 在 278 K 时为 0.35 μC/cm²。氘替代氢后，居里点和 P_s 变化不大，表明存在铁电相的有序-无序型转变。

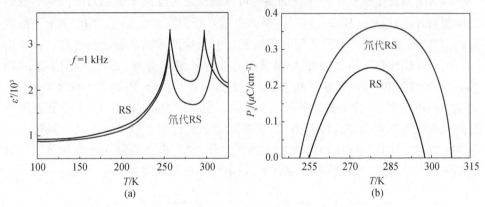

图 4-7　(a) 温度相关的介电常数；(b) 罗谢尔盐 P_s 对 T 的曲线

[(NH₄)Na(C₄H₄O₆)]·4H₂O 是与罗谢尔盐类似的化合物，1953 年 Jona 和 Pepinsky 报道了该化合物的介电反常情况。该化合物在 109 K 以上属于正交晶系，$P2_12_12$ 空间群，109 K 以下属于单斜晶系，$P2_1$ 空间群。

2. [MLi(C₄H₄O₆)]·H₂O 系列 (M = NH₄、Tl、K)

[MLi(C₄H₄O₆)]·H₂O 系列的组成情况与罗谢尔盐类似。1951 年，Matthias、Hulm 和 Merz 分别独立发现了具有铁电现象的化合物：水合酒石酸铵锂[(NH₄)Li(C₄H₄O₆)]·H₂O。该化合物在 106 K 显示出从顺电相正交晶系($P2_12_12$)到铁电相单斜晶系($P2_1$)的二级铁电相变。在 293 K 条件下对晶体结构进行测试，结果显示：中心锂离子是五配位的，配位环境由一个水分子，三个羧基氧原子和一个羟基氧原子构成[图 4-8(a)]。两个具有二重旋转轴的羧基氧原子桥连相邻的锂离子，

形成 Li$_2$O$_2$ 环状结构。

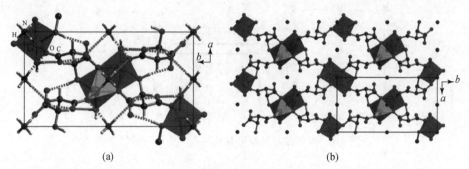

(a) (b)

图 4-8 [(NH$_4$)Li(C$_4$H$_4$O$_6$)]·H$_2$O 在顺电相的结构:沿 c 轴方向的单胞(a);
ab 面上的层状结构(b)

[(NH$_4$)Li(C$_4$H$_4$O$_6$)]·H$_2$O 的结构可以被描述为锂离子和酒石酸配体形成的二维层[Li(C$_4$H$_4$O$_6$)(H$_2$O)]$_n$ 在 ab 平面上的堆积[图 4-8(b)]。NH$_4^+$ 位于平面之间的空隙,并通过 NH$_4^+$ 上的氢与酒石酸配体上的氧形成的氢键彼此连接。化合物 [(NH$_4$)Li(C$_4$H$_4$O$_6$)]·H$_2$O 的介电常数在 106 K 显示异常,并出现峰值[图 4-9(a)]。利用居里–外斯定律对高于 106 K 的部分进行拟合,得到 $T_o = 93.8$ K,$C_{para} = 37$ K。铁电相中,P_s 看上去是平行于 b 轴的。Abe 和 Matsuda 认为,水合酒石酸铵锂的铁电现象与罗谢尔盐情况类似,主要来源于酒石酸上羟基的运动。对化合物 [(NH$_4$)Li(C$_4$H$_4$O$_6$)]·H$_2$O 进行 ESR 测试发现,自发极化强度在电场和剪切应力下都能够发生翻转,表明临界温度以下,铁电性和铁弹性共存。

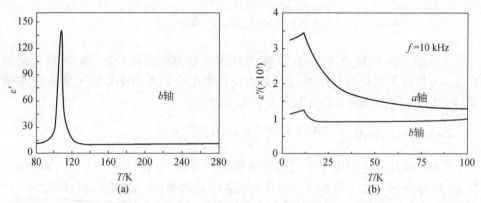

图 4-9 [(NH$_4$)Li(C$_4$H$_4$O$_6$)]·H$_2$O(a)、[LiTl(C$_4$H$_4$O$_6$)]·H$_2$O(b)的温度相关的介电常数

配合物 [LiTl(C$_4$H$_4$O$_6$)]·H$_2$O 在顺电相与 [(NH$_4$)Li(C$_4$H$_4$O$_6$)]·H$_2$O 是同构的,临界温度以下发生从顺电相($P2_12_12$)到铁电相(对称性未知)的二级相变,其

自发极化强度近似平行于 a 轴。该化合物的空间对称性破缺情况与罗谢尔盐中的类似,也遵守居里对称性原则。$[LiTl(C_4H_4O_6)]\cdot H_2O$ 的介电常数在临界温度附近沿 a 轴方向出现最大值,降至液氦温度时介电常数仅出现轻微降低[图 4-9(b)]。这体现了传统铁电体行为和解释为畴壁运动贡献之间的对比。研究发现,该化合物的电容率对力学限制条件非常敏感。将其夹紧处理后,介电常数约为 30,远远小于自由状态下的值(5000)。重氢对相变影响的研究显示:临界温度降低甚至消失不见,根据这一现象可以将其归属于位移型相变。

4.3.2　甲酸盐系列

金属甲酸盐化合物是 MOFs 材料中非常有趣的一类物质,甲酸根($HCOO^-$)阴离子作为最简单的羧酸盐配体,因其丰富多变的配位模式、较小的立体效应和较短的 OCO 桥,在构筑具有磁性、多孔性以及铁电性等功能金属有机配合物方面具有独特优势。

1. $[Cu(HCOO)_2(H_2O)_2]\cdot 2H_2O$

四水合铜甲酸盐配合物 $[Cu(HCOO)_2(H_2O)_2]\cdot 2H_2O$ 在临界温度(T_c = 235.5 K)以下显示反铁电行为。该化合物在水溶液中制备,产物是蓝色大块透明的单晶,但是在空气中很容易风化。单晶结构分析为沿 ab 平面的二维层,水分子位于层间(图 4-10),顺电相属于 $P2_1/a$ 空间群,反铁电相属于 $P2_1/n$ 空间群。其中 c 轴的长度加倍,这是反铁电相转变的重要特征。Cu(Ⅱ)离子为拉长的八面体构型,配位环境由四个来自甲酸配体和两个水分子上的氧原子构成。配位水分子和晶格水分子的存在导致层间存在大量氢键,在高温相,水分子是无序的。有人认为水分子的有序可以引起相转变,铁电有序的水分子改变层与层之间的极化方向,因此化合物整体显示反铁电行为。温度相关的介电常数在 235 K 附近出现一级相变(图 4-11),在 b 轴方向出现明显异常。利用居里-外斯定律拟合,得到 T_0=217 K,C_{para}=3.2 ×10⁴ K。用氘替代化合物中水分子上的氢之后,出现显著的同位素效应,介电常数向高温区位移(245 K),体现了氢键在相转变过程中的重要性。在 232 K 观察到典型的反铁电行为(图 4-11),该行为出现在一个非常狭窄的温度范围(231~235 K)。Later 对反铁电体的研究揭示了居里点以下该现象的复杂性。在 227 K 以下出现一个全新的相,人们认为可以将其近似看作铁电体。此外,该化合物在 17 K 以下还显示出反铁磁转变。也就是说,17 K 以下磁有序和电有序共存。因此,该化合物也被称为多铁金属-有机框架配合物。

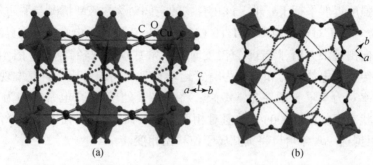

图 4-10　配合物[Cu(HCOO)$_2$(H$_2$O)$_2$]·2H$_2$O 在 293 K 下的结构,虚线代表氢键

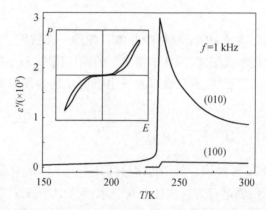

图 4-11　配合物[Cu(HCOO)$_2$(H$_2$O)$_2$]·2H$_2$O 的介电常数随温度的变化关系,
插图为 232 K 下的双滞回线

2. [Mn$_3$(HCOO)$_6$]·C$_2$H$_5$OH

1999 年,Cornia 等报道了一例三维金属–有机框架配合物 [Mn^{III}(HCOO)$_3$]·(guest),该化合物为 NaCl 型晶体结构,客体分子位于孔穴中。[Mn$_3$(HCOO)$_6$]·(guest)是一例研究透彻的三维多孔磁体。它包含一个基于 MnMn$_4$ 四面体节点和甲酸桥构筑的柔性金刚石网格,结构中含有多孔通道,其中包含多种客体分子(图 4-12),对调节三维长程磁有序起到重要作用。磁性来源于主晶格中的 Mn^{2+}(S = 5/2)。

去除客体分子后的单晶化合物 [Mn$_3$(HCOO)$_6$]显示出非常小并且几乎与温度和电场方向无关的介电常数(ε'=5)。当极性溶剂分子大小与孔道尺寸匹配时,可以形成具有电活性的主–客体化合物,如[Mn$_3$(HCOO)$_6$]·C$_2$H$_5$OH,在 165 K 附近显示出令人惊讶的高介电常数,预示着可能实现集体冻结一维孔道中的客体分子。

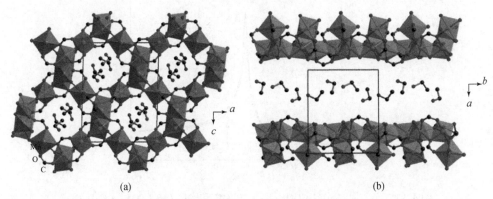

图 4-12　（a）配合物 $[Mn_3(HCOO)_6] \cdot C_2H_5OH$ 的晶体结构；（b）乙醇分子

在孔道中排列示意图

将 $[Mn_3(HCOO)_6]$ 晶体置于乙醇蒸气中就可以得到 $[Mn_3(HCOO)_6] \cdot C_2H_5OH$ 晶体。$[Mn_3(HCOO)_6] \cdot C_2H_5OH$ 与 $[Mn_3(HCOO)_6] \cdot H_2O \cdot CH_3OH$ 是同构的，都属于单斜晶系，空间群为 $P2_1/n$ 或 $P2_1/c$。乙醇分子位于沿 b 轴的一维孔道中。变温单晶结构测试研究发现，在 90～190 K 之间客体乙醇分子的排列发生了明显改变。在 90 K 收集的 X 射线单晶衍射数据显示出螺旋轴（2_1）和滑移面（n）的缺失。$[Mn_3(HCOO)_6] \cdot C_2H_5OH$ 的介电常数在 165 K 沿 a 轴方向出现尖锐的峰值，而在 b 轴和 c 轴仅出现了很小的异常（图 4-13）。利用居里–外斯定律拟合，得到 T_o = 150 K，C_{para}/C_{ferro} 比值为 4.1，因此可归属为一级相变。DSC 测试进一步证实了这一结论。电滞回线仅记录了一个狭窄的温度范围（145～166 K）。铁电性质被假定主要来源于客体乙醇分子。主晶格和乙醇分子之间的相互作用对铁电相转变做出了重要贡献。氘代后的化合物 $[Mn_3(HCOO)_6] \cdot C_2H_5OD$ 显示出与之前非常相似的介电行为（图 4-13）。作为一个多孔磁体，$[Mn_3(HCOO)_6] \cdot C_2H_5OH$ 在 8.5 K 发生亚铁磁转变，略高于 $[Mn_3(HCOO)_6] \cdot H_2O \cdot CH_3OH$ 和 $[Mn_3(HCOO)_6]$ 铁磁转变的温度。

3. $(NH_4)[Zn(HCOO)_3]$

近些年研究人员报道了很多基于 $[M^{II}(HCOO)_3]^-$ 的金属–有机骨架配合物，其中胺阳离子在配合物的拓扑构型方面显示出强烈的模板效应。如果采用体积最小的 NH_4^+，那么所得配合物就呈现非常少见的 $4_9 \cdot 6_6$ 拓扑构型。当采用体积较大的胺阳离子，如 $CH_3NH_3^+$、$(CH_3)_2NH_2^+$、$CH_3CH_2NH_3^+$、$(CH_3)_3NH^+$，就可以得到一系列钙钛矿型配合物。如果采用更大体积的胺阳离子，如 $(CH_3CH_2)_3NH^+$、$(CH_3CH_2)_2NH_2^+$、$CH_3CH_2CH_2NH_3^+$，则会得到类似于前文所述的 $[Mn_3(HCOO)_6] \cdot$

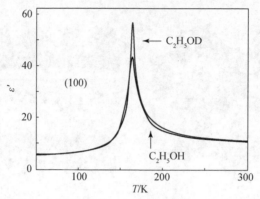

图 4-13　配合物 $[Mn_3(HCOO)_6] \cdot C_2H_5OH$ 和 $[Mn_3(HCOO)_6] \cdot C_2H_5OD$
沿 a 轴方向的介电常数

(guest)多孔金属–有机框架配合物。

　　2010 年,高松等报道了一例铁电体配合物 $(NH_4)[Zn(HCOO)_3]$,该三维金属–有机框架配合物是以甲酸铵、甲酸和 $Zn(ClO_4)_2 \cdot 6H_2O$ 为原料,在甲醇中制备的,属于六方晶系,温度 290 K 时属于手性空间群 $P6_322$,110 K 时属于极性空间群 $P6_3$。$P6_3$ 为铁电空间群,也是顺电的一个子群($P6_3$ 空间群最小的异构子群包括 $P6_3/m$,$P6_322$,$P6_3cm$,$P6_3mc$)。该配合物完全符合居里对称性原则(图 4-14)。中心离子 $Zn(\text{II})$ 是八面体构型,甲酸配体以 *anti-anti* 模式与 $Zn(\text{II})$ 离子相连,形成基于 $[Zn(HCOO)_3]^-$ 阴离子,拓扑构型为 $4_9 \cdot 6_6$ 的三维手性网格(图 4-15)。网格中含有六边形孔道,可以被看作由三套二维立方网格相互穿插得到的,NH_4^+ 位于孔道中。手性源自金属离子周围的甲酸配体和每个结构单元中的偏手性。

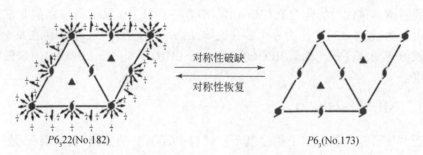

$P6_322(\text{No.182})$　　　　　　　　　　　　　　　$P6_3(\text{No.173})$

图 4-14　配合物 $(NH_4)[Zn(HCOO)_3]$ 从顺电相到铁电相空间群的转变

　　通过配合物 $(NH_4)[Zn(HCOO)_3]$ 的变温 X 射线衍射分析数据可以解释铁电现象产生的原因。研究发现,NH_4^+ 从高温无序相转变为低温有序相。NH_4^+ 与甲酸配体上的氧原子形成氢键,$N \cdots O$ 之间的距离在 290 K 为 2.972 Å,在 110 K 为 2.830 ～

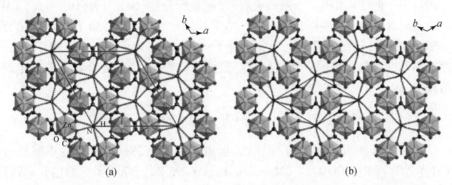

图 4-15　配合物 $(NH_4)[Zn(HCOO)_3]$ 的晶体结构：110 K 下 NH_4^+ 处于有序态(a)；

290 K 下 NH_4^+ 处于无序态(b)。虚线代表氢键

3.120 Å。值得注意的是，孔道中的 NH_4^+ 相对 290 K 下的结构，在 110 K 时沿 c 轴发生了大约 0.40 Å 的位移。这种现象与低温极化结构和铁电现象密切相关。临界温度下(T_C = 191 K)，温度相关的介电常数在 c 轴方向出现较大的异常(图 4-16)，表明该温度下发生相转变。利用居里-外斯定律拟合，得到 T_0 = 181 K，C_{para} = 5.4 × 10^3 K，因此可归属典型的有序-无序型铁电相变。电滞回线测试所得自发极化强度 P_s 为 1.0 μC/cm² 。若将配合物 $(NH_4)[Zn(HCOO)_3]$ 的中心离子 Zn 替换为 Mn、Fe、Co 或 Ni 等，其很可能具有与之相似的铁电性质。然而，这些配合物的磁性早就为人们所熟悉，如 $(NH_4)[Mn(HCOO)_3]$ 是反铁磁体，在很低的外场下显示 spin-flop；$(NH_4)[Co(HCOO)_3]$ 和 $(NH_4)[Ni(HCOO)_3]$ 是弱铁磁体，$(NH_4)[Co(HCOO)_3]$ 在反铁磁有序之后还出现 spin-reorientation。因此，此类配合物有望成为铁磁与铁电共存的多铁金属-有机框架双功能配合物。

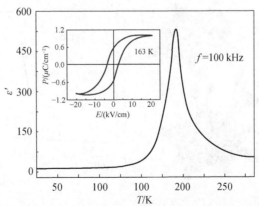

图 4-16　配合物 $(NH_4)[Zn(HCOO)_3]$ 的介电常数随温度的变化图，

插图为 163 K 下的电滞回线

2011 年,他们又报道了一系列金属-甲酸盐配合物 $[NH_4][M(HCOO)_3]$ (M = Mn、Fe、Co、Ni、Zn),这些配合物均为三维手性网格,在 191 ~ 254 K 范围内出现顺电-铁电相转变,转变温度取决于金属离子,这种相转变可以归因于 NH_4^+ 的无序-有序转变和在网格内有限空间的位移。磁性研究显示,这些配合物低温区出现弱铁磁现象,属于少见的多铁材料。

4. $[(CH_3)_2NH_2][M(HCOO)_3]$ (M = Mn、Fe、Co、Ni、Zn)

Cheetham 等在 2008 ~ 2009 年,陆续报道了一系列钙钛矿构型的甲酸配合物 $[(CH_3)_2NH_2][M(HCOO)_3]$ (M = Mn、Fe、Co、Ni、Zn),介绍了它们的介电性质。它们是金属氯化物、甲酸和二甲基甲酰胺在溶剂热条件下制备的,二甲胺来自二甲基甲酰胺的原位水解反应。$[(CH_3)_2NH_2][M(HCOO)_3]$晶体结构属于顺电相 $R3c$ 空间群。中心 M^{2+} 为八面体几何构型,配位环境由来自六个甲酸配体的六个氧原子构成,并通过甲酸相互连接形成三维网格[图 4-17(a)]。甲胺阳离子位于三维网格的笼中,并且在三个不同方向出现无序,在测试温度范围内发生有序-无序转变。低温下的结构属于单斜晶系。降温过程中,Mn、Fe、Co、Ni、Zn 配合物分别在 185 K、160 K、165 K、180 K、156 K 出现介电异常。这些金属甲酸配合物都存在 10 K 左右的热滞后。介电常数曲线在顺电相出现台阶状,该现象对应高温介电常数材料[图 4-17(b)]。这一电有序类型属于有序-无序相转变。在转变温度以下这类材料有可能出现反铁电相,但是目前尚没有数据证明这一猜测。我们认为配合物 $[(CH_3)_2NH_2][M(HCOO)_3]$ 中温度相关的介电常数能够预示铁电现象。如果低温相是铁电空间群,那么能够体现顺电-铁电转变的二次谐波实验可以证实这一猜想。

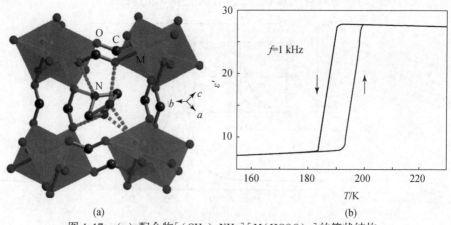

(a)　　　　　　　　　　　　　　　　(b)

图 4-17　(a) 配合物 $[(CH_3)_2NH_2][M(HCOO)_3]$ 的笼状结构;

(b) 介电常数随温度的变化曲线

根据 Landau 理论,如果忽略高有序期,可以有 $\chi^{(2)} = 6\varepsilon_0\beta P_s$,式中,$\chi^{(2)}$ 为二阶非线性光学系数;β 几乎与温度无关。从公式中可以看出,$\chi^{(2)}$ 和自发极化强度 P_s 与温度的关系是一致的。配合物 $[(CH_3)_2NH_2][M(HCOO)_3]$ 的中心离子为 Co、Mn 或 Zn 时,二次谐波信号在临界温度下迅速达到饱和值,表明出现了对称性破缺(图 4-18)。这些现象证明:临界温度以下,金属甲酸配合物的空间群应该是非中心对称的。因此,之前反铁电相的猜想是错误的,这类配合物应该属于铁电体。铁电空间群 Cc 是顺电相 $R3c$ 的一个子群,因为 $R3c$ 空间群的最大异构子群包括 $R3c$、$R32$、R-31 和 $C2/c$,而 Cc、$C2$、P-1 都是 $C2/c$ 的子群。Mn、Fe、Co 和 Ni 的甲酸配合物分别在 8.5 K、20 K、14.9 K 和 35.6 K 以下表现出磁有序,并出现磁滞回线。超交换机理是反铁磁性的。这一系列金属甲酸盐也是潜在的多铁金属–有机框架配合物。

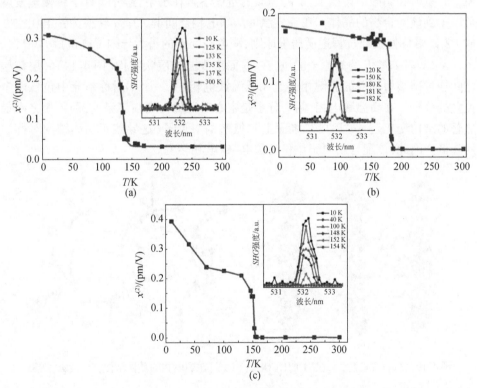

图 4-18　$[(CH_3)_2NH_2][Co(HCOO)_3]$(a)、$[(CH_3)_2NH_2][Mn(HCOO)_3]$(b)、
$[(CH_3)_2NH_2][Zn(HCOO)_3]$(c)二阶非线性光学系数随温度变化关系。
插图为不同温度下 SHG 作为波长的函数的强度

4.3.3 氨基酸系列

1. ［Ag(NH$_3$CH$_2$COO)(NO$_3$)］

甘氨酸类配体在构筑铁电性能配合物方面具有独特优势,如硫酸三甘氨酸、三甘氨酸硒酸盐、二甘氨酸盐、甘氨酸-亚磷酸等,目前已经报道了多例基于此类配体的铁电配合物。这类配合物的铁电现象主要归因于非刚性的两性甘氨酸配体,由于三个内在旋转自由度的存在,它们能够在众多的旋转构象之间自由转换。但是配合物［Ag(NH$_3$CH$_2$COO)(NO$_3$)］中不存在这种情况。

Pepinsky 等早在 1957 年就发现了配合物［Ag(NH$_3$CH$_2$COO)(NO$_3$)］的铁电现象。甘氨酸和硝酸银按照 1∶1 的物质的量比溶解在水中,避光条件下缓慢蒸发就可以得到该配合物的晶体。在临界温度从顺电相空间群 $P2_1/a$ 转换为铁电相空间群 $P2_1$。对称性破缺过程遵循居里原则,顺电空间群的最大异构子群包括 Pa、$P2_1$、P_1。Ag$^+$ 与甘氨酸上的氧原子配位,在 ac 面形成二维层状结构(图 4-19)。层与层之间通过硝酸根形成的氢键相连。在低温铁电相中,每个不对称单元中包含两个独立的分子。在高温顺电相,两个分子是中心对称的。在临界温度,两种相之间最显著的结构变化是 Ag$^+$ 远离二维面上甘氨酸的氧原子,这导致了晶体结构对称性的降低。因此,该配合物属于位移型顺电-铁电相转变。

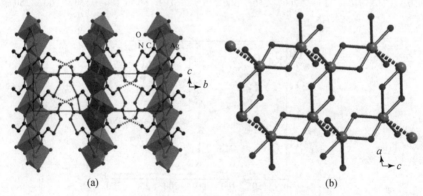

图 4-19 (a) 配合物［Ag(NH$_3$CH$_2$COO)(NO$_3$)］在顺电相的晶体结构;(b) AgO 网格

临界温度下的热反常很小,218 K 时温度相关的介电常数在 b 轴方向出现峰值(图 4-20)。利用居里-外斯定律拟合,得到 $T_o = 218$ K,$C_{para} = 446$ K,极化强度 P_s 沿 b 轴方向,100 K 时达到 0.6 μC/cm^2。用氘替代氨上的氢后,临界温度变为 230 K。

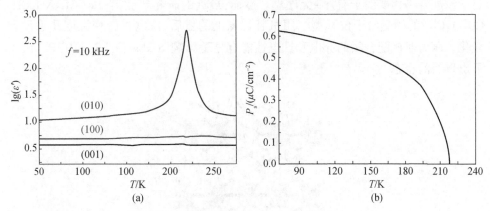

图 4-20　(a) 介电常数随温度的变化曲线;(b) 配合物[Ag(NH$_3$CH$_2$COO)(NO$_3$)]的自发极化强度 P_s 对温度 T 的曲线

2. (NH$_3$CH$_2$COO)$_2$ · MnCl$_2$ · 2H$_2$O

(NH$_3$CH$_2$COO)$_2$ · MnCl$_2$ · 2H$_2$O 作为罕见的室温铁电体在 1958 年由 Pepinsky 等报道。该配合物属于 $P2_1$ 空间群,只有晶体学参数可用,没能得到原子坐标。室温下沿 a、b、c 轴的介电常数分别为 6.6、8.1 和 7.4,并且几乎不随温度降低而改变。该配合物在 328 K 之前显示极化作用,之后由于脱水结构被破坏。热分析显示 308 K 以上失去水分子,因此无法观察到居里温度。室温下沿 b 轴方向的自发极化强度为 1.3 μC/cm^2,矫顽场 E_c 为 5.6 kV/cm。

3. [Ca(CH$_3$NH$_2$CH$_2$COO)$_3$X$_2$] (X = Cl、Br)

三肌氨酸氯化钙[Ca(CH$_3$NH$_2$CH$_2$COO)$_3$Cl$_2$] 是单轴铁电体,在 127 K 发生二级相变,从顺电相正交晶系 $Pnma$ 空间群转换为铁电相正交晶系 $Pn2_1a$ 空间群。对称性破缺过程涉及从顺电 $Pnma$ 空间群到铁电 $Pn2_1a$ 空间群的转变。铁电空间群 $Pn2_1a$ 的最小异构子群包括 $Pnna$、$Pccn$、$Pbcn$ 和 $Pnma$。肌氨酸和氯化钙按照一定的化学计量比溶解在水中,常温下缓慢蒸发就可以得到该配合物的晶体。

Ca^{2+} 是八面体几何构型,配位环境由六个来自肌氨酸的氧原子构成(图 4-21)。每个肌氨酸与两个 Ca^{2+} 相连,形成一维链状结构。Cl$^-$ 位于链间,每个 Cl$^-$ 通过氢键与三个相邻的 N 原子连接。晶胞中含有三个肌氨酸,其中一个垂直于 b 轴。临界温度以下,自发极化强度 P_s 沿该方向增大。与典型的铁电体相比,[Ca(CH$_3$NH$_2$CH$_2$COO)$_3$Cl$_2$]显示出一些少见的性质,如较小的顺电热容(C_{para} =58 K)和自发极化强度(P_s =0.27 μC/cm^2)以及相当大的熵变(ΔS = 2.51 J · K/mol)。这些现象显示该配合物相变属于有序–无序型。然而,最近的研究却证实[Ca(CH₃NH₂CH₂COO)₃Cl₂]的相变属于位移型。用氘替代氨上的氢后,铁电相转变温度几乎没有变化。压力对该配合物的介电和铁电性能有显著影响,5 kbar(1 bar = 10^5 Pa)压力下出现新的相态。

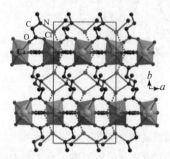

图 4-21　配合物[Ca(CH₃NH₂CH₂COO)₃Cl₂]在 118 K 下铁电相的晶体结构

　　用 Br⁻ 或 I⁻ 替代 Cl⁻ 后,所得配合物相变情况发生了明显改变。对于部分溴化的三肌氨酸氯化钙[Ca(CH₃NH₂CH₂COO)₃Cl₂(₁₋ₓ)Br₂ₓ] ($x \leqslant 1$),临界温度和自发极化强度随着溴的摩尔分数增加而迅速下降。同时,临界温度随着压力增加显著增长,而自发极化强度几乎与压力无关。这种氯溴混合型晶体在 $x \leqslant 0.66$ 范围内显示出铁电相转变。配合物[Ca(CH₃NH₂CH₂COO)₃Br₂]降至液氦温度也没出现铁电相转变,但是当加压至 7 kbar 后,在 107 K 观察到了铁电相转变。当压力增大后,介电异常随着临界温度升高而升高。研究结果表明:[Ca(CH₃NH₂CH₂COO)₃Br₂]是先兆性铁电体,在流体静压强下转变为量子铁电体。在不同压力下(最高为 9 kbar)测试了部分碘化的三肌氨酸氯化钙的介电和铁电性质。随着 I⁻ 比例的增加,ε' 和 P_s 的峰值迅速下降,临界温度也随着 I⁻ 比例的增加而降低。研究发现,I⁻ 对配合物介电性质的影响比 Br⁻ 显著得多。

4. [Ca{(CH₃)₃NCH₂COO}(H₂O)₂Cl₂]

　　Rother 等报道的[Ca{(CH₃)₃NCH₂COO}(H₂O)₂Cl₂]是一例显示出连续的结构相转变的有趣配合物。该配合物可溶于水,三甲铵乙内酯和无机盐以 1:1 的物质的量比溶于水中,常温静置挥发制备出配合物单晶。该配合物高温相(>164 K)属于正交晶系,Pnma 空间群,每个晶胞中含有四个分子结构单元。Ca²⁺ 与两个 Cl⁻、两个水分子和两个来自三甲铵乙内酯的氧原子配位,形成扭曲的八面体构型(图 4-22)。Cl 和 O 之间的氢键长度约为 3.2 Å,作用力非常微弱。

　　每个三甲铵乙内酯配体与两个 Ca²⁺ 相连,形成沿 a 轴的一维链状结构。90 K 时,空间群为 P2₁ca。对称性破缺过程涉及从顺电相 Pnma 空间群转变为铁电相

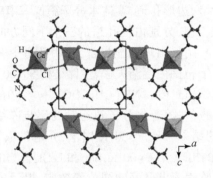

图 4-22　配合物[Ca{(CH$_3$)$_3$NCH$_2$COO}(H$_2$O)$_2$Cl$_2$]在 293 K 顺电相的晶体结构

$P2_1ca$ 空间群(顺电相空间群的最小异构子群包括 $Pcca$、Pbc、$Pbcn$ 和 $Pbca$)。铁电相空间群并不属于顺电空间群的子群(图 4-23),表明该配合物中的相变非常复杂,具有一级和二级相变的混合特征。

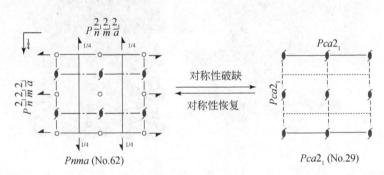

图 4-23　配合物[Ca{(CH$_3$)$_3$NCH$_2$COO}(H$_2$O)$_2$Cl$_2$]从顺电相到铁电相空间群的转变

5. [Ln$_2$Cu$_3${NH(CH$_2$COO)$_2$}$_6$]·9H$_2$O

Kobayashi 等报道了一系列多孔 MOFs,[Ln$_2$Cu$_3${NH(CH$_2$COO)$_2$}$_6$]·9H$_2$O (Ln = +3 价的 La、Nd、Sm、Gd、Ho、Er),这些配合物均显示出较大的介电常数和高温反铁电行为。

将 LnCl$_3$·9H$_2$O、亚氨基二乙酸和 Cu(NO$_3$)$_2$·3H$_2$O 按照物质的量比 2∶6∶3 溶于水中,调节 pH 到 5~6,室温下溶剂蒸发,一周后得到蓝色六棱柱状单晶。所有化合物都是同构的,属于三斜晶系,P-$3c1$ 空间群。Cu^{2+} 是六配位的,扭曲的八面体构型,配位环境由来自两个亚氨基二乙酸配体的四个氧原子和两个氮原子共同构成,形成四齿的金属配合物配体[Cu{NH(CH$_2$COO)$_2$}$_2$]$^{2-}$。九配位的 Ln^{III} 离子和上述金属配合物配体形成漂亮的三维蜂巢状结构[图 4-24(a)]。沿 c 轴方向存

在孔径约为 17 Å 的手性六边形孔道,客体水分子簇像一串串珍珠项链一样置于孔
道中。九个水分子分成三组,分别占据孔道的三个不同方向[图 4-24(b)]。温度
相关的晶格常数在 350 K 附近出现明显异常,表明孔道中客体水分子结构发生转
变。水分子在 50~130 ℃ 范围内逐渐失去,主体结构在 300 ℃ 之前一直保持完整。
在 80~400 K 范围内测试 $[Ln_2Cu_3\{NH(CH_2COO)_2\}_6]\cdot 9H_2O$ 的介电常数,150~
190 K 范围出现较宽的峰,并随着水分子热运动的逐步冻结而降低。上述介电行
为和分子动力学模拟的结果一致。300 K 以上,介电常数迅速增加,可以归因于
400 K 附近反铁电相变的出现。在 400 K,Sm 和 La 配合物的介电常数最大值分别
为 1300 和 350,La 配合物表现出显著的同位素效应,揭示了氢键在介电性质中起
到的重要作用。La、Sm 和 Gd 晶体的电滞回线呈现典型的双滞回曲线,表明高温区
存在反铁电相变(图 4-25)。

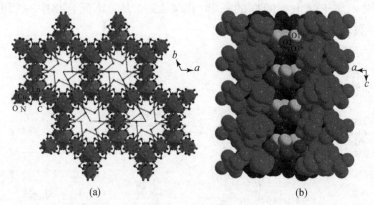

图 4-24　(a) 配合物 $[Ln_2Cu_3\{NH(CH_2COO)_2\}_6]\cdot 9H_2O$ 在 273 K 下的晶体结构;
(b) 孔道中的客体水分子分成三组示意图

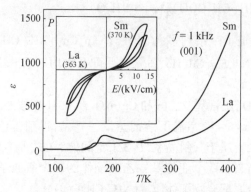

图 4-25　配合物 $[Ln_2Cu_3\{NH(CH_2COO)_2\}_6]\cdot 9H_2O$ 介电常数
随温度的变化曲线,插图为双滞回线

4.3.4　丙酸盐系列

研究发现,以类似于甘氨酸及其衍生物的丙酸盐和碱土金属构筑的配合物 $Ca_2M(C_2H_5COO)_6$ (M = +2 价的 Sr、Ba、Pb)在某些相中显示出铁电行为。端基丙酸盐的有序–无序转变在铁电相转变过程中起了重要作用。

1. $Ca_2Sr(CH_3CH_2COO)_6$

早在 1957 年,Matthias 和 Remeika 就报道了 $Ca_2Sr(CH_3CH_2COO)_6$ 的铁电现象。该配合物在临界温度(T_C = 282.6 K)发生从顺电相 $P4_12_12$ 空间群到铁电相 $P4_1$ 空间群的相转变。在 113 ~ 423 K 范围内,选取多个温度对配合物 $Ca_2Sr(CH_3CH_2COO)_6$ 的晶体结构进行了测试和解析。室温下,晶体结构分析显示每个结构单元中含有四个甲基群和一个 α-C 原子,它们都处于无序状态并且分别在两个平衡位置具有相同的占有率(图 4-26)。三个无序甲基的占有率,Sr、Ca 和 O 原子的位移,均随温度变化。自发极化强度在 113 K 达到饱和值。相对地,另外一个甲基在 113 K 仍然处于无序状态。

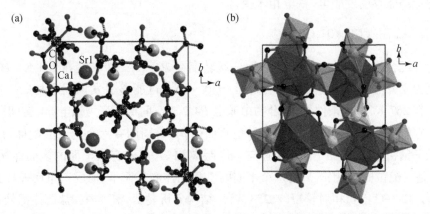

图 4-26　(a)配合物 $Ca_2Sr(CH_3CH_2COO)_6$ 在顺电相的晶体结构,虚线代表无序键;
(b)金属离子的配位几何构型,为了清晰起见,乙烷基和丙酸分子均省略掉

$Ca_2Sr(CH_3CH_2COO)_6$ 的介电常数在 1 kHz,283.9 K 时沿 c 轴方向出现异常(图 4-27)。利用居里–外斯定律拟合,得到 T_o = 278 K, C_{para} =73 K。自发极化强度的大小和温度依赖性情况可以由 CaO_6 八面体相对于 Sr^{2+} 的位移来解释。用氘替代丙酸盐上的氢后,利用所得配合物 $Ca_2Sr(CD_3CD_2COO)_6$ 研究丙酸盐上甲基在铁电相转变过程中的运动情况。

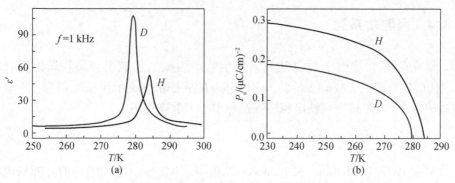

图 4-27　（a）介电常数随温度的变化曲线；（b）配合物 $Ca_2Sr(CH_3CH_2COO)_6$
及其氘代配合物 P_s 对 T 的曲线

氘代配合物的介电常数在 279.5 K 显示异常，表明在临界温度下同位素效应非常微弱，可以忽略不计。进一步研究，将 $HCF_2CF_2COO^-$ 掺杂入配合物 Ca_2Sr $(CH_3CH_2COO)_6$ 中，当 $HCF_2CF_2COO^-$ 含量在 $0\sim3.42\times10^{-2}$ 范围内，居里温度出现明显降低，但是自发极化强度并没有变化。从上述实验结果中可以断定，丙酸盐离子的运动能够引发顺电-铁电相转变。

2. $Ca_2Ba(CH_3CH_2COO)_6$

该配合物呈现两次低温相转变：一级转变在 267 K，二级转变在 204 K。267 K 以上为立方晶系 $Fd3m$ 空间群。高压（9.0×10^7 Pa）能够引发该配合物的铁电现象。在 267 K，高压条件下，配合物由顺电 $P4_12_12$ 空间群转变为铁电 $P4_1$ 空间群。

X 射线单晶衍射研究显示，Ba^{2+} 是八面体构型，周围有六个丙氨酸配体，12 个氧原子紧密围绕在 Ba^{2+} 周围并且与 Ba^{2+} 距离相等，形成有八个面的多面体构型。Ca^{2+} 是六配位的，周围有来自六个不同丙氨酸配体的氧原子，构成三角反棱柱几何构型。Ca—O 键长相对较短（2.253 Å）。结构分析显示，整个丙酸盐配体都处于严重无序状态，人们推测该配合物发生相转变的驱动力可能是空间相互作用。无序结构产生一个平均空间群 $Fd3m$，其中的微结构域可能是 $P4_12_12$ 或者 $P4_32_12$ 对称性。电场增强导致在 267 K 出现显著的相转变，并且伴随介电常数异常现象（图 4-28）。

3. $Ca_2Pb(CH_3CH_2COO)_6$

该配合物是一例少见的室温铁电体。在 333 K 出现从顺电相 $P4_12_12$ 空间群到铁电相 $P4_1$ 空间群的二级相转变，在 191 K 出现铁电-铁电一级相转变。对称性

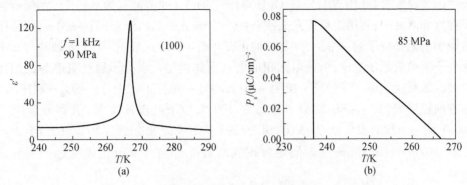

图 4-28　（a）介电常数随温度的变化曲线；（b）配合物
$Ca_2Ba(CH_3CH_2COO)_6$ 的 P_s 对 T 的曲线

破缺过程遵循居里对称性原则，也就是说，顺电空间群 $P4_12_12$ 的子群包括 $P4_1$，$C222_1$ 和 $P2_12_12_1$（图 4-29）。在铁电相转变温度上下选取多个温度对晶体结构进行了测试，发现 Pb^{2+}、Ca^{2+} 和氧原子在两种相中均处于有序态，但甲基一直是无序的。因此该配合物的相变类型可归属为有序–无序型，自发极化强度沿 c 轴方向。

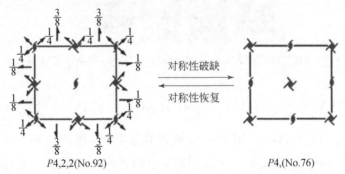

图 4-29　配合物 $Ca_2M(CH_3CH_2COO)_6$ 从顺电相到铁电相空间群的转变

4.3.5　硫酸盐系列

1. $[C(NH_2)_3][M(H_2O)_6](XO_4)_2$（M＝Al、V、Cr、Ga；X＝S、Se）

此类配合物的报道在很大程度上丰富了铁电体配合物的种类，为铁电体配合物在介电方面的研究提供了新思路，它们没有居里点，研究者们猜想它们可能与配合物 $(NH_3CH_2COO)_2 \cdot MnCl_2 \cdot 2H_2O$ 类似，居里点在分解温度以上。其中最具代表性的要属配合物$[C(NH_2)_3][Al(H_2O)_6](SO_4)_2$(通常简写为 GASH),该配合物是在饱和溶液中,利用溶剂挥发法制备的。室温下单晶属于空间群 $P31m$,胍盐阳离子中的原子位于同一平面,并与 c 轴正交（图 4-30）。Al^{3+} 位于 3 重轴并与 6 个水分子上的氧原子配位,形成略微扭曲的八面体构型。水分子通过氢键与四面体构型的硫酸盐相连。三种离子按照—$Al(H_2O)_6$—SO_4—$C(NH_2)_3$—SO_4—顺序沿 c 轴方向层层堆积。GASH 的介电常数在 100 ℃ 以下与温度无关,直到分解温度 200 ℃ 附近也没有发生铁电–顺电相变,293 K 时自发极化强度沿 c 轴方向($P_s =$ 0.35 $\mu C/m^2$）。此外,研究者们还发现硫酸盐配合物自发极化强度远比硒酸盐的弱。

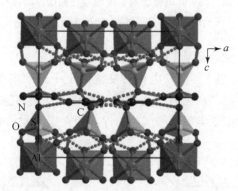

图 4-30　铁电相配合物$[C(NH_2)_3][Al(H_2O)_6](SO_4)_2$ 的晶体结构,虚线代表氢键

2. $[(CH_3)_2NH_2][M(H_2O)_6](SO_4)_2(M = Al、Ga)$

Kirpichnikova 等利用二甲基铵盐取代胍盐后,所得配合物$[(CH_3)_2NH_2]$ $[Al(H_2O)_6](SO_4)_2$与 GASH 及其类似物显示出差异。该配合物在 152 K 发生相变,从顺电空间群 $P2_1/n$ 转变为铁电空间群 Pn,对称性破缺过程只是从顺电空间群 $P2_1c$ 转变为铁电空间群 Pc。空间群 $P2_1c$ 的最大非同构子群包括 Pc、$P2_1$ 和 P-1。单晶 X 射线衍射显示,Al^{3+} 与六个水分子上的氧原子配位,形成规则的八面体构型(图 4-31)。每个水分子上有两个氢键与 SO_4^{2-} 四面体上的氧原子相连,形成复杂的氢键网格。无序的二甲基铵阳离子位于 $Al(H_2O)_6$-SO_4 子晶格形成的孔道中,并绕着由两个碳原子定义的轴向旋转,导致 NH_2 基团存在四个平衡位置。NH_2 与 SO_4 基团之间的氢键 O⋯H—N 对二甲基铵阳离子的旋转起到一定的限制。在 1 MHz 频率下,介电常数的峰值(700)出现在 160 K,120 K 下自发极化强度约为 1.4 $\mu C/m^2$,矫顽场为 7 kV/cm。铁电相变被认为是有序–无序型,并与二甲基铵阳离子有序程度相关。临界温度以下,二甲基铵阳离子被冻结在一个固定位置,自发极

化强度出现在 m 平面,方向与晶胞中连接两个二甲基铵阳离子中的氮原子的矢量平行。NMR 研究证明,二甲基铵阳离子在临界温度下的旋转冻结是该配合物发生铁电相转变的最主要原因。

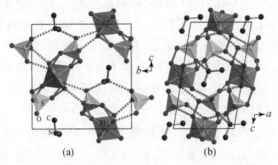

(a) 　　　　　　　　　　　　(b)

图 4-31　铁电相配合物 $[(CH_3)_2NH_2][Al(H_2O)_6](SO_4)_2$ 的晶体结构,虚线代表氢键

用 Ga^{3+} 替代 Al^{3+} 后,得到同构的配合物 $[(CH_3)_2NH_2][Ga(H_2O)_6](SO_4)_2$,该配合物也是有序–无序型铁电体,134 K 时发生从顺电空间群 $P2_1/n$ 到铁电空间群 $P2_1$ 的相转变。区别在于该配合物还存在其他相变,如 116 K 下的非铁电相和 60 K 以下的反铁电相。ESR 测试进一步证实了此类配合物属于有序–无序型铁电相变以及二甲基铵阳离子的旋转冻结。

3. $[CH_3NH_3][M(H_2O)_6](RO_4)_2 \cdot 6H_2O$

$A[M(H_2O)_6](RO_4)_2 \cdot 6H_2O$ 为有机–无机杂化矾类铁电体的通式(A = 甲基铵;M = 三价 Al、V、Cr、Fe、Ga、In; R = S、Se)。此类配合物在水溶液中即可简单制备。单晶在室温下呈现立方对称性,低温时出现相变。配合物 $[CH_3NH_3][Al(H_2O)_6](SO_4)_2 \cdot 6H_2O$ 在 177 K 发生从顺电立方 $P2_13$ 空间群到铁电单斜 $P2_1$ 空间群的相变。对称性破缺过程可以描述为:顺电态空间群 $P2_13$ 包括两种最大非同构的子群 $R3$ 和 $P2_12_12_1$,而空间群 $P2_12_12_1$ 的最大非同构的子群仅包含 $P2_1$。可见,该过程遵守居里对称性原则。

晶体结构中,Al^{3+} 与 6 个水分子上的氧原子配位,形成略微扭曲的八面体构型,6 个水分子通过氢键分别与硫酸盐四面体、$Al(H_2O)_6$ 八面体及甲基铵阳离子相连。介电常数在临界温度出现尖锐的不连续性,表明为一级相变。在狭窄的温度区间内(6 K)利用居里–外斯定律拟合,得到 $T_0 = 168.5$ K,$C_{para} = 500$ K。矾类配合物在居里点均显示出较小的介电常数,且不存在同位素效应。矫顽场随温度降低迅速增加,因此仅在 15 K 附近出现饱和电滞回线。同时,研究者发现硒酸盐类配合物的转变温度普遍高于硫酸盐类配合物。

4. $[H_2dbco][Cu(X_2O)_6](SeO_4)_2(X = H、D)$

近些年来,熊仁根教授课题组在铁电体配合物方面做了很多卓有成效的工作。$[H_2dbco][Cu(X_2O)_6](SeO_4)_2(H_2dbco = $ 双质子的 1,4-二氮杂环[2.2.2]辛烷;$X=H、D)$就是他们报道的铁电体配合物之一。通过 DSC 和介电常数测试发现,该配合物在 133 K 附近出现顺电–铁电相变。室温下晶体属于中心对称的空间群 $P21/c$,$[Cu(H_2O)_6]^{2+}$ 是八面体几何构型,而 H_2dbco 配体严重无序,133 K 以下出现新的相。镜面消失,晶体结构转变为极性空间群 $P2_1$。这属于连续性的二级相变,其对称性破缺过程类似于配合物 $[Ag(NH_3CH_2COO)(NO_3)]$ 和 $[(CH_3)_2NH_2][Ga(H_2O)_6](SO_4)_2$。根据电滞回线测试数据,得到剩余极化强度为 1.02 $\mu C/cm^2$,自发极化强度为 1.51 $\mu C/cm^2$,矫顽场为 1.5 kV/cm。其与矾类配合物一样不存在同位素效应,这也从侧面反映出该配合物的铁电现象不是来源于氢键,而是来源于 H_2dbco 配体的无序–有序转变。

考虑到分子旋转在构筑铁电体配合物方面的重要作用以及高对称性 H_2dbco 配体的可旋转性,熊仁根课题组在 2012 年又报道了一例基于 H_2dbco 配体的单核铁电体配合物,并分别在高温 293 K、低温 173 K 下测定了该配合物的单晶结构。在 293 K 下配合物属于正交晶系空间群 $Pnam$,基本结构是三尾噬菌体状的单核 $[Cu(Hdabco)(H_2O)Cl_3]$ 单元,中心 Cu^{2+} 是五配位的,扭曲的三角双锥构型[图 4-32(a)]。配合物中存在大量 N—H$\cdots$O 和 O—H$\cdots$Cl 氢键,$[Cu(Hdabco)(H_2O)Cl_3]$ 单元通过 N—H$\cdots$O 氢键头尾相连沿 a 轴方向形成一维之字链,这些链进一步通过水分子与 Cl$^-$ 间的 O—H$\cdots$Cl 相连,形式三维超分子网格[图4-32(b)]。在 173 K,该配合物结构转变为 $Pna2_1$ 空间群,中心 Cu^{II} 离子依然采用五配位扭曲的三角双锥构型[图 4-31(a)],然而 Cu—Cl 键长、dbco 配体的构象及 N—C—C—N 扭曲角发生了明显变化。从对称性破缺角度分析,高温相(HTP)结构属于中心对称的 mmm 空间群,而低温相(LTP)属于极性 $mm2$ 空间群,这与顺电–铁电相转变是一致的。临界温度以下,粒子旋转被冻结,分子结构变得有序,同时出现铁电相。铁电现象的起源可以归因于 dabco 配体的有序–无序转变引发的阴阳离子在平衡位置附近的运动。这一研究工作为设计多功能分子器件提供了新的思路和方法。

经过科学家们几十年的不懈努力,如今金属–有机框架配合物在铁电领域再次受到关注并迅猛发展。尽管新铁电体的制备仍然具有很大程度的偶然性,但是目前已经总结了很多切实可行的合成策略。从铁电现象的起源来看,可以利用氢转移、极性组分的运动、手性中心等因素引入电的极化作用。事实证明,氢转移在设计和构筑铁电体和介电体方面确实起到重要作用。

氢键广泛存在于金属–有机框架配合物中,在某些情况下,质子转移可能引发

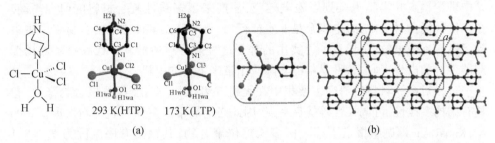

图 4-32　(a) 室温(293 K)和低温(173 K)下分子结构;(b) 氢键形成的网格

相转变,从而改变晶体结构的极性。配合物中极性组分的有序–无序运动是铁电现象的另外一个重要来源。这类配合物模型包括主–客体配合物和包合物。客体分子或离子分散地位于多孔配合物的孔隙中,因此它们容易受到外界条件如温度、电场等影响。这与应用在铁电体配合物中作为极化旋转单位的分子旋转体类似。客体分子或离子的动力学可能引起配合物结构相变,而结构变化情况是了解主–客体之间相互作用详细信息的根本途径。一旦客体分子或离子和主体框架之间彼此完美匹配,产生长程相互作用,铁电现象最终由此产生。

　　尽管已经取得了令人瞩目的成绩,但是由于缺乏对铁电现象基本的了解,MOFs 铁电体的研究和应用仍受到很大限制,这一领域还需要长期探索。未来对MOFs 铁电体的研究将包括高性能铁电体,如接近室温的相转变温度和强烈的极化作用。结合晶体工程原理和配合物的构筑策略,设法精确调节 MOFs 中不同的阴阳离子组分是达到这一目标的有效途径。同时,对铁电现象起源的深入研究也必不可少。对于化学家来说,这是一项既有挑战性又充满趣味的工作。这些研究需要用到多种理论工具,因此物理学家和材料学家的帮助是必不可少的。

4.4　金属–有机框架配合物的多铁性质

　　科学技术快速发展,对小型器件的要求越来越高,这就意味着需要同时具备两种或两种以上功能的新材料,来满足发展的需要,并期望获得新型的多功能材料。以铁磁材料为基础的磁存储器件得到了广泛的应用;而以铁电材料为基础的铁电随机存储器也具有非挥发性和写入速度高等优点,这就预示着将两者合二为一会给科技的发展带来巨大的应用前景。

　　在 20 世纪发现铁电体的时候,人们就设想把铁电性和磁性联系起来,因为它们之间有很多相似性。"多铁"这一定义是由瑞士日内瓦大学的 Schmid 首次提出的,即同时具有两种或者两种以上基本铁性(如铁磁性、铁电性)的材料称为多铁材料。但随后经历了 20 多年的低潮。直到 2001 年,在压电材料 Terfenol-D 复合体系中理论预测并实验观察到巨磁电效应,才迎来了多铁性复合材料的研究高潮。在多铁性复合材料中,磁电耦合是非本征行为,目前已在多种磁电复合材料中观察到了室温巨磁电效应,导致了可实用的基于这种复合材料的新一代高灵敏磁场探测器件等的出现,为多铁性材料的实际应用带来了新的生机。

过去对多铁材料的研究主要集中在无机双氧化物。对于配位聚合物来说,它具有结构多样性、可调控性等优良特点,因此必定能带来多铁材料的新发展。2006年,Kobayashi 课题组报道了第一例多铁配位聚合物,其铁磁有序温度为 $T_C = 8.1$ K,猜想铁电性质可能来源于客体分子。之后,熊仁根等合成并表征了第一例基于稀土的多铁配位聚合物,其铁磁有序温度为 $T_C = 6$ K,铁电参数小于常见的 KDP,但是与 $NaKC_4H_4O_6 \cdot 4H_2O$ 相当。

根据晶体工程原理,在设计 MOFs 时,将两种分别具有不同性能的组分通过化学方法组装在一起,就有可能制备出多功能材料。多铁配合物的获得就是对这一思路的成功实践。然而,目前报道的多铁金属-有机框架配合物仅仅是两种性质的共存,还没能实现二者的相互耦合。从应用前景角度考虑,我们更需要两种性能之间的耦合,也就是说内在的磁性可以被电场改变或者内在的电极化作用能够被磁场改变。尽管科学家们在这方面也做了很多努力,但尚未取得突破性进展,仍然需要深入细致地研究。此外,一旦实现 MOFs 中客体分子对铁电性质的调节,多种多样的新材料将不断涌现,如客体调节的光敏铁电体。毫无疑问,该领域的研究将极大丰富 MOFs 领域的内容。

参 考 文 献

和来福. 2011. 具有光、磁和铁电性质的手性分子基稀土功能材料的构筑与研究. 郑州:郑州轻工业学院硕士学位论文.

杨慧. 2015. 稀土克酮酸多铁配合物的合成及性质研究. 太原:山西大学博士学位论文.

Akutagawa T, Takeda S, Hasegawa T, et al. 2004. J Am Chem Soc, 126: 291-294.

Cai H L, Zhang Y, Fu D W, et al. 2012. J Am Chem Soc, 134: 18487-18490.

Cheng C H, Xu G C. 2016. Cryst Eng Comm, 18: 550-557

Cohen R E. 1998. In first-principles Calculations for Ferroelectrics. New York: American Institute of Physics.

Collet E, Lemée-Cailleau M H, Cointe M B L, et al. 2003. Science, 300: 612-614.

Cornia A, Caneschi A, Dapporto P, et al. 1999. Angew Chem Int Ed, 38: 1780-1782.

Cui H B, Takahashi K, Okano Y, et al. 2005. Angew Chem Int Ed, 44: 6508-6512.

Cui H B, Wang Z M, Takahashi K, et al. 2006. J Am Chem Soc, 128: 15074-15075.

Cui Z P, Gao K G, Liu C, et al. 2016. J Phys Chem C, 120: 2925-2931.

Eerenstein W, Mathur N D, Scott J F. 2006. Nature, 442: 759-765.

Fu D W, Zhang W, Cai H L, et al. 2011. J Am Chem Soc, 133: 12780-12786.

Grindlay J. 1970. An Introduction to the Phenomenological Theory of Ferroelectricity. Oxford, U. K. : Pergamon Press.

Guo M, Cai H L, Xiong R G. 2010. Inorg Chem Commun, 13: 1590-1598.

Hang T, Zhang W, Ye H Y, et al. 2011. Chem Soc Rev, 40: 3577-3598.

Horiuchi S, Tokunaga Y, Giovannetti G, et al. 2010. Nature, 463: 789-792.

Hu K L, Kurmoo M, Wang M, et al. 2009. Chem Eur J, 15: 12050-12064.

Jain P, Dalal N S, Toby B H, et al. 2008. J Am Chem Soc, 130:10450-10451.

Jain P, Ramachandran V, Clark R J, et al. 2009. J Am Chem Soc, 131: 13625-13627.

Jia Y Q, Feng S S, Shen M L. 2016. Cryst Eng Comm, 18: 5344-5352.

Ji W J, Zhai Q G, Li S N, et al. 2011. Chem Commun, 47: 3834-3836.

Jona F, Shirane G. 1962. Ferroelectric Crystals. New York:Pergamon Press.

Lee J H, Fang L, Vlahos E, et al. 2010. Nature, 466: 954-958.

Lines M E, Glass A M. 1977. Principles and Applications of Ferroelectrics and Related Materials. Oxford, U. K. :Clarendon Press.

Liu C M, Gao S, Zhang D Q, et al. 2004. Angew Chem Int Ed, 43: 990-994.

Liu C M, Xiong R G, Zhang D Q, et al. 2010. J Am Chem Soc, 132: 4044-4045.

Liu D S, Sui Y, Chen W T, et al. 2015. Cryst Growth Des, 15: 4020-4025.

Maczka M, Gagor A, Costa N LM, et al. 2016. J Mater Chem C, 4: 3185-3194.

Nye J F. 1957. Physical Properties of Crystals. Oxford, U. K. :Oxford University Press.

Okada K. 1965. Phys Rev Lett, 15: 252-253.

Ptak M, Maczka M, Gaqor A, et al. 2016. J Mater Chem C, 4: 1019-1028.

Ren M, Xu Z L, Wang T T, et al. 2016. Dalton Trans, 45: 690-695.

Scott J F. 2007. Science, 315: 954-956.

Smolenskii G A, Bokov V A, Isupov V A, et al. 1984. Ferroelectrics and Related Materials. New York:Gordon and Breach Science Publishers.

Sánchez-Andújar M, Presedo S, Yáñez-Vilar S, et al. 2010. Inorg Chem, 49: 1510-1516.

Stroppa A, Jain P, Barone P, et al. 2011. Angew Chem Int Ed, 50: 5847-5850.

Wang X Y, Gan L, Zhang S W, et al. 2004. Inorg Chem, 43: 4615-4625.

Wang Z M, Zhang B, Kurmoo M, et al. 2005. Inorg Chem, 44:1230-1237.

Wang Z M, Zhang B, Otsuka T, et al. 2004. Dalton Trans, 15:2209-2216.

Wang Z M, Zhang Y J, Liu T, et al. 2007. Adv Funct Mater, 17:1523-1536.

Xu G C, Ma X M, Zhang L, et al. 2010. J Am Chem Soc, 132: 9588-9590.

Xu G C, Zhang W, Ma X M, et al. 2011. J Am Chem Soc, 133: 14948-14951.

Ye H Y, Fu D W, Zhang Y, et al. 2009. J Am Chem Soc, 131: 42-43.

Ye H Y, Zhang Y, Fu D W, et al. 2014. Angew Chem Int Ed, 53: 11242-11247.

Ye H Y, Zhang Y, Fu D W, et al. 2014. Angew Chem Int Ed, 53: 6724-6729.

Zhang W, Cai Y, Xiong R G, et al. 2010. Angew Chem Int Ed, 49: 6608-6610.

Zhang W, Chen L Z, Xiong R G, et al. 2009. J Am Chem Soc, 131: 12544-12545.

Zhang W, Xiong R G. 2012. Chem Rev, 112: 1163-1195.

Zhang W, Xiong R G, Huang S D. 2008. J Am Chem Soc, 130: 10468-10469.

Zhang W, Ye H Y, Cai H L, et al. 2010. J Am Chem Soc, 132: 7300-7302.

Zhang Y, Liao W Q, Fu D W, et al. 2015. J Am Chem Soc, 137: 4928-4931.

Zhang Y, Ye H Y, Fu D W, et al. 2014. Angew Chem Int Ed, 53: 2114-2118.

Zhang Y, Zhang W, Li S H. 2012. J Am Chem Soc, 134: 11044-11049.

Zhao H X, Zhuang G L, Wu S T. 2009. Chem Commun, 13:1644-1646.

Zhou B, Kobayashi A, Cui H B, et al. 2011. J Am Chem Soc, 133: 5736-5739.

Zhou W W, Wei B, Wang F W, et al. 2015. RSC Adv, 5: 100956-100959.

第5章　金属有机骨架材料催化剂

5.1　MOFs 材料的类型

　　配合物是由中心原子或离子与配体完全或部分通过配位键形成的一类化合物。近些年,随着配位化学快速发展,配合物的种类和数量大幅增加。配合物如金属卟啉配合物、乙酰丙酮金属配合物和希夫碱金属配合物等广泛应用于各类催化反应中,并获得了良好的催化效果。近年来,新发展起来的一类材料金属有机骨架(metal-organic frameworks, MOFs)材料在催化领域的应用备受关注。本章主要介绍了 MOFs 材料的种类、特点及其在催化领域的相关应用。

　　MOFs,又称多孔配位聚合物(porous coordination polymer, PCP),是由金属离子或金属簇与有机配体通过配位键作用组装形成的具有周期性网络结构的一类新型多孔晶体材料(图 5-1)。随着 MOFs 制备技术的快速发展,大量 MOFs 材料被合成出来,用于制备 MOFs 的中心离子从过渡金属拓展到稀土金属和主族金属,有机配体多为含 O 或 N 的多齿配体。按 MOFs 材料的结构单元和制备方法的不同,MOFs材料主要分为六大系列,分别是网状金属–有机骨架材料(isoreticular metal-organic frameworks, IRMOFs)、类沸石咪唑酯骨架材料(zeolitic imidazolate frameworks, ZIFs)、来瓦希尔骨架材料(materials of institute Lavoisier frameworks, MILs)、层柱状骨架材料(coordination pillared-layer, CPL)、孔–通道式骨架材料(pocket-channel frameworks, PCNs)、UIO (University of Oslo)系列材料。

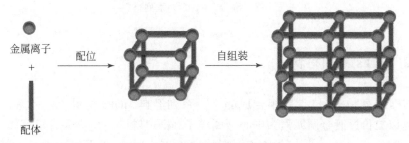

图 5-1　MOFs 组装过程示意图

5.1.1　IRMOFs 系列材料

1999 年,Yaghi 课题组将 $Zn(NO_3)_2 \cdot 4H_2O$ 与对苯二甲酸在 85～105 ℃下在 N,N-二乙基甲酰胺溶液中反应制备出 IRMOF-1(又称 MOF-5),IRMOF-1 是以八面体 $Zn_4O(CO_2)_6$ 团簇为节点,以对苯二甲酸配体为桥联体,将节点桥联在一起构成的三维立体骨架,结构示意图如图 5-2 所示(彩图)。IRMOF-1 的 BET 比表面积为 2900 m^2/g,孔径为 12.94 Å。同年,Williams 等通过 $Cu(NO_3)_2 \cdot 3H_2O$ 和均苯三甲酸(H_3BTC)合成了 MOFs 材料 Cu-BTC(又称 HKUST-1)。IRMOF-1 和 HKUST-1 的成功制备在 MOFs 发展史上具有里程碑意义。随后,MOFs 的设计和合成得到了快速发展。2002 年,Yaghi 课题组以八面体 $Zn_4O(CO_2)_6$ 团簇为次级结构单元,通过对苯二甲酸进行修饰或拓展有机配体合成了一系列 MOFs 材料 IRMOF-n(图5-3)。2004 年,他们通过 Zn^{2+} 与 1,3,5-三(4-羧基苯基)苯合成了三维骨架材料 MOF-177。2010 年,他们采用有机配体延伸和混合配体设计合成了 IRMOF 系列 MOFs 材料:MOF-188、MOF-200、MOF-205 和 MOF-210。

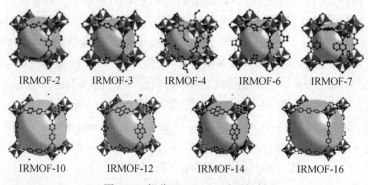

IRMOF-2　　　IRMOF-3　　　IRMOF-4　　　IRMOF-6　　　IRMOF-7

IRMOF-10　　　IRMOF-12　　　IRMOF-14　　　IRMOF-16

图 5-3　部分 IRMOF-n 系列材料

5.1.2　ZIFs 系列材料

ZIFs 系列是 Yaghi 课题组合成的又一系列经典 MOFs 材料。这一系列 MOFs 材料是以二价过渡金属元素为中心金属离子,咪唑、咪唑衍生物为有机配体设计合成的一类具有类沸石结构的 MOFs 材料。2006 年,Yaghi 课题组合成了 12 种 ZIFs 材料(图5-4)。其中,ZIF-5 是一个由 Zn(Ⅱ)和 In(Ⅱ)混合金属为中心金属离子的类沸石咪唑酯配合物。2008 年,他们利用高通量法又设计合成了 25 种 ZIFs 材料。后来,他们又合成了 ZIF-95 和 ZIF-100。这类材料具有优异的热稳定性和化学稳定性。例如,ZIF-8 在 500 ℃下仍保持稳定,在水蒸气和有机溶剂回流下仍保持较高的化学稳定性。ZIFs 材料可选择性地高效捕获烟道气和汽车尾气中的 CO_2。

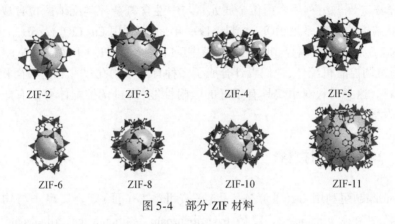

图 5-4　部分 ZIF 材料

5.1.3　MILs 系列材料

　　Fèrey 课题组利用稀土金属和过渡金属元素与二元羧酸设计合成的 MIL 系列材料也是非常具有代表性的 MOFs 材料。其中,最具代表性的就是 MIL-53(Cr),将 $Cr(NO_3)_3 \cdot 4H_2O$ 和对苯二甲酸按照 1∶1 的物质的量比混合,在 220 ℃经水热晶化 3 天并煅烧除去杂质可得,其晶体是由八面体 $CrO_4(OH)_2$ 和对苯二甲酸相互桥联形成,具有独特的菱形孔道结构。MIL-53(Cr)的骨架具有韧性,当客体 H_2O 分子从骨架脱出后,孔道由小孔(7.85 Å)转变为大孔(13 Å)(图 5-5)。而后,通过改变中心金属离子和有机配体,他们成功地将 Cr(Ⅲ)、V(Ⅲ)、Al(Ⅲ)、Fe(Ⅲ)等三价金属与对苯二甲酸、均苯三甲酸等刚性配体作用合成了多种结构的 MIL 系列材料。

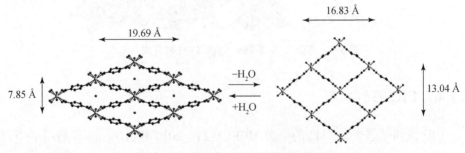

图 5-5　MIL-53(Cr)的"呼吸"现象

5.1.4　CPL 系列材料

Kitagawa 课题组利用六配位金属元素与中性含氮杂环类配体配位合成了具有独特层状结构的 CPL 系列 MOFs 材料。1999 年,他们利用 $Cu(ClO_4)_2 \cdot 6H_2O$、Na_2 pzdc (pzdc 为 2,3-二羧基吡嗪)与吡嗪在水溶液中反应获得了 CPL-1 $[\{Cu_2(pzdc)_2(L)\}_n]$。随后,通过调控有机配体,他们设计合成了多种具有不同孔尺寸和比表面积的 CPL 系列材料。这类材料对甲烷具有很好的吸附性能,通过调控配体可以有效控制气体的吸附量。

5.1.5　PCNs 系列材料

Zhou 课题组利用 Cu(Ⅱ)、Zn(Ⅱ)、Co(Ⅱ)、Fe(Ⅲ)等金属离子与均苯三甲酸、4, 4′, 4″- s- triazine- 2, 4, 6- triyltribenzoate、s- heptazine tribenzoate、4, 4′- (anthracene-9,10-diyl) ibenzoate、9,10-anthracenedicarboxylate、5, 5′- (9,10-anthracenediyl)di-isophthalate 等有机配体在酸性条件下反应制得 PCNs 系列。近来,他们设计合成了含金属 Zr 系列介孔 PCNs 材料 PCN-228、PCN-229 和 PCN-230(图 5-6),它们的孔尺寸为 2.5~3.8 nm,其中 PCN–229 具有最高的孔隙率和 BET 比表面积,高于已报道的 Zr- MOF 材料。

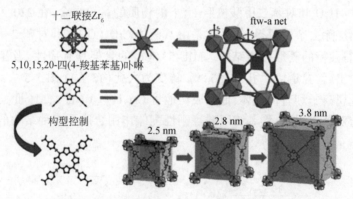

图 5-6　含金属 Zr 系列介孔 PCNs 材料合成示意图

5.1.6　UIO 系列材料

UIO 系列是基于 Zr(Ⅵ)的一类 MOFs 材料。2010 年,Lillerud 等利用 $ZrCl_4$ 和 2-氨基对苯二甲酸、2-硝基对苯二甲酸、2-溴对苯二甲酸等配体在 N,N-二甲基甲酰胺中反应合成的 UIO-66 是最具代表性的 UIO 材料(图 5-7),它是由[Zr₆O₄(OH₄)]正八面体与 12 个对苯二甲酸连接形成的三维微孔晶体材料,具有良好的热稳定性和化学稳定性。Maurin 等利用—SO_3H 和—COOH 等基团对 UIO-66 进行修饰,可明显提高 UIO-66 对 CO_2 吸附的选择性。

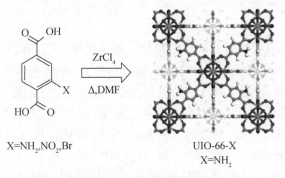

图 5-7　UIO-66 的合成示意图

5.2　MOFs 材料的特点

5.2.1　比表面积和孔隙率高

比表面积是催化剂重要的物理性质之一,也是评价催化剂性能的重要指标,尤其是在多相催化反应中,比表面积是影响催化剂活性的重要因素。另外,对于催化剂载体,大的比表面积有利于活性组分在载体上分散,形成活性中心。MOFs 材料是一种多孔材料,绝大多数 MOFs 都具有较高的比表面积。例如,MOF-177 的 BET 比表面为 4500 m^2/g,孔隙率为 47%,由更长的配体合成的 MOF-200 的 BET 比表面积高达 6260 m^2/g,孔隙率为 90%,是 MOF-177 的两倍左右(图 5-8)。Fèrey 课

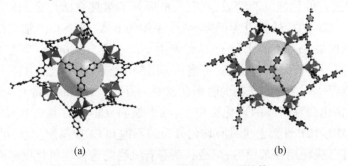

(a)　　　　　　　　　(b)

图 5-8　MOF-177(a)和 MOF-210 的结构(b)

题组报道的 MIL-101(Cr)的比表面积为 5900 m²/g。2012 年,Farha 等设计合成的两种 MOFs 材料 NU-109 和 NU-110 是纳米晶体结构材料,BET 比表面积高达 7000 m²/g。

5.2.2　孔道尺寸可调

MOFs 材料的孔道尺寸具有可调控性。通过调控中心金属离子和有机配体可产生超微孔到介孔各种孔尺寸的 MOFs 材料,可为从小的无机分子到较大的有机分子提供足够的反应空间,用于择形选择性催化反应。同时,温和的合成条件有利于将一些功能基团(如立体手性配体)引入 MOFs 骨架中,实现不对称催化。MILs 系列材料中的 MIL-53(Cr)的孔尺寸为 8.5~13 Å,在 MIL-53(Cr)的基础上,通过调控有机配体,制备出孔尺寸为 25~29 Å 的 MIL-100(Cr)。Yaghi 课题组利用—Br、—NH₂、—OC₃H₇、—OC₅H₁₁ 和—C₂H₄ 等功能性基团对对苯二甲酸配体进行修饰,获得 IRMOFs 材料的孔尺寸范围为 3.8~11.2 Å。

5.2.3　催化活性位丰富多彩

通过预合成或后处理手段,使 MOFs 骨架中具有活性金属点。一种是在 MOFs 的制备过程中,金属离子除了与大的有机配体配位外,还会与溶剂小分子,如水、甲醇、乙醇、N,N-二甲基甲酰胺等结合。当合成的 MOFs 在高真空下加热一段时间后,小分子会从骨架中排出,得到配位不饱和的金属离子[图 5-9(a)]。另外一种方法是通过模块设计向 MOFs 骨架中引入活性金属点,金属离子(M₁)先与有机配体结合形成金属配体,产生活性金属点(M₁)和作为骨架的有机构筑模块,形成的金属配体再与另外一种金属离子(M₂)结合形成 MOFs,其中 M₂ 是网络结构的结点,M₁ 作为活性中心处于孔壁中[图 5-9(b)]。1982 年,Efraty 等利用[Rh(CO₂)Cl] 和 1,4-间二苯甲腈制备出了具有催化活性的配位聚合物,这种催化剂在室温下就能对 1-己烯进行催化加氢。随后,研究人员展开了对拥有活性金属点 MOFs 的催化活性研究。Cu-BTC 的孔道为正方形,孔径约为 6 Å,每个 Cu²⁺ 轴向结合了一个水分子,加热脱去 Cu²⁺ 上的水分子,从而产生 Cu²⁺ 空位。Schlichte 等在 120 ℃下脱去与 Cu 配位的水分子,获得了 Cu 不饱和金属配位点,然后将 Cu-BTC 用在硅腈化反应中,40 ℃下反应 72 h,产物的收率在 50%~60%。Alaerts 等将 Cu-BTC 应用在 α-蒎烯的异构化和香茅醛的环化反应中,结果表明,Cu-BTC 具有优异的 Lewis 酸催化活性。MIL-101 骨架上也具有均匀分布的不饱和 Cr 金属配位点,可用作 Lewis 酸催化剂,其已成功用在苯甲醇、烯烃和萘等有机物的选择性氧化反应中。

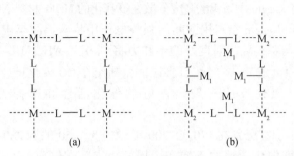

图 5-9　（a）MOFs 中只有一类金属活性点；（b）MOFs 中含有结构组分
金属(M_2)和金属活性点(M_1)

5.3　MOFs 催化剂的应用

5.3.1　CO 的氧化

　　CO 是大气中一种常见的污染物，主要由化石燃料的不完全燃烧产生。据报道，现在大气中 80% 的 CO 来自汽车尾气的排放。CO 毒性极大，可通过呼吸道进入人体血液，与血液中的血红蛋白结合形成碳氧血红蛋白，从而降低血液的氧气输送能力，导致机体缺氧，严重缺氧者会引发窒息，甚至死亡。目前，随着城市汽车保有量的快速增加，交通拥堵使得汽车总是处于空挡下行驶，CO 的排放量增加。利用催化技术将 CO 氧化为 CO_2，可有效地除去大气中的 CO。Zou 等利用 Ni^{2+}、4,5-咪唑二羧酸(4,5-idc)与一个额外的 Na^+ 或 Li^+ 制备出了 MOFs 材料[$Na_{20}(Ni_8(4,5-idc)_{12}(H_2O)_{28})](H_2O)_{13}(CH_3OH)_2$ 和 [$Li_{11}(Ni_8(4,5-idc)_{12}(H_2O)_{12})](H_2O)_{13}$ $Li_9(H_2O)_{20}$ 用于 CO 氧化反应。这两种材料中都含有立方结构单元[$Ni_8(4,5-idc)_{12}]^{20-}$，$Ni^{2+}$ 与咪唑配体的三个 N 和三个 O 原子配位，配体中没有跟 Ni^{2+} 配位的 O 原子与碱金属离子配位，比表面积分别为 145 m^2/g 和 180 m^2/g，孔体积分别为 0.28 cm^3/g 和 0.33 cm^3/g。含 Na^+ 时热稳定性温度为 380 ℃，而含 Li^+ 时，由于 Li—O 配位作用较 Na—O 键弱，热稳定性要低一些。含 Na^+ 的 MOFs 在 CO 氧化反应中表现出优异的催化活性，转化温度在 202~305 ℃。200 ℃ 下，反应速率介于 Ni-Y 型分子筛和 NiO 之间，但 MOFs 材料在气流中的稳定性高于 Ni-Y 型分子筛和 NiO。反应结束后，XRD 测试表明 MOFs 材料的结构没有保持完整，NiO 失去晶形。含 Li^+ 的 MOFs 对 CO 氧化反应没有催化活性，可能是该 MOFs 材料较低的热稳定性造成的。

Enrique 等将 Keggin 型磷钨酸高度分散在氨基化的 MOFs 材料 NH_2-MIL-101(Al) 的孔笼上,氨基和 Keggin 型磷钨酸间的强静电作用将磷钨酸牢牢地固定在 MOFs 材料中,利用 Pt 与磷钨酸之间良好的亲和力将 Pt 引入 NH_2-MIL-101(Al) 的孔笼中,300 ℃ 下还原生成 Pt-W^{5+},然后将该催化剂用在 CO 氧化反应中。结果显示,该催化剂对 CO 氧化反应表现出良好的催化活性和选择性,催化活性比 Pt/Al_2O_3 好。

Qiu 等将 Cu-BTC 分别在 170 ℃、200 ℃、230 ℃、250 ℃ 和 280 ℃ 下进行活化,产生具有 Lewis 酸催化活性的不饱和金属配位点。在催化 CO 氧化反应中,Cu-BTC 骨架上的不饱和金属配位点是加速 CO 氧化的主要原因,不饱和金属配位点越多,催化活性越高。不饱和金属配位点随着活化温度的升高而增加。当活化温度升至 280 ℃ 时,由于 Cu-BTC 的部分骨架遭到破坏,活性下降。Cu-BTC 在 250 ℃ 下活化 3 h 后,催化 CO 在 170 ℃ 下发生氧化反应,CO 完全转化为 CO_2。

谭海燕等制备了 Co/MIL-53(Al) 负载催化剂,将其应用在 CO 氧化反应中。结果表明,Co 负载量为 20%(质量分数)的 Co/MIL-53(Al) 能在 180 ℃ 下将 CO 完全转化为 CO_2,催化活性高于已报道的 Au/ZIF-8 负载催化剂。MIL-53(Al) 载体中的 Co_3O_4 颗粒与有机骨架苯环几乎不发生作用,只与框架节点处的配位氧原子发生作用。Co_3O_4 颗粒悬吊在分属于两中心 Al 原子的四个配位氧原子所构成的四边形平面中(图 5-10),这种悬吊型连接方式不仅增加了 Co_3O_4 颗粒的表面积,而且增加了 Co_3O_4 的氧位点,从而使供氧数目增多,供氧数目越多,催化剂活性越强。

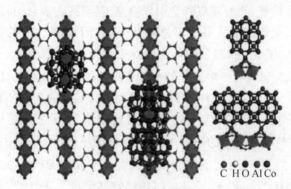

C H O Al Co

图 5-10 Co_3O_4 纳米颗粒在载体 MIL-53(Al) 上的分散

Liang 等通过等体积浸渍法将纳米粒子 Pd 引入 MIL-53(Al) 骨架上,得到 Pd^{II}/MIL-53(Al),H_2 气流下 250 ℃ 还原 3 h,制备出 Pd/MIL-53(Al) 负载催化剂。大部分 Pd 纳米粒子高度分散在 MIL-53(Al) 的外表面,MIL-53(Al) 的多孔结构有效地抑制了 Pd 纳米粒子发生团聚,平均粒径为 2.21 nm,小部分 Pd 纳米粒子进入 MIL-53(Al) 的孔中,导致负载 Pd 纳米粒子后的 MIL-53(Al) 的比表面积由 943 m^2/g

下降至104 m^2/g,XPS 分析表明 Pd 以 Pd^0 形式存在。MIL-53(Al)对 CO 氧化反应无催化活性。随着 Pd 负载量的增加,催化性能逐渐增强,当 Pd 的负载量为 2.7%(质量分数)时,催化活性最好,115 ℃下,CO 完全转化。

5.3.2 CO$_2$的还原

CO$_2$是一种重要的温室气体,它对温室效应的贡献高达55%,是导致气候变暖的主要原因。目前,全球每年向大气排放300亿吨 CO$_2$。通过化学方法将 CO$_2$转化为基础化学品如甲醇、甲酸等,不仅能够实现碳的循环利用,还可减少对化石能源的依赖,改善大气环境。

Huang 等首先利用5,10,15,20-四(4-羧基苯基)卟啉与 AlCl$_3$在180 ℃下去离子水中反应24 h制备出 S_p,然后通过 S_p 和 CuSO$_4$·5H$_2$O 在100℃下 N,N-二甲基甲酰胺中反应48 h得到 S_{Cu}(图5-11)。SEM 分析显示,S_p 和 S_{Cu} 均由 20~30 nm 厚的纳米片组成。S_{Cu} 中 Al^{3+} 与 Cu^{2+} 的物质的量比为2,Cu^{2+} 位于卟啉中心。S_p 和 S_{Cu} 的 N$_2$ 吸附等温线为 II 型,S_p 骨架上有 6 Å×11 Å 的椭圆孔,S_{Cu} 骨架上有 5 Å 的矩形孔,S_p 的 BET 比表面积为 1187 m^2/g,由于 Cu^{2+} 的引入,S_{Cu} 的 BET 比表面积略有下降,为 932 m^2/g。S_p 和 S_{Cu} 均对 CO$_2$ 表现出良好的吸附性能,吸附量分别为 153.1 mg/g和277.4 mg/g。这是因为 CO$_2$ 与 S_p 间的作用是物理吸附,而 S_{Cu} 与 CO$_2$ 间的作用为化学吸附,有利于提高 S_{Cu} 对 CO$_2$ 的吸附能力,CO$_2$ 在 S_{Cu} 上有两种吸附态[图5-11(b)]。他们将 S_p 和 S_{Cu} 用于 CO$_2$ 还原制备甲醇的催化剂。结果显示,S_p 作催化剂时,甲醇的析出速率为 37.5 ppm/(g·h)(ppm 为 10^{-6}),而 S_{Cu} 作催化剂时,甲醇的析出速率提高了7倍,为 262.6 ppm/(g·h)。这是因为 S_{Cu} 上的活性位 Cu^{2+} 与 CO$_2$ 间的化学吸附作用极大地提高了反应效率。

Cohen 等将 ZrCl$_4$ 和 2,2′-二吡啶-5,5′-二羧酸在 120 ℃下 N,N-二甲基甲酰胺中反应24 h得到具有吡啶螯合基团的 UIO-67,通过合成后修饰将 Mn(CO)$_3$Br 与 UIO-67 中的吡啶螯合基团结合,获得了 UIO-67-Mn(bpy)(CO)$_3$Br,并研究了该 MOF 材料在将 CO$_2$ 还原成甲酸根时的催化活性(图5-12)。[Ru(dmb)$_3$]$^{2+}$(dmb = 4,4′-二甲基-2,2′-联吡啶)作为光敏剂,1-苯基-1,4-二氢烟酰胺(BNAH)作为牺牲剂,N,N-二甲基甲酰胺/三乙醇胺作为溶剂,在 470 nm 可见光的作用下,反应4 h,TONs(转化数)为50,选择性为96%,反应18 h,TONs 约为110,UIO-67-Mn(bpy)(CO)$_3$Br在 CO$_2$ 还原反应中显示出优异的光催化活性。UIO-67 的鲁棒性和活性位点的分离有效地抑制了 Mn 的二聚,循环使用3次,UIO-67-Mn(bpy)(CO)$_3$Br 仍保持良好的催化活性。

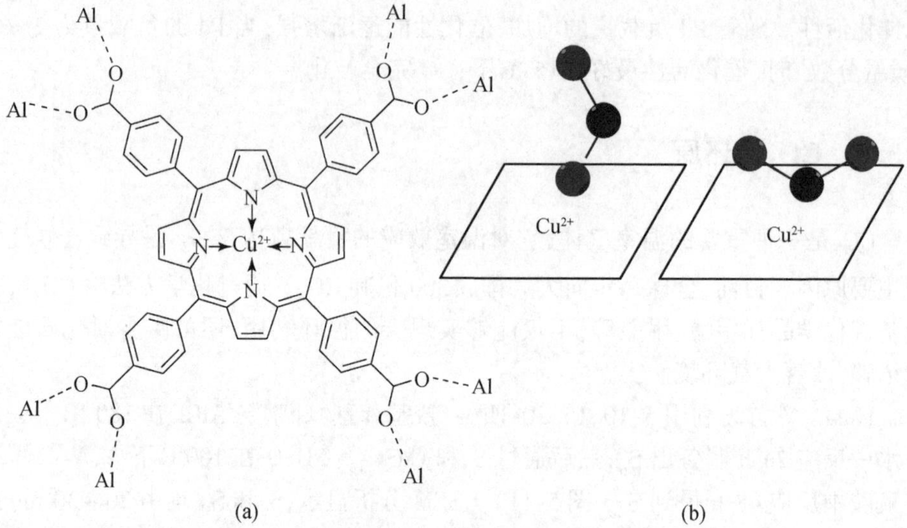

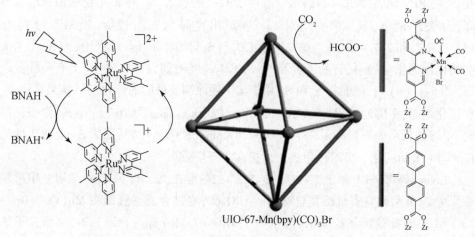

(a)　　　　　　　　　　　　　　　　　　(b)

图 5-11　（a）S_{Cu} 的结构示意图；（b）CO_2 在 S_{Cu} 上的两种吸附态

UIO-67-Mn(bpy)(CO)$_3$Br

图 5-12　UIO-67-Mn(bpy)(CO)$_3$Br 催化 CO_2 还原反应

5.3.3　H$_2$O 的氧化

水的氧化是构筑人工光合作用体系的关键步骤之一，但是由于水的氧化需转移 4e（$2H_2O \longrightarrow O_2 + 4H^+ + 4e^-$），这使得水的氧化具有很大的挑战性。

Dong 等将配体 L 与 Cu(SO₃CF₃)₂ 按照 1∶2 的物质的量比在水中进行反应,得到具有金属不饱和配位的深蓝色晶体 Cu(Ⅱ) MOF-1[Cu(L)](SO₃CF₃)₂·2(H₂O)(图 5-13)。MOF-1 属于四方晶系,配体采用交叉式构象,两个 4,4-pyridyl 绕着 C—C 键向相反的方向旋转成 44°角,八面体中心的 Cu(Ⅱ)通过四齿配体互相连接形成一种双重的互穿 3D 网络结构,沿着 c 轴方向有一个 13 Å 的管状孔道,沿着 a 轴和 b 轴方向有 15 Å×10 Å 的椭圆形孔道。将 0.04 mmol MOF-1 与 2 mL 水在氮气中 150℃下反应 72 h,生成了 0.163 mL O₂,反应体系的 pH 由 6.76 下降为 4.78,Cu(Ⅱ)被还原为 Cu(Ⅰ),生成黄色晶体 Cu(Ⅰ) MOF-2([Cu₃(L)₂(H₂O)](SO₃CF₃)₃·2H₂O),MOF-2 属三斜晶系,三种 Cu(Ⅰ)中心({Cu(1)N₃}、{Cu(2)N₃}和{Cu(3)N₂O})通过配体 L 连接形成 2D sheet 结构,2D sheet 结构进一步叠加,沿 a 轴方向产生两个 10 Å×4 Å 和 9 Å×8 Å 的孔道。

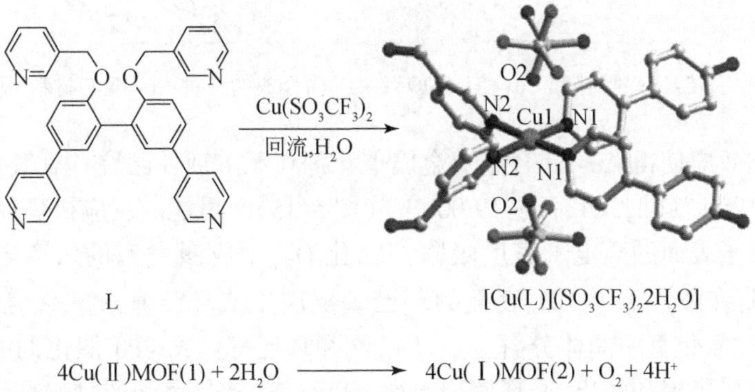

$$4Cu(Ⅱ)MOF(1) + 2H_2O \longrightarrow 4Cu(Ⅰ)MOF(2) + O_2 + 4H^+$$

图 5-13　[Cu(L)](SO₃CF₃)₂·2(H₂O)]的制备及其催化水的氧化

5.3.4　烷烃的氧化

环乙醇和环己酮是用途广泛的化工中间体,可用于生产己内酰胺、己二酸、聚酰胺、尼龙-6 和尼龙-66 等。工业上通过氧化环己烷生产环己醇和环己酮。Pombeiro 等通过吡唑和 Cu(CH₃COO)₂·H₂O 在不同条件下反应合成了三种 Cu-MOF 材料(记作 1a、1b 和 1c,图 5-14),其中,1a 和 1c 在环己烷和环戊烷氧化生产醇、酮反应中显示出较好的催化活性。

Long 等采用溶胶法将 Au-Pd 合金纳米粒子负载于 MIL-101(Cr)上,制得了高分散的 Au-Pd/MIL-101 负载催化剂,TEM 分析显示,Au-Pd 合金纳米粒子的粒径约为(2.40±0.63)nm,并研究了 Au-Pd/MIL-101 在环己烷选择性氧化反应中的催化性能。结果显示,与单金属(Au 或 Pd)、Au+Pd 物理混合催化剂相比,Au-Pd 双金

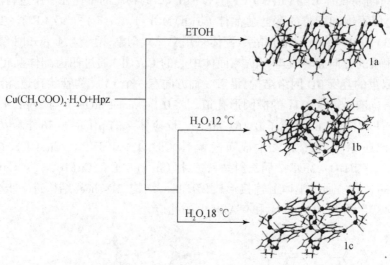

图 5-14　吡唑和 Cu(CH₃COO)₂·H₂O 合成的三种 Cu-MOF 材料

属间的协同效应使得 Au-Pd 合金双金属催化剂在无溶剂环己烷有氧氧化反应中表现出较高的催化活性,TOF 高达 19 000 h⁻¹(图 5-15)。可能的反应机理如下:Au-Pd 合金纳米粒子表面的高电子密度吸附并活化 O_2,生成激发态的氧离子(·O^{2-}),·O^{2-} 与吸附在载体 MIL-101 表面的环己烷反应生成环己基过氧化氢中间体,随后,环己基过氧化氢中间体分解生成环己酮和环己醇。Au-Pd 催化剂的高稳定性有效防止金属集聚和浸出,循环使用 4 次,环己烷的转化率和产物选择性基本保持不变,催化剂的晶体结构也保持完好。

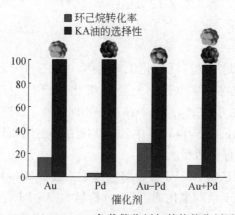

图 5-15　Au-Pd/MIL-101 负载催化剂与其他催化剂活性比较

5.3.5　烯烃的氧化

烯烃氧化是一类重要的化学反应。醇、醛、酮、羧酸、环氧化物等多种化合物可通过烯烃氧化制取。例如,通过乙烯的选择性氧化可制取乙醇、乙醛、乙酸和环氧丙烷等化学品。

Nguyen 等将 UIO-66 浸入 TiO(acac)$_2$ 的甲醇溶液中,利用 Ti(Ⅵ)与 UIO-66 节点上羟基反应将 Ti(Ⅵ)成功固定在 UIO-66 节点上,制得了 Ti-UIO-66(图 5-16)。同时,他们把活化的 UIO-66 加入到 2,3-二羟基对苯二甲酸(BDC-Cat)的四氢呋喃溶液中,120 ℃下反应 5 天得到 UIO-66-Cat,^{1}H NMR 分析显示,UIO-66-Cat 中含有 46%(摩尔分数)的 BDC-Cat,接着将 Ti(O^{i}Pr)$_4$ 与 UIO-66-Cat 连接体上的羟基配位,将 Ti(Ⅳ)引入骨架,从而获得了 UIO-66-Cat-Ti(图 5-16)。另外,他们将 UIO-66 与 TiCl$_4$ 在 90 ℃下反应 5 天,得 UIO-66-Ti(Ex)(图 5-16),ESI 分析显示,有 22%的 Zr(Ⅳ)与 Ti(Ⅳ)发生了交换。他们也研究了 Ti-UIO-66、UIO-66-Ti(Ex)和 UIO-66-Cat-Ti 在环己烯氧化反应中的催化活性(图 5-17)。具体条件:催化剂用量 0.1%(摩尔分数),环己烯 2 mmol,内标物萘 0.2 mmol,30%(质量分数)过氧化氢

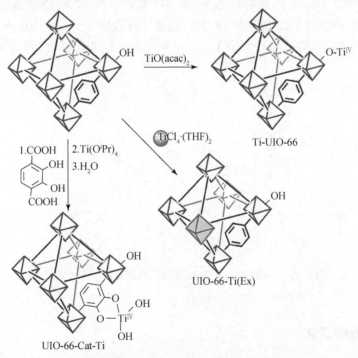

图 5-16　Ti-UIO-66 催化剂的制备示意图

水溶液,50 ℃ 或 70 ℃ 下反应 24 h,Ti-UIO-66 表现出最高的催化活性和选择性。重复使用 3 次,由于活性位点 Ti(Ⅳ)的浸出,Ti-UIO-66 的活性下降。

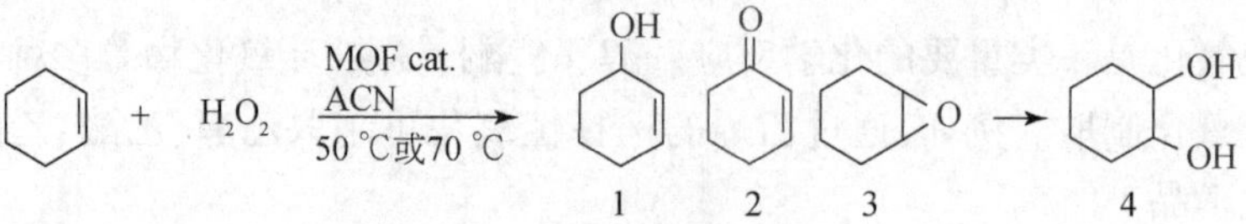

图 5-17　环己烯氧化反应

Matsuoka 等利用 2,2′-二吡啶-5,5′-二羧酸和 ZrCl₄在 120 ℃下反应 48 h 制得 Zr-MOF-bpy,接着将 Zr-MOF-bpy 与 CuBr₂在 40 ℃下反应,通过 Zr-MOF 连接体上联吡啶与 Cu²⁺作用将 Cu(Ⅱ)固定在 Zr-MOF-bpy 骨架上,获得了 Zr-MOF-bpy-CuBr₂。ICP 分析显示,Zr-MOF-bpy 骨架上 20.6% 的联吡啶与 Cu(Ⅱ)相互作用,Cu(Ⅱ)的担载量为 3.3%(质量分数)。N₂吸附–脱附测试表明,Zr-MOF-bpy 的 BET 比表面积为 889 m²/g,担载了 Cu(Ⅱ)后,由于部分孔被堵塞,比表面积下降,为 246 m²/g。他们将 Zr-MOF-bpy-CuBr₂用作环辛烯氧化生成 1,2-环氧环辛烷反应的催化剂(图 5-18)。环辛烯用量为 0.5 mmol,5.0~6.0 mol/L 叔丁基过氧化氢 0.2 mL,甲苯 2 mL,催化剂用量为 50 mg,90 ℃下反应 12 h,环辛烯的转化率为 88.5%,1,2-环氧环辛烷收率为 84.3%,选择性高达 95.3%,Zr-MOF-bpy-CuBr₂显示出优异的催化活性。循环使用 3 次,Zr-MOF-bpy-CuBr₂的活性和选择性基本保持不变。

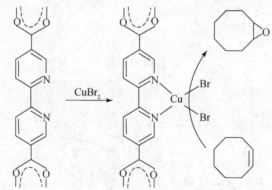

图 5-18　Zr-MOF-bpy-CuBr₂催化剂的制备及环辛烯的氧化

5.3.6　醇的氧化

醇被氧化为相应的醛、酮是有机反应中用途最为广泛的官能团转换反应之一,

在精细化工生产中占据重要地位。Dong 等先将 4,4,4-三氟-1-[4-(吡啶-4-基)]
苯基-1,3-丁二酮与 Cu(OAc)$_2$ 在室温下反应 3 天得到绿色晶体 Cu(Ⅱ)-MOF,然
后将 Cu(Ⅱ)-MOF 浸入硝酸钯乙腈溶液中,室温下处理 1 天得到黄绿色的晶体,再
把黄绿色晶体加入到 NaBH$_4$ 水溶液中还原得到深棕色固体 Pd@Cu(Ⅱ)-MOF(图
5-19)。CO$_2$ 吸附-脱附测试表明,Cu(Ⅱ)-MOF 的 BET 比表面积为 1129.24 m^2/g,
由于 Pd 纳米粒子的掺杂,Pd@Cu(Ⅱ)-MOF 的 BET 比表面积下降,为 373.24 m^2/g。
Pd 纳米粒子的尺寸比 Cu(Ⅱ)-MOF 的孔道大,Pd 纳米粒子不是分散在 Cu(Ⅱ)-
MOF 的孔道内,而是分散在 Cu(Ⅱ)-MOF 晶体之间,部分 Pd 纳米粒子固定在
Cu(Ⅱ)-MOF的 F 原子上。他们研究了 Pd@Cu(Ⅱ)-MOF 在苯甲醇氧化生成苯甲
醛反应中的催化活性。具体条件如下:苯甲醇 0.21 mmol,Pd@Cu(Ⅱ)-MOF
20 mg,二甲苯 3.0 mL,130 ℃下反应 25 h,苯甲醇的转化率超过 99%,选择性大于 99%,
循环使用 6 次,Pd@Cu(Ⅱ)-MOF 活性和选择性保持不变,这表明 Pd@Cu(Ⅱ)-MOF 是苯
甲醇氧化反应的高效催化剂。

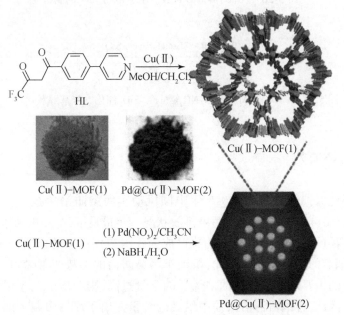

图 5-19　Cu(Ⅱ)-MOF 和 Pd@Cu(Ⅱ)-MOF 的制备

　　Pascanu 等通过溶剂热法制备出 MIL-88B-NH$_2$,将 MIL-88B-NH$_2$ 浸入 Na$_2$PdCl$_4$
的甲醇溶液中,把 Pd(Ⅱ)配合物引入 MIL-88B-NH$_2$ 孔道,ICP-OES 分析显示,Pd
(Ⅱ)的担载量为 7.15%~8.60%,Pd 与 Cr 的物质的量比为 1∶4,约 26% 的氨基对
苯二甲酸连接体被功能化,接着用 NaBH$_4$ 把 Pd(Ⅱ)还原为 Pd(0),得到了

Pd(0)@ MIL-88B-NH$_2$,然后用纳米 SiO$_2$ 颗粒包裹 Pd(0)@ MIL-88B-NH$_2$,获得了 Pd(0)@ MIL-88B-NH$_2$@ nano-SiO$_2$(图 5-20)。分散在 MIL-88B-NH$_2$ 中的 Pd 纳米粒子的平均尺寸为 2~3 nm,Pd(0)@ MIL-88B-NH$_2$@ nano-SiO$_2$ 的 BET 比表面积和孔体积分别为(603±4)m^2/g 和 1. 82 cm^3/g。他们将 Pd(0)@ MIL-88B-NH$_2$@ nano-SiO$_2$ 用作二苄基醇氧化反应的催化剂(图 5-21),空气作氧化剂,对二甲苯中 150 ℃ 反应,底物的转化率约为 85% ,收率约为 98% ,Pd(0)@ MIL-88B-NH$_2$@ nano-SiO$_2$ 显示出较好的催化活性。

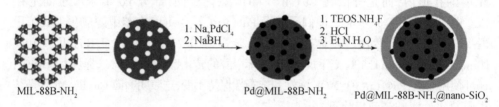

图 5-20   Pd(0)@ MIL-88B-NH$_2$@ nano-SiO$_2$ 的制备

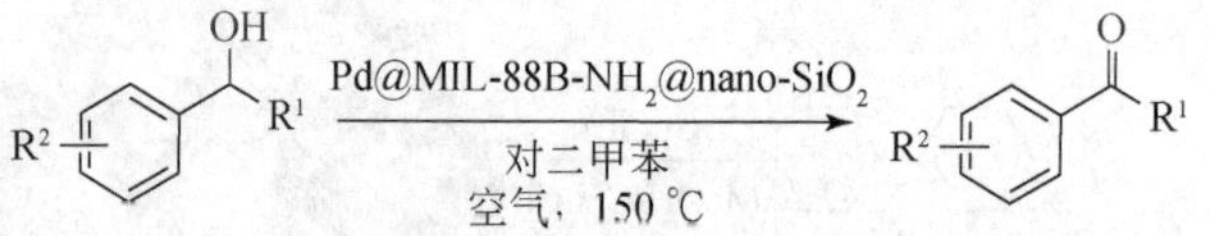

图 5-21   Pd(0)@ MIL-88B-NH$_2$@ nano-SiO$_2$ 催化二苄基醇氧化反应

5.3.7 烯烃加氢

我国环境保护部发布的《2015 年中国机动车污染防治年报》(以下简称《年报》)公布了 2014 年全国机动车污染排放状况。年报显示,中国机动车产销已连续 6 年居世界第 1 位。同时,机动车污染已成为我国空气污染的重要来源,是造成雾霾、光化学烟雾的重要原因。因此,机动车污染防治的形势非常紧迫。当前,汽油仍是机动车的主要燃料。若汽油中烯烃的含量过高,则会增加汽车尾气中有害物质的排放。因此,各国对清洁汽油中烯烃的含量提出了严格限制。加氢精制是目前有效降低汽油中烯烃含量的方法。

Fischer 课题组分别以[(η^5-C$_5$H$_5$)Pd(η^3-C$_3$H$_5$)]、[(η^5-C$_5$H$_5$)Cu(PMe$_3$)]和[(CH$_3$)Au(PMe$_3$)]作为前驱物,通过化学气相沉积法将 Pd、Cu 和 Au 引入 MOF-5 上。Pd 和 Cu 纳米粒子负载在 MOF-5 的孔道内,有效地控制了金属粒子的大小,Pd 和 Cu 的粒径分别为 1. 4 nm 和 3~4 nm,Au 纳米粒子在骨架内和载体表面均存在。他们成功地将三种负载催化剂应用在环辛烯催化加氢制辛烷、CO 加氢制备甲醇和 CO 氧化反应。而后 Fischer 课题组又通过等量浸渍法将 Pd^{2+} 引入 MOF-5 中,然后用 H_2 气流 150 ℃ 下还原 1 h,制备出 1% Pd/MOF-5(质量分数)负载催化剂,材料的比表面积从负载前的 MOF-5 的 2885 m^2/g 下降到 959 m^2/g,常压 77 K 下,1% Pd/MOF-5(质量分数)对 H_2 的吸附能力从 1.15%(质量分数)提高到 1.86%(质量分数)。然后,他们将 Pd/MOF-5 分别用在苯乙烯、1-辛烯和环辛烯催化加氢反应中(图 5-22)。结果表明,H_2 压力为 1 bar,35 ℃ 下反应 12 h,乙苯的收率高于 99.7%,催化效果优于 Pd/C 催化剂;Pd/MOF-5 对环辛烯加氢反应的活性最低,原因是环辛烯的体积较大,而 MOF-5 的孔道具有择型性,故环辛烯不易进入孔道,影响了加氢的效果。重复使用 3 次,催化活性基本不变。但 Pd/MOF-5 对湿气敏感,一旦暴露在空气中,载体 MOF-5 的晶体结构发生改变。

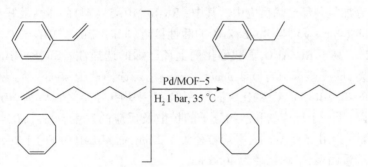

图 5-22　Pd/MOF-5 催化苯及其同系物加氢反应

5.3.8　芳香烃加氢

环己烷和环己烯是重要的化学品。环己烷氧化可制备环己醇和环己酮等有机物,另外,环己烷还可用于生产树脂、涂料、脂肪、石蜡油等产品。环乙烯也是一种重要的中间体,可用于医药、农药、农用化学品等精细化学品的生产。苯及其同系物加氢或部分加氢制备相应的环烷烃和环烯烃工艺因其操作过程简单、符合原子经济性等特点而备受关注。

Wu 等以柠檬酸为螯合剂、十六烷基三甲基溴化胺为表面活性剂,通过 $ZrOCl_2 \cdot 8H_2O$ 与对苯二甲酸反应合成了 Zr 金属有机骨架材料 Zr-MOF,然后在超临界 CO_2-甲醇流体中将 Ru 负载于 Zr-MOF 上,制备了 Ru/Zr-MOF 负载催化剂,将它应用在苯及其同系物加氢反应中(图 5-23)。反应取得了较好的效果,底物的转化率均达到了 99.5%,在 140 ℃、5 MPa 反应条件下,苯加氢生成环己烷的转换频率为 5260 h^{-1},高于 Ru/La-MOF 负载催化剂。原因是 Zr-MOF 具有微孔和介孔,有利于反应物和产物的扩散及反应的发生。同时,Zr 纳米粒子均匀地分散在 Zr-MOF 载体上,平均粒径为 2.3 nm。

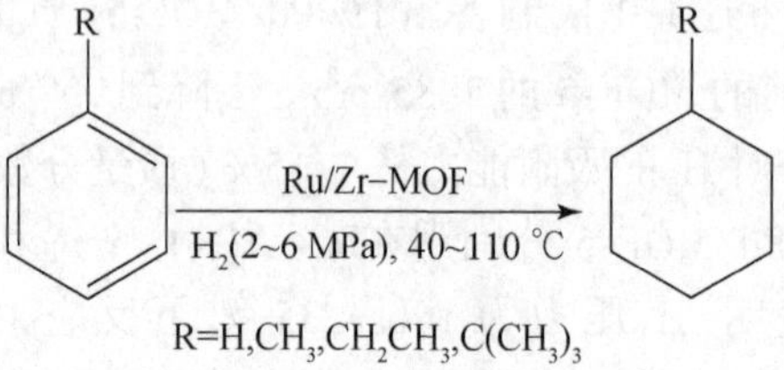

图 5-23　Ru/Zr-MOF 催化苯及其同系物加氢反应

　　与苯加氢制环己烷相比,苯部分加氢制环乙烯在热力学和动力学上难度更高。Tan 等采用浸渍–化学还原法制备了 7 种非晶态 Ru-B/MOF 负载催化剂,并将它们用在苯部分加氢制环己烯反应中。其中,Ru-B/MIL-53(Al) 的活性最好,反应速率为 23 mmol/(min·g),与 Ru-B/ZrO$_2$ 的活性接近;同时,Ru-B/MIL-53(Al) 的选择性可达 72%,高于 Ru/Al$_2$O$_3$ 负载催化剂上环己烯的选择性。Ru-B/MIL-100(Fe) 的活性最差,反应速率只有 0.4 mmol/(min·g),选择性为 45%。负载相同量的 Ru-B 后,Ru-B/MIL-53(Al) 的比表面积、孔体积、平均孔径变化不大,而 MIL-100(Fe) 的明显下降,不利于反应物和产物分子的扩散及反应的发生。另外,Ru-B 纳米粒子均匀分散在 MIL-53(Al) 上,平均粒径为 3.2 nm,而 MIL-100(Fe) 上的 Ru-B 纳米颗粒发生严重团聚,平均粒径为 46.6 nm。

　　Gómez-Lor 等通过 In^{3+} 和 1,4-H$_2$BDC 制备 MOFs 材料[In$_2$(OH)$_3$(BDC)$_{1.5}$],并将其用在硝基苯加氢反应中。金属与底物的物质的量比为 1∶1000,H$_2$ 压力为 4 bar,40℃ 下反应 6 h,产物收率高达 100%,转换频率高达 489 min^{-1}。原因是 [In$_2$(OH)$_3$(BDC)$_{1.5}$] 极小的孔径阻挡底物分子进入金属中心,反应在催化剂表面发生。反应结束后,溶液中未发现 In 或 1,4-H$_2$BDC。循环使用四次后,[In$_2$(OH)$_3$(BDC)$_{1.5}$] 仍然保持较高活性,XRD 分析表明,MOFs 的结构保持稳定。另外,[In$_2$(OH)$_3$(BDC)$_{1.5}$] 在 2-甲基-1-硝基萘的加氢反应中也表现出较好的催化活性,转化频率高达 485 min^{-1}。

5.3.9　Knoevenagel 反应

　　在弱碱催化下,含有活泼亚甲基的化合物与醛或酮发生 Knoevenagel 反应,失水缩合生成 α,β-不饱和羰基化合物及其类似物。目前,Knoevenagel 反应被广泛用于合成 C═C 键的反应中。例如,哌啶作为催化剂,2-甲氧基苯甲醛与二乙基硫代巴比妥酸在乙醇中发生 Knoevenagel 反应可得电荷转移络合物。

　　Yuan 等将 InCl$_3$ 和 2-氨基对苯二甲酸(2-aminobenzene-1,4-dicarboxylic acid,

NH$_2$-BDC)按照 1∶1 的物质的量比溶解在 N,N-二甲基甲酰胺中,30 ℃下反应 24 h,获得具自由氨基的正八面体单晶 MOFs 材料(Me$_2$NH$_2$)In(NH$_2$BDC)$_2$·DMF·H$_2$O (In-N-MOF)。In-N-MOF 具有一个二重穿插的三维网络结构,其中包含一维微孔孔道(6.6 Å),骨架中的氨基伸向孔道内部。将 In-N-MOF 催化剂用在苯甲醛和丙二腈的 Knoevenagel 反应中。30 ℃下反应 24 h,产物苄烯丙二腈的收率为 76%,选择性大于 99%,催化活性高于 IRMOF-3。In-N-MOF 催化苯甲醛与氰乙酸乙酯 Knoevenagel 缩合反应时只有少量产物生成。这是因为氰乙酸乙酯的分子尺寸大,难进入 In-N-MOF 孔道,因而无法与活性中心氨基接触,而丙二腈分子较小,可以自由进入 In-N-MOF 孔道,形成活性中间体,并且扩散到孔外与苯甲醛反应。

Hwang 等将 3-氨基丙基硅烷(APS)和乙二胺(ED)通过配位键嫁接在 MIL-101(Cr)中 Cr^{3+}空轨道上,然后将 Pd 纳米粒子负载在经过修饰的 MIL-101(Cr)上,制得 Pd/APS-MIL-101(Cr)和 Pd/ED-MIL-101(Cr)负载催化剂,并将它们应用在苯甲醛与氰乙酸乙酯的 Knoevenagel 缩合反应中(图 5-24)。两种负载催化剂均显示出良好的催化性能。Pd/ED-MIL-101(Cr)催化反应的转化率为 97.7%,选择性为 99.1%;Pd/APS-MIL-101(Cr)催化反应的转化率为 96.3%,选择性为 99.3%。使用氨基修饰后的 MOFs 作为载体,利用—NH$_2$ 与 Pd 配位将 Pd 纳米粒子负载到 MIL-101(Cr)的内部孔道中,Pd 纳米粒子的粒径为 2~4 nm,与 MIL-101(Cr)的孔径一致。这种负载方法仍有很少量纳米粒子分散在 MOFs 的表面,导致纳米粒子发生团聚,生成 20 nm 的粒子。Pd/APS-MIL-101(Cr)和 Pd/ED-MIL-101(Cr)负载催化剂在碘苯与丙烯酸 Heck 偶联反应中也表现出优异的催化活性(图 5-25),与商业催化剂相当。

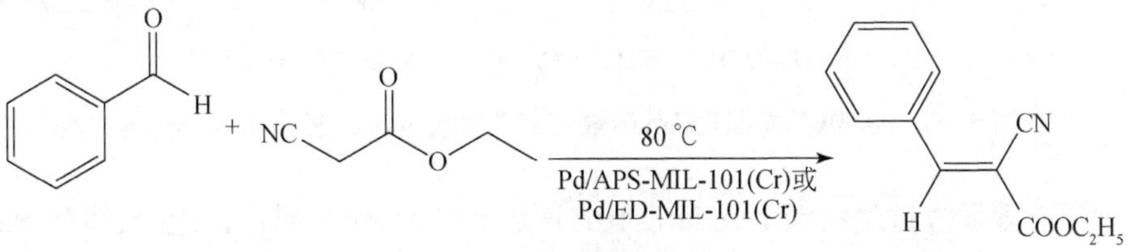

图 5-24　Pd/APS-MIL-101(Cr)或 Pd/ED-MIL-101(Cr)催化苯甲醛与
氰乙酸乙酯 Knoevenagel 反应

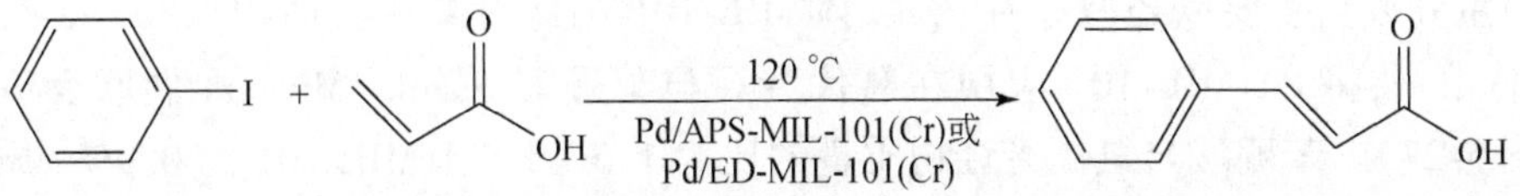

图 5-25　Pd/APS-MIL-101(Cr)或 Pd/ED-MIL-101(Cr)催化碘苯与丙烯酸 Heck 偶联反应

5.3.10 Suzuki-Miyaura 偶联反应

Suzuki-Miyaura 反应(铃木–宫浦反应),又称 Suzuki 偶联反应(铃木反应),在 Pd(0)配合物催化下,芳基或烯基硼酸或硼酸酯与氯、溴、碘代芳烃或烯烃发生交叉偶联。1979 年,铃木章首先报道 Suzuki-Miyaura 反应。该反应在有机合成中的用途广泛,具有较强的底物适应性及官能团容忍性,常用于合成多烯烃、苯乙烯和联苯的衍生物。

赵楠等采用水合肼还原 Pd^{2+} 将 Pd 纳米粒子负载在 MOF-5 上,制得了 Pd/MOF-5 负载催化剂,然后将 Pd/MOF-5 应用到碘代芳烃与芳基硼酸 Suzuki-Miyaura 偶联反应中(图 5-26)。反应条件为:碘代芳烃与芳基硼酸的物质的量比为 1∶1.1,室温,Pd/MOF-5的用量为 5%(摩尔分数),NaOH 用量为 2.0 mmol,乙醇作溶剂,无需氮气保护,反应条件较文献报道的温和。结果表明,Pd/MOF-5 对底物具有一定的选择性。当碘代芳烃上的取代基为吸电子基团时,产物的收率高,而芳基硼酸上的取代基为给电子基团时,产物的收率高。由于空间位阻的影响,Pd/MOF-5 对对位、间位有取代基的底物的选择性优于邻位有取代基的底物。Pd/MOF-5 催化剂循环利用 5 次仍然保持较高催化活性,平均产率大于 90%。在乙醇和 NaOH 存在下,Pd/MOF-5 对溴苯 Suzuki-Miyaura 偶联反应没有催化活性。但在甲醇和 KOH 存在下,溴苯的 Suzuki-Miyaura 偶联反应也能发生,产物收率达 99%。

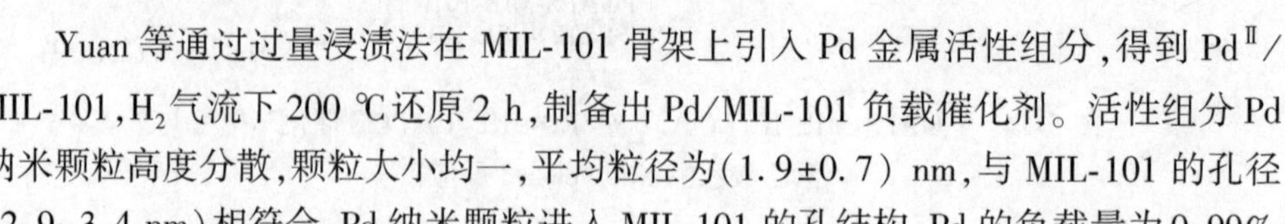
I+(HO)$_2$B
Pd/MOF-5
25 ℃,NaOH,C$_2$H$_5$OH
R$_1$
R$_2$
R$_1$
R$_2$
R$_1$=H,4-OCH$_3$,2-OCH$_3$,3,5-CF$_3$　R$_2$=H,4-OCH$_3$,2-OCH$_3$,3,5-CF$_3$

图 5-26　Pd/MOF-5 催化碘代芳烃与芳基硼酸 Suzuki-Miyaura 偶联反应

Yuan 等通过过量浸渍法在 MIL-101 骨架上引入 Pd 金属活性组分,得到 Pd^{II}/MIL-101,H_2气流下 200 ℃还原 2 h,制备出 Pd/MIL-101 负载催化剂。活性组分 Pd 纳米颗粒高度分散,颗粒大小均一,平均粒径为(1.9±0.7) nm,与 MIL-101 的孔径(2.9~3.4 nm)相符合,Pd 纳米颗粒进入 MIL-101 的孔结构,Pd 的负载量为 0.99%(质量分数),主要以还原态存在,载体 MIL-101 仍保持高比表面积(2863 m^2/g)。水作溶剂,将 Pd/MIL-101 应用在氯代芳烃与苯硼酸 Suzuki-Miyaura 偶联反应中(图 5-27)。苯硼酸与氯代芳烃物质量的比为 1.5∶1,Pd/MIL-101 为 0.9%(质量分数),CH_3OH 1.5 mmol,四丁基溴化铵 0.3 mmol,水 4 mL,80 ℃下反应 20 h,不论是具有给电子基团的对氯苯甲醚,还是具有吸电子基团的对氯苯乙酮,相应产物的收率在 81%~97%。相同条件下,Pd/MIL-101 催化活性高于商业催化剂 1% Pd/C(质量分数)和 0.95% Pd/ZIF-8(质量分数)。原因是 MIL-101 的大比表面积和孔尺寸能够使 Pd 活性纳米颗粒高度分散,有利于底物和产物在孔道中扩散,另外,MIL-101 骨架上的活 Lewis 酸性位有利于吸附底物氯代芳烃分子,提高反应活性。其他条件不变,他们又把 Pd/MIL-101 用在氯代芳烃 Ullmann 偶联反应中。在 N₂ 或空气中,产物收率超过 95%,催化活性高于文献报道的 Pd/Si-C 催化剂。循环利用五次,Pd/MIL-101 仍保持高效催化活性,产物收率仍超过 95%。

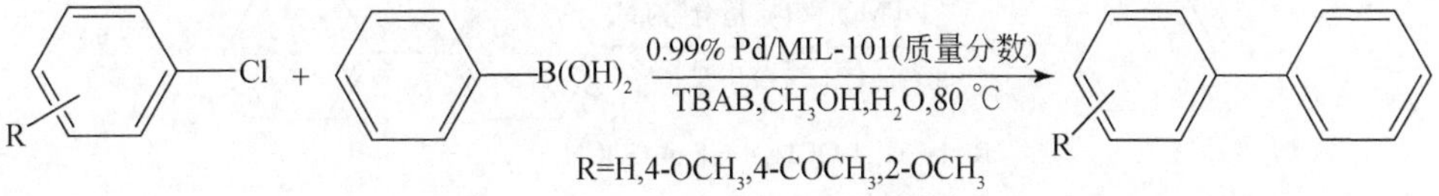

图 5-27　Pd/MIL-101 催化氯代芳烃与苯硼酸 Suzuki-Miyaura 偶联反应

5.3.11　Sonogashira 偶联反应

在催化剂的作用下,末端炔烃与 sp^2 型碳的卤化物之间的交叉偶联反应称为 Sonogashira 反应。Sonogashira 反应是由 Heck、Cassa 和 Sonogashira 等在 1975 年发现的。经过 30 多年的发展,Sonogashira 反应逐渐为人们所熟知。目前,Sonogashira 反应在取代炔烃以及大共轭炔烃的合成中得到了广泛的应用。

Gao 等将 Pd/MOF-5 负载催化剂应用在碘代芳烃与末端炔烃 Sonogashira 偶联反应中(图 5-28)。结果显示,在无铜和添加配体的情况下,Pd/MOF-5 能高效地催化碘代芳烃的 Sonogashira 偶联反应,底物适用范围广,分离方便。当碘代芳烃的对位有吸电子基团、芳基炔烃对位有供电子基团时,反应几乎完全进行,产物的收率为 99% 以上。XPC 表明,在每次循环再利用过程中,Pd/MOF-5 中的 Pd 由于暴露在空气中而发生氧化变成 Pd^{2+},致使第 3 次循环时 Pd/MOF-5 的活性明显降低。另外,MOF-5 材料表面的部分 Pd 粒子发生严重的团聚也是导致 Pd/MOF-5 活性下降的重要因素。当使用 4.0 当量的 KOH,Pd 负载量增加到 7%(质量分数),反应温度升至 100 ℃,Pd/MOF-5 对溴苯与苯乙炔 Sonogashira 偶联反应也具有一定的催化活性,得到了 54% 的中等收率。然而,即使在剧烈的反应条件下,Pd/MOF-5 对氯芳与苯乙炔的偶联反应仍无催化作用。他们又把 Pd/MOF-5 负载催化剂用到卤代烃 Ullmann 偶联反应中(图 5-29)。结果表明,Pd/MOF-5 能够催化溴代芳烃的 Ullmann 偶联反应,以甲醇作溶剂,2.0 当量的 KOH,80 ℃下反应 24 h,产物的收率为 73%。而 Pd/MOF-5 对碘代和氯代芳烃的 Ullmann 偶联反应催化活性极低。

刘丽丽等采用后合成共价修饰法和一锅法分别制备了低结晶度的 IRMOF-3-

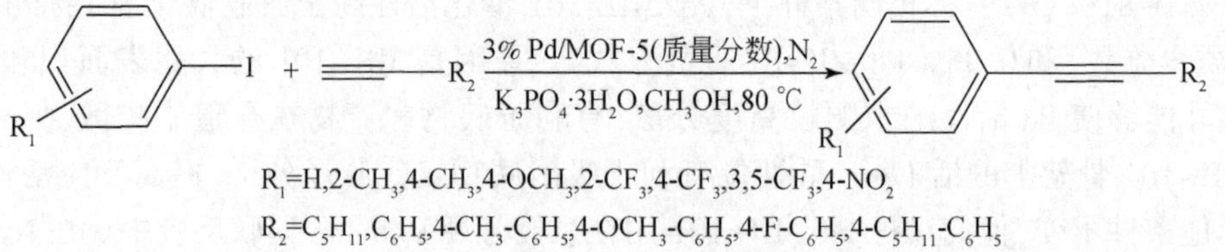

I
R2
3% Pd/MOF-5(质量分数),N2
K3PO4·3H2O,CH3OH,80 ℃
R1
R1=H,2-CH3,4-CH3,4-OCH3,2-CF3,4-CF3,3,5-CF3,4-NO2
R2=C5H11,C6H5,4-CH3-C6H5,4-OCH3-C6H5,4-F-C6H5,4-C5H11-C6H5

图 5-28　Pd/MOF-5 催化碘代芳烃与末端炔烃的 Sonogashira 偶联反应

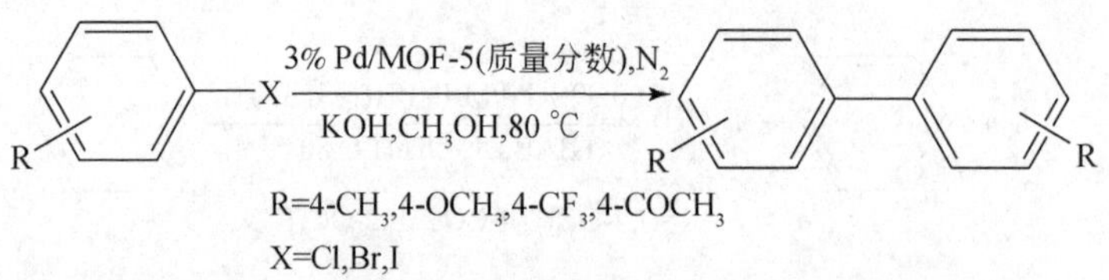

X
3% Pd/MOF-5(质量分数),N2
KOH,CH3OH,80 ℃
R
R=4-CH3,4-OCH3,4-CF3,4-COCH3
X=Cl,Br,I

图 5-29　Pd/MOF-5 催化卤代芳烃的 Ullmann 偶联反应

SI-Au(PS)和高结晶度的 IRMOF-3-SI-Au(OP)催化剂,并将它们用到醛、炔和胺三组分偶联反应中。IRMOF-3-SI-Au(PS)作催化剂,120℃下反应 4.5 h,苯甲醛的转化率为 79.2%,炔丙基胺类化合物的选择性为 100%,反应速率为 13.7 mmol/(g · h),而 IRMOF-3-SI-Au(OP)催化剂上苯甲醛的转化率仅为 8.0%,反应速率只有 2.0 mmol/(g · h)。H_2-TPR 分析表明,IRMOF-3-SI-Au(PS)中的 Au 以 Au^{3+}形式存在,IRMOF-3-SI-Au(PS)中的 Au^{3+}是 IRMOF-3-SI-Au(PS)具有较好催化活性的主要原因。这已经被 Zhang 等的实验证实,Au^{3+}的活性高于金属态的 Au^0。他们还对反应的机理做了探讨(图 5-30),认为炔烃首先吸附在 Au^{3+}/Au^0 表面,末端炔烃被 Au

R2
R3
R1
R4
Au/MOF
Au
H
R4
R2
N
R3
R1
R4
H
Ph
R1-CHO
+
R2R3NH
HO
R4
H
H2O

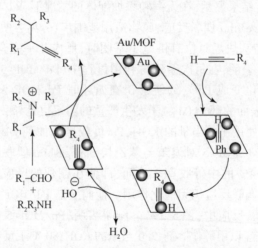

图 5-30　IRMOF-3-SI-Au 催化剂催化醛、炔和胺偶联反应的可能反应机理

活化,与 Au^{3+}/Au^0 形成炔—Au 键。醛和胺反应生成相应的亚胺盐或亚胺。然后,炔烃—Au 中间产物与亚胺盐亲核加成,得到相应的炔丙基胺,同时释放出 Au^{3+}/Au^0,继续作为反应的活性中心。

5.3.12 酯交换反应

酯交换反应是指酯与醇/酸/酯(不同的酯)在酸或碱的催化下生成一个新酯和一个新醇/酸/酯的反应,可用于合成多种精细化学品和聚酯。例如,碳酸二甲酯与乙醇酯交换反应生成碳酸二乙酯和甲醇,碳酸二甲酯与乙酸苯酯交换生成碳酸二苯酯和乙酸乙酯,碳酸乙烯酯与丁二酸二甲酯反应合成聚丁二酸乙二醇酯和碳酸二甲酯,碳酸乙烯酯与对苯二甲酸二甲酯反应制备聚对苯二甲酸乙二醇酯和碳酸二甲酯。

Seo 等利用配体 $(4S,5S)$-HL4 与 Zn^{2+} 在水/乙醇混合溶液中合成了一种手性 MOFs 材料 $[Zn_3(\mu_3\text{-}O(1\text{-}H)_6)]\cdot 2H_3O\cdot 12H_2O$(D-POST-1),用其对映体 $(4R,5R)$-HL4 时得到了 L-POST-1。D-POST-1 结构中未配位的吡啶基具有催化活性,该催化剂用在了乙酸-2,4-二硝基苯酯和 1-苯基-2-丙醇酯交换反应(图 5-31)中。结果显示,D-POST-1 对该酯交换反应具有一定的对映选择性催化作用,对映选择性仅有 8%,催化效果不理想,但是这是第一次报道 MOFs 中有机配体上的活性基团具有催化作用。他们又把 D-POST-1 催化剂用在乙酸-2,4-二硝基苯酯和乙醇酯交换反应中。四氯化碳作溶剂,27 ℃下反应 55 h,乙酸乙酯的收率为 77%。在无 D-POST-1 或甲基修饰的 D-POST-1 情况下,酯交换反应基本不发生。相同条件下,D-POST-1 催化乙酸-2,4-二硝基苯酯与异丙醇、新戊醇或 3,3,3-三苯基-1-丙醇酯交换反应,反应速率很慢。这表明 D-POST-1 催化剂对此类反应具有尺寸选择性,催化反应发生在 D-POST-1 的孔道内。

Zhou 等通过扩散法、溶剂热法、直接搅拌合成法等三种方法制备 MOF-5(MOFs-A、MOFs-B 和 MOFs-C)。然后将 MOFs-A、MOFs-B 和 MOFs-C 三种催化剂用于碳酸二乙酯(DEC)与苯甲醇酯交换合成苄基乙基碳酸酯(BEC)反应中。MOFs-A 和 MOFs-B 对该反应均无催化作用。MOFs-C 作催化剂,用量为 0.25%(质量分数),DEC 与苯甲醇的物质的量比为 16.5∶1,130 ℃下反应 60 min,苯甲醇的转化率为 97.3%,BEC 的选择性为 100%,无副产物生成。SEM 分析表明,MOFs-C 为均匀的纳米晶,而 MOFs-A 和 MOFs-B 为片状结构。与 MOFs-A 和 MOFs-B 相比,MOFs-C 具有最大的比表面积和孔体积。MOFs-C 的催化活性比 MCM-41 分子筛、Mg/La 混合氧化物、$CsF/\alpha\text{-}Al_2O_3$ 和 MgO 等高。同时,MOFs-C 经离心分离,重复使用 3 次后,仍然保持较高活性。将苯甲醇换成苯乙醇、正庚醇、环

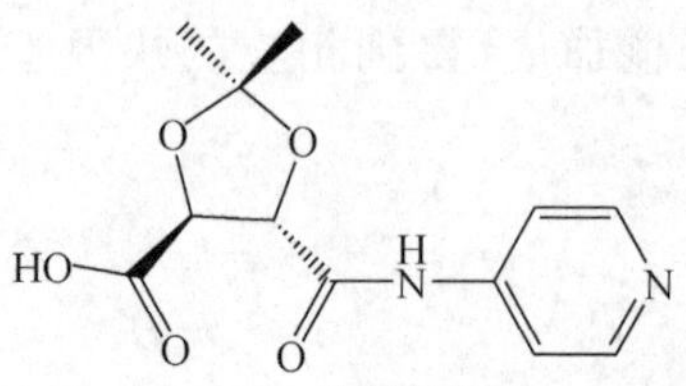

$(4S,5S)$-HL4　　　　　　　　　　　　　$(4R,5R)$-HL4

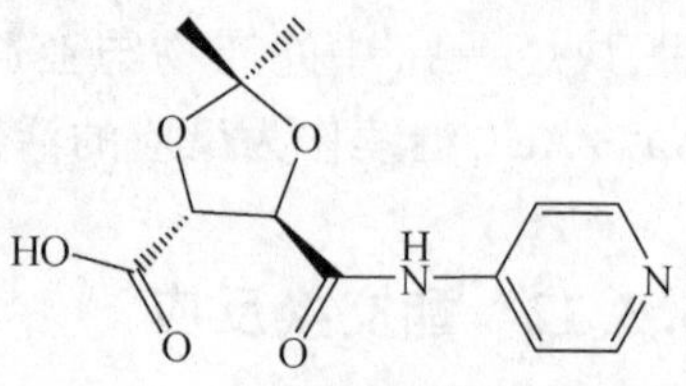

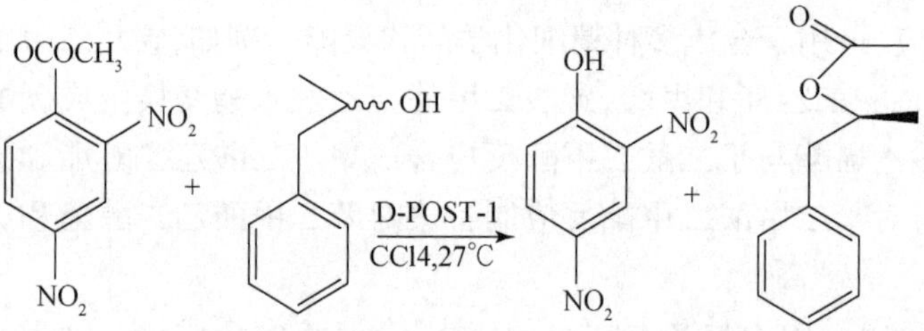

图 5-31　D-POST-1 催化剂催化乙酸-2,4-二硝基苯酯和 1-苯基-2-丙醇酯交换反应

己醇、$(1R,2S,5R)$-2-异丙基-5-甲基环己醇、四氢糠醇或 3-苯基-2-丙烯-1-醇, 相应不对称碳酸酯的选择性均达到 100%。同时, 他们还对反应的机理做了探讨(图 5-32), 在 MOF-5 的 Lewis 酸性位的作用下, 碳酸二乙酯解离为 $C_2H_5O^-$ 和 $C_2H_5OCO^+$, 而后生成的 $C_2H_5O^-$ 与醇作用, 生成醇和 RO^-, 最后 RO^- 与 $C_2H_5OCO^+$ 结合形成不对称碳酸酯。他们又将 MOFs-C 用作 DEC 与碳酸二甲酯(DMC)交换合成碳酸甲乙酯(EMC)。100 ℃下反应 3 h, MOFs-C 催化剂用量为 2%(质量分数), EMC 的收率为 50.1%, 选择性高达 100%, 无副产物生成。循环使用 3 次后, EMC 的收率为 48.4%, 选择性仍为 100%, 催化活性比均相催化剂 Bu_2SnO 好。

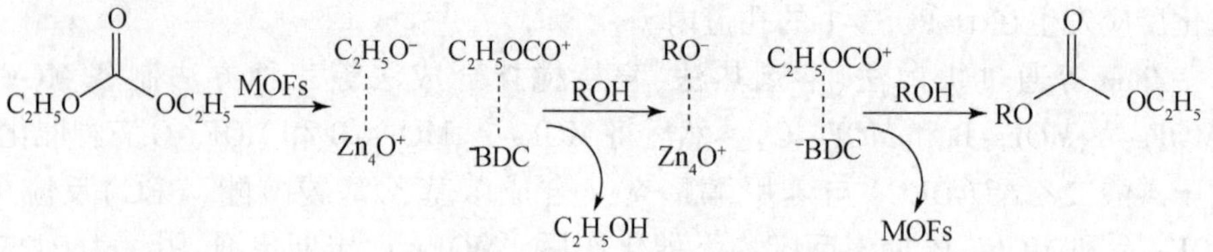

图 5-32　MOF-5 催化 DEC 与醇酯交换反应可能的机理

王丽苹等利用 Zn^{2+} 与邻苯二甲酸(benzene-1,2-dicarboxylic acid, 1,2-H_2BDC)、间苯二甲酸(1,3-H_2BDC)、1,4-H_2BDC 或 H_3BTC 制备了 MOFs 材料, 并将它们应用在碳酸二苯酯(diphenyl carbonate, DPC)与 1,6-己二醇(1,6-hexanediol, 1,6-HD)酯交换合成脂肪族聚碳酸酯二醇(aliphatic polycarbonate diol, APCDL)反应中

（图 5-33）。四种 MOFs 材料对该酯交换反应表现出良好的催化性能。其中,1,4-H$_2$BDC 为配体的 MOF-5 的催化活性最好,H$_3$BTC 为配体的 MOFs 的催化性能次之,1,2-H$_2$BDC 为配体的 MOFs 的催化性能最差。这是因为 DPC 与 1,6-HD 酯交换合成 APCDL 为缩聚过程,随着反应的进行,APCDL 分子的尺寸逐渐变大。故具有最大孔体积和平均孔径的 MOF-5 表现出最好的催化活性。另外,他们还研究了制备方法对 MOF-5 催化活性的影响。结果显示,由超声波辅助法制备得到的 MOF-5 具有更高的比表面积、更大孔体积和平均孔径,对 DPC 与 1,6-HD 酯交换反应具有优异的催化活性。在 198 ℃下,MOF-5 催化剂的用量为 0.03%（DPC 的用量为基准的质量分数）,1,6-HD 与 DPC 的物质的量的比为 1.2∶1,常压酯交换反应 3.0 h,副产物苯酚的收率达 90.1%,APCDL 的数均分子量和羟基值分别为 6360 和 20.6 mg KOH/g,活性高于三乙烯二胺、镁铝水滑石、甲醇钠和乙醇钠等已报道的催化剂。

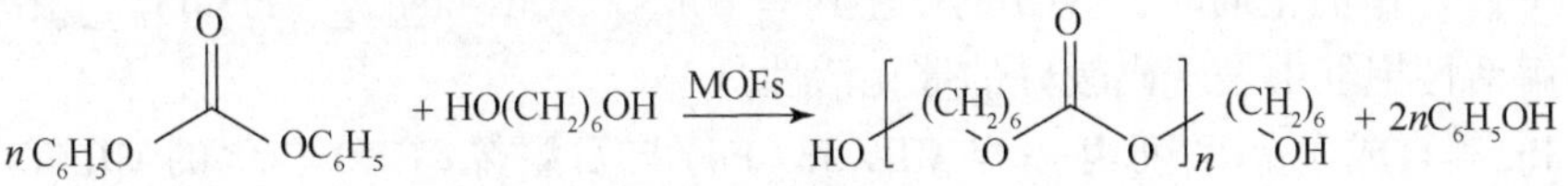

图 5-33　MOFs 催化 DPC 与 1,6-HD 酯交换反应

5.3.13　光催化降解有机物

水是构成自然界一切生命的重要物质基础,地球上的所有生物,不论是微小的生物细菌,还是数吨重的哺乳动物,如果没有水,都无法生存。中国是水资源较为丰富的国家之一,水资源总量为 28 000 亿立方米,居世界第 6 位,但人均水资源占有量只相当于世界人均水资源占有量的 1/4,居世界第 110 位。更为严重是,我国正面临着严重的水污染,全国湖泊约有 75% 的水域受到污染。日趋严重的水污染已对人们的生存构成了严重的威胁。这些污染物中含有大量的有机物如有机染料、合成洗涤剂、化学助剂、油剂、农药、化肥等,对环境和人类健康都有巨大的损害。

1972 年,日本学者 Fujishima 和 Honda 发现 TiO$_2$ 单晶电极光电催化分解水以来,光催化技术在废水处理、油污处理、大气净化、抗菌消毒、超级亲水抗雾等方面表现出广阔的应用前景,被世界各国科技工作者广泛关注,成为新的研究热点,得到了快速发展。光催化氧化的机理主要是自由基反应。在光照的条件下,一些 MOFs 材料可以被激发发生配体向金属的电荷转移（LMCT）,从而感应 O$_2$ 分子,这些活化的氧气分子可以进一步与水中电离产生的氢离子形成过氧自由基,有机物在这些自由基的作用下发生分解。还有一种情况是,在光照的作用下,一些 MOFs 材料产生电子和空穴,生成的电子与 H_2O_2 作用生成·OH 自由基,有机物在自由基的作用下不断分解,最终形成 CO_2 和 H_2O 等环境友好物质,使有机物得到彻底的氧化分解。这种方法操作简单、效率高、能耗低、普适性好、无二次污染,还可以循环利用。

Li 等利用 1,2,4,5-苯四羧酸(H_4btec)和 4,4′-bis(1-imidazolyl)biphenyl(bimb)合成了 5 种 MOFs:[Co(btec)$_{0.5}$(bimb)]$_n$、[Ni(btec)$_{0.5}$(bimb)]$_n$、[Cu(btec)$_{0.5}$(bimb)]$_n$、[Zn(btec)$_{0.5}$(bimb)]$_n$ 和 [Cd(btec)$_{0.5}$(bimb)$_{0.5}$]$_n$,并研究了 5 种 MOFs 材料在活性艳红中的光催化性能。其中,[Co(btec)$_{0.5}$(bimb)]$_n$、[Ni(btec)$_{0.5}$(bimb)]$_n$ 和 [Cd(btec)$_{0.5}$(bimb)$_{0.5}$]$_n$ 是可见光催化剂,具有良好的光催化稳定性。与 [Co(btec)$_{0.5}$(bimb)]$_n$ 和 [Ni(btec)$_{0.5}$(bimb)]$_n$ 相比,[Cd(btec)$_{0.5}$(bimb)$_{0.5}$]$_n$ 具有较低的 LMCT 激发能隙,为 2.32 eV。另外,[Cd(btec)$_{0.5}$(bimb)$_{0.5}$]$_n$ 作催化剂时,·OH 的产生速率较快。[Cd(btec)$_{0.5}$(bimb)$_{0.5}$]$_n$ 在光催化降解活性艳红中表现出较好的催化活性。

Jin 等合成了一系列由一维 MIL-53(Fe)与石墨烯(GR)杂化的 GR/MIL-53(Fe)材料,并研究 GR/MIL-53(Fe)对光催化降解罗丹明 B 的性能。结果显示,GR/MIL-53(Fe)中石墨烯的量对光催化活性具有重要的影响。具有优异导电性能的石墨烯可有效促进界面电子转移和阻碍电荷复合,但过量的石墨烯可能会增加光阻和光子散射效应,导致载流子的产生率下降。催化机理是:在光的照射下,被激发的 MIL-53(Fe)产生电子和空穴,电子顺利地转移到具有良好导电能力的石墨烯纳米层上,使得电子–空穴得到有效分离,从而延长了载流子的寿命。石墨烯上的电子与 H_2O_2 反应生成·OH 自由基。另外,暴露在 GR/MIL-53(Fe)表面的 Fe 物种也会与 H_2O_2 反应生成部分·OH 自由基,在自由基的作用下,罗丹明 B 氧化分解为 CO_2 和 H_2O(图 5-34)。重复性实验表明,循环使用 3 次,GR/MIL-53(Fe)的催化活性基本没有下降。

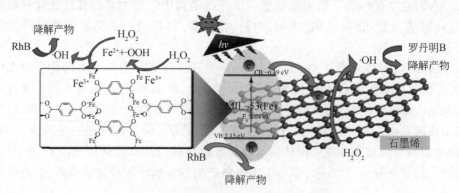

图 5-34　GR/MIL-53(Fe)催化降解罗丹明 B

5.3.14　不对称催化

手性是自然界的本质属性之一,手性化合物是化学中结构上镜像对称而又不能完全重合的分子(图5-35)。生物大分子如蛋白质、多糖、核酸和酶等大部分都具有手性。手性化合物被广泛应用于医药、农药、香料和功能材料等方面。手性化合物的制备在精细化工中占据重要地位,获得单一对映体的方法及其应用研究是当代化学研究的热点之一。

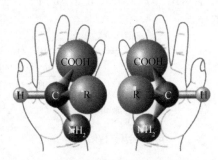

图5-35　手性化合物

Lin 等将 4,4′-bis (4-carboxyphenylethynyl) BINAP (H₂L₁)、三氟乙酸(TFA)和 ZrCl₄在 DMF 中反应得 BINAP-MOF(Ⅰ),接着利用对环化反应具有较好催化活性的 Rh(nbd)₂BF₄和[Rh(nbd)Cl]₂/AgSbF₆分别对 BINAP-MOF(Ⅰ)进行修饰,得到固体催化剂 BINAP-MOF (Ⅰ·Rh) 和 BINAP-MOF (Ⅱ·Rh) (图 5-36)。BINAP-MOF (Ⅰ·Rh)能高效催化 1,6-烯炔的还原环化反应和 Alder-ene 烯环化反应,收率为95% ~99%,对映选择性(ee)均达到99%,是均相催化剂的4~7 倍(图 5-37)。原因是分散在 MOF 骨架上的活性位点有效阻止了双分子催化剂的失活。但 BINAP-MOF (Ⅰ·Rh)不能催化 1,6-烯炔与 CO 之间的 Pauson-Khand 环化反应。

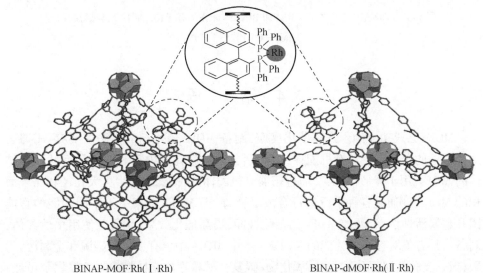

BINAP-MOF·Rh(Ⅰ·Rh)　　　　　　　　BINAP-dMOF·Rh(Ⅱ·Rh)

图 5-36　BINAP-MOF (Ⅰ·Rh)和 BINAP-MOF (Ⅱ·Rh)

具有更加开放结构的 BINAP-MOF（Ⅱ·Rh）在 1,6-烯炔和 CO 的 Pauson-Khand 环化反应中表现优良的催化活性，收率和 ee 值分别为 80% 和 87%，比均相催化剂高10 倍。BINAP-MOF（Ⅱ·Rh）循环使用 3 次，催化活性和对映选择性基本保持不变。

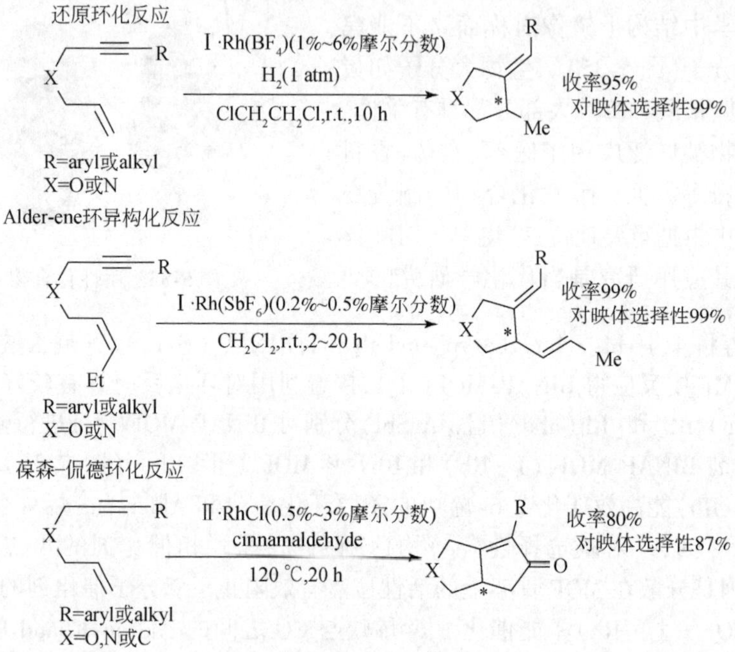

图 5-37　BINAP-MOF（Ⅰ·Rh）和 BINAP-MOF（Ⅱ·Rh）催化 1,6-烯炔反应

$1 \ atm = 1.01325 \times 10^5 \ Pa$

5.4　结　　语

MOFs 已成功应用于许多催化反应，制备 MOFs 催化剂的方法主要有：①通过选择合适的金属离子和有机配体组合，制备出从微孔到中孔等多种孔尺寸和孔结构的 MOFs，用于择形催化；②通过拓展有机配体的官能团，产生更大孔径和比表面积的 MOFs；③通过各种手段进行合成后修饰，向 MOFs 骨架引入不同功能的官能团和金属活性位点，调控 MOFs 的催化性能，提高催化效果；④通过使用手性配体，制备出具有不对称催化性能的 MOFs。另外，MOFs 中含有大量的碳源和金属源，为碳材料、多孔金属氧化物、金属氧化物/碳复合材料等功能材料的制备提供了可能。近年来，研究者通过热解 MOFs 制备多孔金属氧化物催化剂，且这些多孔金属氧化物催化剂在电催化、光催化、CO 氧化、烯烃氧化、氧化酰胺反应、烷烃脱氢等多个反

应中显示出优异的催化性能。因此, MOFs 催化剂和以 MOFs 为前驱体制备的催化剂在催化方面具有良好的应用前景。

参 考 文 献

陈庆锋, 付英. 2015. 环境污染与健康. 北京: 化学工业出版社.

刘丽丽, 张鑫, 高金森, 等. 2012. 催化学报, 33: 833-841.

谭海燕, 吴金平. 2014. 物理化学学报, 30: 715-722.

王丽苹, 王公应. 2015. 分子催化, 29: 275-287.

张亚雷, 周雪飞. 2012. 药物和个人护理品的环境污染与控制. 北京: 科学出版社.

赵楠, 邓洪平, 舒谋海. 2010. 无机化学学报, 26: 1213-1217.

Alaerts L, Seguine E, Devos D E, et al. 2006. Chem Eur J, 12: 7353-7360.

Banerjee R, Phan A, Wang B, et al. 2008. Science, 319: 939-943.

Bu Q, Wang B, Huang J, et al. 2013. J Hazard Mater, 262: 189-211.

Cavka J H, Jakobsen S, Olsbye U, et al. 2008. J Am Chem Soc, 130: 13850-13851.

Chen G J, Wang J S, Jin F Z, et al. 2016. Inorg Chem, 55: 3058-3064.

Chui S S, Lo S M, Charmant J P, et al. 1999: Science, 283. 1148-1150.

Corma A, Garcia H, Xamena F X L I. 2010. Chem Rev, 41: 4606-4655.

Daisuke T, Keiji N, Masakazu H, et al. 2008. Angew Chem Int Ed, 47: 3914-3918.

Dddeng H, Doonan C J, Furkawa H, et al. 2010. Science, 327: 846-850.

Eddaoudi M, Kim J, Rosi N, et al. 2002. Science, 295: 469-472.

Efraty A, Feinstein I. 1982. Inorg Chem, 21: 3115-3118.

Farha O K, Eryazici I, Jeong N C, et al. 2012. J Am Chem Soc, 134: 15016-15021.

Fei H H, Sampson M D, Lee Y, et al. 2015. Inorg Chem, 54: 6821-6828.

Frederick S, Martin L, Peter C. 2011. Angew Chem Int Ed, 50: 10453-10456.

Férey G, Mellot-Draznieks C, Serre C, et al. 2005. Science, 309: 2040-2042.

Férey G, Serre C, Caroline M, et al. 2004. Angew Chem Int Ed, 43: 6296-6301.

Fujishima A, Honda K. 1972. Nature, 238: 37-38.

Furukawa H, Ko N, Go Y B, et al. 2010. Science, 329: 424-428.

Gao Q, Xie Y B, Li J R, et al. 2012. Cryst Growth Des, 12: 281-288.

Gao S X, Zhao N, Shu M H, et al. 2010. Appl catal A-Gen, 388: 196-201.

Hermes S, Schröter M K, Schmid R, et al. 2005. Angew Chem Int Ed, 44: 6237-6241.

Hwang Y K, Hong D Y, Chang J S, et al. 2008. Angew Chem Int Ed, 47: 4144-4148.

Øien S, Svelle G A S, Borfecchia E, et al. 2015. Chem Mater, 27: 1042-1056.

Jiang H L, Liu B, Tomoki A, et al. 2009. J Am Chem Soc, 131: 11302-11303.

Kandiah M, Nilsen M H, Usseglio S, et al. 2010. Chem Mater, 22: 6632-6640.

Kantam M L, Pal U, Sreedhar B, et al. 2007. Adv Synth Catal, 349: 1671-1675.

Kondo M, Okubo T, Asami A, et al. 1999. Angew Chem Int Ed, 38: 140-143.

Liang Q, Zhao Z, Liu J, et al. 2014. Acta Phys-Chim Sin, 30: 129-134.

Li H L, Eddaoud M, O'Keefe M, et al. 1999. Nature, 402:276-279.

Liu D H, Liu T F, Chen Y P, et al. 2015. J Am Chem Soc, 137: 7740-7746.

Liu J L, Wong M H. 2013. Environ Int, 59: 208-224.

Liu T F, Feng D W, Chen Y P, et al. 2015. J Am Chem Soc, 137: 413-419.

Liu Y Y, Yang Y M, Sun Q L, et al. 2013. ACS Appl Mater Interfaces, 5: 7654-7658.

Long J L, Liu H L, Wu S J, et al. 2013. ACS Catal, 3: 647-654.

Ma J P, Wang S Q, Zhao C W, et al. 2015. Chem Mater, 27: 3805-3808.

Ma L Q, Abney C, Lin W B. 2009. Chem Soc Rev, 38: 1248-1256.

Ma S Q, Simmons J M, Sun D F, et al. 2009. Inorg Chem, 48: 5263-5268.

Ma S Q, Sun D F, Forster P M, et al. 2009. Inorg Chem, 48: 4616-4618.

Nataliya V M, Oxanan A K, Konstanin A K, et al. 2011. Israel J Chem, 51: 281-289.

Nguyen H G T, Mao L, Peters A W, et al. 2015. Catal Sci Technol, 5: 4444-4451.

Noro S I, Kitagawa S, Kondo M, et al. 2000. Angew Chem Int Ed, 39: 2081-2084.

Park K S, Ni Z, Côté A P, et al. 2006. Proc Natl Acad Sci U S A, 103: 10186-10191.

Pascanu V, Gómez A B, Ayats C, et al. 2015. ACS Catal, 5: 472-479.

Ramos-Fernandez E V, Pieters C, Linden B V D, et al. 2012. J Catal, 289: 42-45.

Rowsell J L C, Yaghi O M. 2004. Micropor Mesopor Mat, 73: 3-14.

Rowsell J L C, Yaghi O M. 2005. Angew Chem Int Ed, 44: 4670-4679.

Sabo M, Henschel A, Fröde H, et al. 2007. J Mater Chem, 17: 3827-3832.

Sawano T, Thacker N C, Lin Z, et al. 2015. J Am Chem Soc, 137: 12241-12248.

Schlichte K, Kratzke T, Kaskel S. 2004. Micropor Mesopor Mat, 73: 81-88.

Seo J S, Whang D, Lee H, et al. 2002. Nature, 404: 982-986.

Serre C, Groves J A, Lightfoot P, et al. 2006. Chem Mater, 18: 1451-1457.

Serre C, Millange F, Thouvenot C, et al. 2002. J Am Chem Soc, 124: 13519-13526.

Shao L J, Du Y J, Zeng M F, et al. 2010. Appl Organomet Chem, 24: 421-425.

Smital T, Luckenbach T, Sauerborn R, et al. 2004. Mutat Res-Fund Mol M, 552: 101-117.

Tan X H, Zhou G B, Dou R F, et al. 2014. Acta Phys-Chim Sin, 30: 932-942.

Toyao T, Miyahara K, Fujiwaki M, et al. 2015. J Phys Chem C, 119: 8131-8137.

Valenzano L, Civalleri B, Chavan S, et al. 2011. Chem Mater, 23: 1700-1718.

Veldurthy B, Clacens J, Figueras F. 2005. Eur J Org Chem, 36: 1972-1976.

Veldurthy B, Figueras F. 2004. Chem Commun, 35: 734-735.

Wang B, Côté A P, Furukawa H, et al. 2008. Nature, 453: 207-211.

Wang L P, Xiao B, Wang G Y, et al. 2011. Sci China Chem, 54: 1468-1473.

Wang W T, Liu H Z, Ding G D, et al. 2012. Chem Cat Chem, 4: 1836-1843.

Wen L L, Zhao J B, Lv K, et al. 2012. Cryst Growth Des, 12: 1603-1612.

Yang Q Y, Wiersum A D, Llewellyn P L, et al. 2011. Chem Commun, 47: 9603-9605.

Ye J Y, Liu C J. 2011. Chem Commun, 47: 2167-2169.

Yuan B. 2010. Chem Commun, 46: 934-938.

Yuan B, Pan Y, Li Y. 2010. Angew Chem Int Ed, 49: 4054-4058.

Zhang C H, Ai L H, Jiang J. 2015. Ind Eng Chem Res, 54: 153-163.

Zhou G B, Liu J L, Tan X H, et al. 2012. Ind Eng Chem Res, 51: 12205-12214.

Zhou Y X, Song J L, Liang S G, et al. 2009. J Mol Catal A-Chem, 308: 68-72.

Zhuo G L, Shen G L, Jiang X Z. 2004. Chin J Catal, 25: 171-172.

Zou R Q, Sakurai H, Xu Q. 2006. Angew Chem Int Ed, 45: 2542-2546.

第 6 章　生物无机化学

　　生物无机化学是介于无机化学和生物化学之间,研究内容十分广泛的一个交叉研究领域,也是一门应用无机化学,特别是配位化学的理论和方法,在分子水平上研究生物体内与无机元素(包括生命金属元素与大部分生命非金属元素)有关的各种相互作用的学科。这个研究领域的基本任务是从现象学上以及从分子、原子水平上研究金属与生物配体之间的相互作用,其研究对象是生物体内的金属(和少数非金属)元素及其化合物,特别是痕量金属元素和生物大分子配体形成的生物配合物,如各种金属酶、金属蛋白等。生物无机化学侧重研究它们的结构-性质-生物活性之间的关系以及在生命环境内参与反应的机理。为便于研究,常用人工模拟的方法合成具有一定生理功能的配位物。

　　生物无机化学有影响力的研究可以追溯至 20 世纪 50 年代末至 60 年代初,当时著名化学家 Kendrew 和 Perutz 分别解答了肌红蛋白和血红蛋白的射线结构的问题。1970 年在美国弗吉尼亚州举行的国际生物无机化学学术讨论会上的 19 篇报告由 Gould 汇编成 *Bioinorganic Chemistry*,这是第一部系统介绍生物无机化学的论著。1976 年 6 月 16 日至 20 日,数百名科学家齐聚哥伦比亚大学讨论了无机化学和生物学交叉科学的发展,生物无机化学的研究从此稳步发展起来。

6.1　生物体中的元素及其作用

6.1.1　生物体中的金属元素及其作用

　　元素周期表中约有 90 种稳定元素,在天然条件下,地球表面或多或少都有它们的踪迹。尽管生物界种类繁多,千差万别,但它们都有一个共同点,就是都处于地球表面的岩石圈、水圈和大气圈所构成的环境中,与环境进行物质交换,以维持生命活动。但在漫长的进化历程中,生物体配备并逐渐改善自己的控制系统,只选择了一部分元素来构成自身的机体和维持生存。表 6-1 列出了一些必要的元素及其相应的生物功能。

表 6-1　一些重要的金属离子的生物功能

金属	生物功能	金属	生物功能
Na	电荷载体,渗透压平衡	Mn	光合作用,氧化酶,结构,水解酶
K	电荷载体,渗透压平衡	Fe	氧化酶,双氧运输和储存,电子转移
Mg	结构,水解酶,异构酶	Co	氧化酶,烃基转移
Ca	结构,触发剂,电荷携带	Ni	加氢酶,水解酶
V	固氮,氧化酶	Cu	氧化酶,双氧运输,电子转移
Mo	固氮,氧化酶,氧传递	Zn	结构,水解酶
W	脱氢酶		

　　铁是生命体系活动中研究最多的金属元素,Williams 等在 20 世纪 50 年代就对亚铁血红素(图 6-1)的结构及其作用作了详尽报告,他们指出:血红素与相应的蛋白结合为血红素蛋白(血红蛋白),血红蛋白中 Fe(II)与四个氮原子配位,在轴向第五位是蛋白质的氨基酸残基(组氨酸残基–咪唑氮),第六个配位位置能可逆吸氧和放氧。Theil 发现铁蛋白中的孔洞可以因为受热或化学反应的原因打开,这就意味着能通过调控分子有效地实现在生命体系中有选择的"开"和"关",因此铁能够在有需要的时候被传递到细胞中。

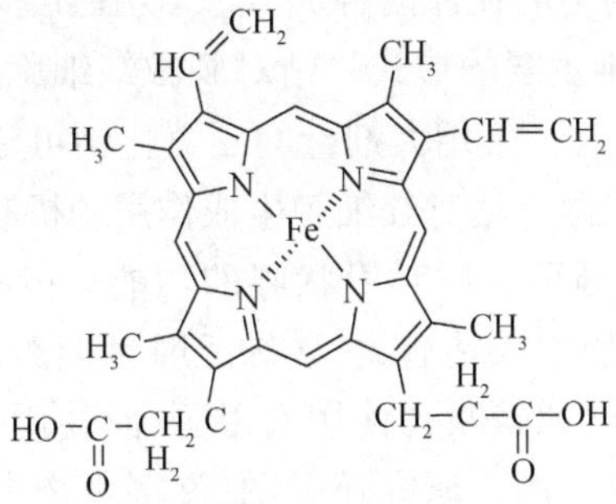

图 6-1　亚铁血红素

　　生物体的金属研究中铜的重要性占据了第二位。Bertini 和 Banci 提到了一种与多铜氧化酶一起出现的铜蛋白质,它是铜抑制革兰氏阴性细菌的主要载体。另外,Ragsdale 发现来自热醋穆尔氏菌的 CO 脱氢酶/乙酸 CoA 合酶的有效催化过程必须有铜的参与(图 6-2)。

　　Zn^{2+}虽然是氧化还原惰性的,但它在生物无机化学研究领域中是一个亮点。Riordan 已经证明了 NH—S 的分子内氢键会影响锌的硫醇盐的烷基化反应效率,这表明相关功能的锌酶活性可以通过类似的作用进行调节。

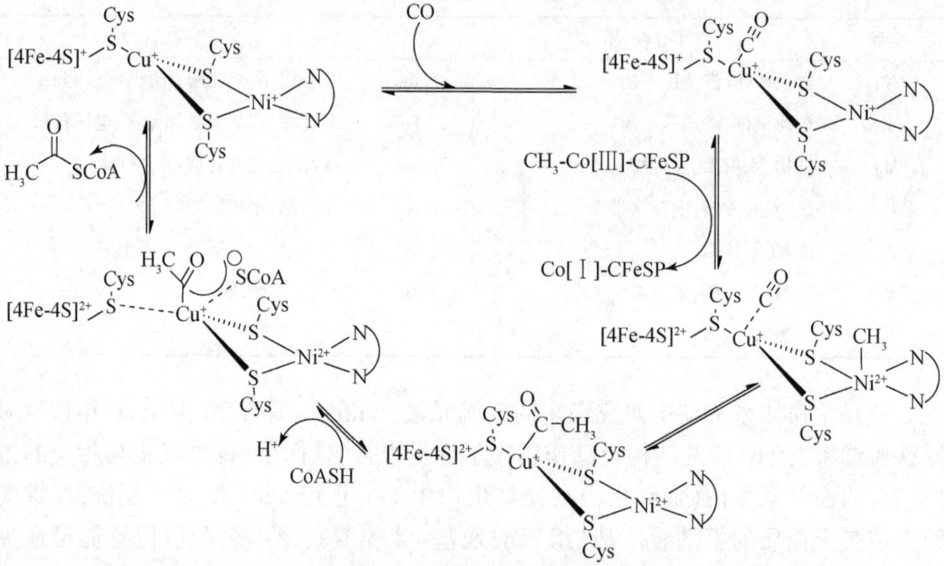

图 6-2   乙酰辅酶 A 的合成机理

Co 是维生素 B_{12} 的组成部分,反刍动物可以在肠道内将摄入的钴合成为维生素 B_{12},而人类与单胃动物不能在体内合成 B_{12}。现在还不能确定钴的其他功能,但体内的钴仅有约 10% 是维生素的形式。钴对刺激红细胞生成有重要的作用,有种贫血用叶酸、铁、B_{12} 治疗皆无效,用大剂量的二氯化钴可治疗这类贫血。但是大剂量的钴反复应用可引起中毒。钴对红细胞生成作用的机制是影响肾释放促红细胞生成素,或者通过刺激胍循环。钴对甲状腺的功能可能有作用,动物实验结果显示,地方性甲状腺肿与食物中缺钴有关,碘缺乏时钴能激活甲状腺的活性,钴能拮抗碘缺乏所产生的影响,钴和碘联合使用效果更佳,使用钴后即便没有碘,对减少甲状腺肿的发生也有一定作用。研究还表明,许多生物中的转换作用不涉及底物氧化态的任何净改变。例如,催化 1,2 碳变位的酶经常要求维生素 B_{12} 或其衍生物(图 6-3)作辅助因子,这一辅助因子是取代咕啉环的烷基钴(Ⅲ)。许多用 B_{12} 作为辅酶的化学反应是通过金属–自由基的途径引发的,或被 Co—C 键均裂催化。

镍是水解酶(脲酶)、氢化酶、CO 脱氢酶、S-甲基 CoM 还原酶的组分之一,S-甲基 CoM 还原酶能催化由甲基化细菌产生甲烷的末步反应,所有已知镍蛋白都来自植物和细菌。

锰在光合中心所催化的释氧过程中起到关键作用,细菌线粒体中超氧化物歧化酶以及哺乳动物体中的丙酮酸羟基化酶都是锰蛋白。

钒和铬有几方面的共性,首先,这两种金属在许多生物体中的含量均很小;其

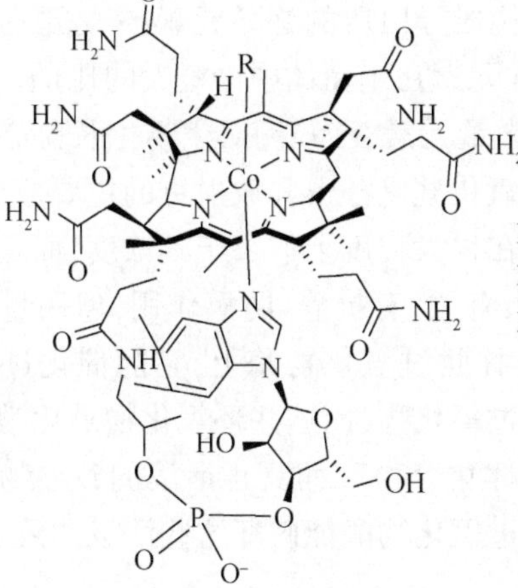

R=CN(维生素B$_{12}$)
R=腺苷基(辅酶B$_{12}$)
R=甲基

图 6-3　钴胺素的结构

次,它们都可作为探针来表征其他金属位点的结构。钒是健康机体的必需元素,在体内可以金属阳离子或类似于磷酸根的形式起作用。钒在一种海生被囊动物的血液细胞中存在,是该细胞藻类超氧化物酶。铬在生物体内主要以 Cr^{3+} 构成的 GTF(耐糖因子,GTF 是一种维生素、氨基酸与三价铬的复合物)存在。GTF 能够协助胰岛素发挥作用,影响糖、脂类、蛋白质和核酸的代谢。

钼蛋白可催化硝酸根的还原及醛类、嘌呤类、亚硫酸盐的氧化,目前研究最多的是固氮酶,此酶中还含有铁,其中铁与钼形成原子簇和铁硫中心。

碱金属和碱土金属中的钾、钙、钠和镁是组成生命体系的最重要的四种元素。关于这些离子生物作用的很多研究工作正在进行,特别是关于钾离子通道的结构研究。近年来这个领域的真正领导者并不是生物无机化学家,而是结构生物学家、神经生物学家以及核磁共振研究者,他们称之为金属神经生物学。碱土金属和碱金属离子,特别是 Na^+、K^+、Ca^{2+},能在生物体内触发细胞响应,如神经元可被快速跨膜的钠离子流启动。钙结合蛋白能够调控细胞内的一些特定功能。实际上,Ca^{2+} 被认为是生物体内的第二信使。例如,激素结合到细胞表面的基本信号,可转变为细胞内 Ca^{2+} 浓度的变化信息。现在已经有很多有效的仪器设备和方法来研究配合物结构和多肽动力学,所以对生物无机化学家来说,在这个热点研究中也存在很多机会。

6.1.2　生物体中的非金属元素及其作用

C、H、O、N、P、S 这六种元素是一切生物体的基本构筑材料,人体中的一切生物分子,包括蛋白质、核酸、糖类、脂类、激素等主要由这六种元素组成。C、H、O 是绝大多数有机物的基本组成,N 是构成蛋白质的必备元素;S 是蛋白质和其他一些生物化合物的组分之一。上述六种元素在生命体中占极大的比例。而其他一些非金属元素,如 Si、Se、F、I、B 等则是微量元素,已知硼对生物生长是必需的。硅在生物体中起到重要的结构作用,如二氧化硅是硅藻和放射虫的主要成分,硅也是合成黏多糖的必要成分;硒的生物功能在很大程度上取决于其浓度,而且从缺乏到过量间隔很小,据报道,适量的硒对健康有益,有抗癌、防癌作用,但用量过大即有致癌作用,现在较多的研究集中在谷胱甘肽过氧化物酶上,它能催化过氧化物的还原反应,从而破坏体内的环氧化物和过氧化物,而这些环氧化物是化学致癌剂在体内作用后形成的。化学致癌剂是"母体化合物",而真正活泼的致癌物质则是在体内形成的环氧化物,含硒的谷胱甘肽过氧化物酶能破坏这些活泼的致癌剂。

6.2　生物无机配合物

生物无机配合物是指具有生物活性的有机配体和金属盐通过一定的化学反应而得到的配位化合物。随着科学技术的不断发展,研究者对生物无机配合物的认识也逐渐深入,他们对许多与人类健康息息相关的问题产生了极大兴趣,如无机药物对人体的影响等。有些配合物是导致某些疾病产生的原因,而另外一些却是治疗某些疾病的药物。研究者通过一定的化学方法合成各种具有生物功能的金属配合物,并通过不同的物理、化学和生物的方法对配合物进行表征,研究其物理和化学性质,并考察和研究其与生物体细胞的各种生物作用。

6.2.1　生物无机配体的分类

生物体中的金属元素往往不是以自由离子的形式存在,而是与生物分子中的配位原子结合在一起以配合物的形式存在。它们以自由离子的形式存在时没有生物活性或活性不强,而当它们与某些具有生物学功能的特定结构的配体结合时,也就是以配合物的形式存在时就能表现出某种生物活性。这些能够和金属离子配位,同时又具有一定生物学功能的配体就被称为生物配体。

按相对分子质量的大小,生物配体可分为两类:大分子配体和小分子配体。大分子配体包括蛋白质、肽、糖、核酸、糖蛋白等,相对分子质量可以达到几百万甚至上千万,在生命活动的许多反应中都起了主要作用。小分子配体包括氨基酸、羧酸、核苷酸、维生素、激素等。

按在自然界中的存在形式,生物配体可分为天然配体和非天然配体。天然配体是指在自然界中天然存在的配体,如氨基酸、蛋白质、酶、核酸等存在于有机体内的生物配体。

　　氨基酸是较常见的生物有机配体,能在酸、碱、酶等的作用下所合成肽再生成蛋白质。自然界中已发现的氨基酸有一百多种,但从蛋白质水解产物中分离出的氨基酸只有二十多种,这些氨基酸参与了各种代谢和生理生化过程,但人体自身能合成的只有十种,其余的靠外界供给。由于氨基酸中含有氨基、羧酸基、羟基、苯酚基、硫醇基、硫醚基等有机配位基团,因此它很容易和金属离子配位形成稳定的配合物。蛋白质是生物体细胞中最重要的有机物质之一。可在酸、碱、酶的催化作用下逐步水解为相对分子质量较小的多肽,最后得到氨基酸的混合物。蛋白质几乎在所有生物过程中都起着极其重要的作用,因此研究蛋白质配体有非常重要的意义。

　　核酸是生物体内相对分子质量很大的一种生物大分子化合物,其基本结构单元是核苷酸,核酸降解后生成多个核苷酸,进一步分解成核苷和磷酸,核苷酸由碱基、戊糖和磷酸基组成,存在于细胞质和细胞核内。和蛋白质一样,它是生命的物质基础,在生物的发育、生长、繁殖、遗传和变异等方面起着极其重要的作用。核苷酸的结构如下:

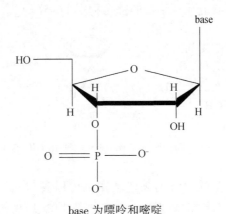

base 为嘌呤和嘧啶

　　另外,生物体在利用金属时形成一些特殊的配体,这些配体就像是现代电子元件那样插入到需要的地方发挥作用。它们是卟吩及其衍生物、咕啉及其衍生物、碟啉及其衍生物和黄素及其衍生物(图 6-4)。

　　目前人工合成了大量的非天然的化合物,其中一些有着特殊的生物活性和生物功能,也可以成为很好的配体。利用人工合成的配体来制备配合物已成为生物无机化学一个重要的发展方面。人工合成的配体与自然界中存在的配体化学结构是不同的,其称为非天然配体。非天然氨基酸就是用人工方法合成的氨基酸和其

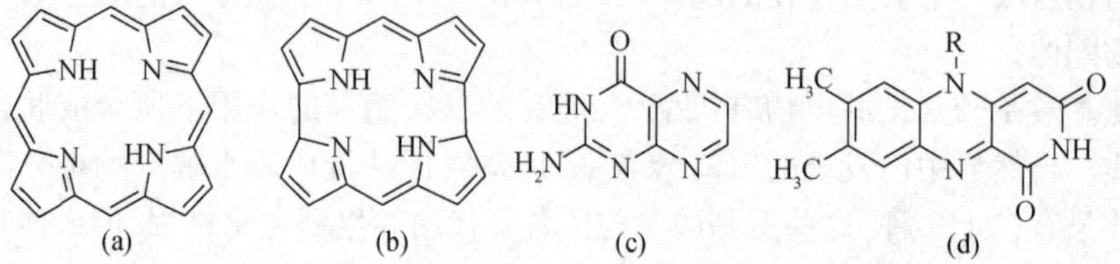

图 6-4　卟吩(a)、咕啉(b)、碟啉(c)、黄素(d)的结构

衍生物,如氨基乙酸、氨基磺酸。不同配体中的不同配位基团决定了它对金属不同的配位能力和配位方式,从而决定了其不同的生物功能。生物配体与金属离子结合所形成的配合物的生物活性与生物大分子的特性有关。

6.2.2　生物无机配合物种类

1. 氨基酸配合物

α-氨基酸最常见的是作为二齿配体,以 α-碳上的氨基和羧基作为配体基团与金属离子配位,形成具有五元环结构的螯合物[图 6-5(a)]。

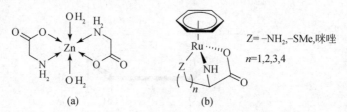

图 6-5　(a)[Zn(Gly)$_2$2H$_2$O]的结构;(b) 六种 Ru(Ⅱ)配合物的结构通式

在一定条件下,氨基酸侧链的某些基团也可以参与配位,形成三齿氨基酸配体,Scrase 等用 L-2,3-二氨基丙酸、L-2,4-二氨基丁酸、L-鸟氨酸、L-赖氨酸、L-组氨酸、L-蛋氨酸作为三齿配体与 Ru(Ⅱ)和芳环合成具有手性的多元环状配合物[图 6-5(b)],研究表明,这些配合物的稳定性随着环的增大而变弱。

Boros 等合成了十个非常规氨基酸类 Gd(Ⅲ)配合物(图 6-6),研究了这十个 Gd(Ⅲ)配合物的亲脂性、与人血白蛋白(HSA)的结合能力以及在是否有 HSA 存在情况下的弛豫效能。研究结果表明,配合物与 HSA 结合能力的大小取决于配合物的电荷和配体的结合基团。其中配合物 Gd(8)带有负电荷且具有两个结合能力强的基团,因此它与 HSA 的结合能力最强。但与 HSA 结合能力最强的,弛豫效能不一定最高。在 HSA 存在的情况下,弛豫效能最高的是小的、单阴离子配合物 Gd

(9),可能是因为该配合物对自由旋转度的减小最有效。

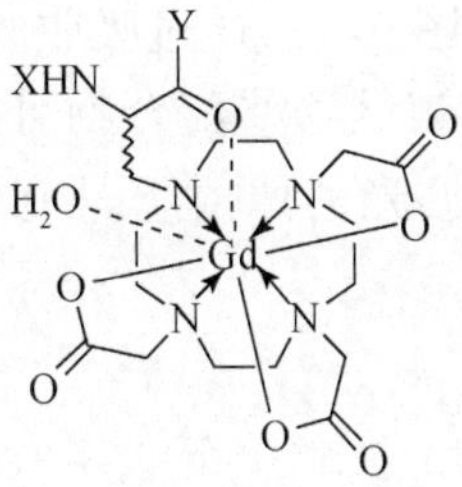

配合物	X	Y
Gd(1)	H	Gly-OMe
Gd(2)	H	(S)-NHC(CH₃)Bn
Gd(3)	COCH₃	(S)-NHC(CH₃)Bn
Gd(4)	Tyr(I)₂-H	OH
Gd(5)	Tyr(I)₂-H	Gly-OMe
Gd(6a)	Tyr(I)₂-H	(S)-NHC(CH₃)Bn
Gd(6b)	Tyr(I)₂-H	(S)-NHC(CH₃)Bn
Gd(7)	(S)-COC(CH₃)Bn	Tyr(I)₂-OH
Gd(8)	CO-Ibu	Tyr(I)₂-OH
Gd(9)	CO-Ibu	H

图 6-6　10 个 Gd(Ⅲ)配合物的结构

2. 过渡金属肽配合物

很多过渡金属元素是生物维持正常生命活动所必需的元素,常被称为生命元素。过渡金属原子或离子拥有 $(n-1)d$ 轨道,这种电子构型使其具有接受孤对电子的能力,能够与配位原子键合形成配合物。研究表明,人体内的过渡金属和蛋白质、糖、肽、酶等有着非常密切的相互作用。由于蛋白质、肽以及各种酶都是由氨基酸组成,所以研究过渡金属与氨基酸的配合物对模拟其在生命体内的存在状态及其参与的生理生化过程提供了实验基础和理论依据,同时也为某些疾病寻找更好的化学药物提供了理论指导。

Burke 等用双氧水氧化配合物 $Cu^{II}(H_{-2}Gly_2HisGly)$,使其转变为三价铜配合物 $Cu^{III}(H_{-2}Gly_2HisGly)$(图6-7),随后该配合物又衰变成了烯烃肽,这些烯烃肽虽有和咪唑一样的几何形状,但是有截然不同的光谱性质和化学性质。

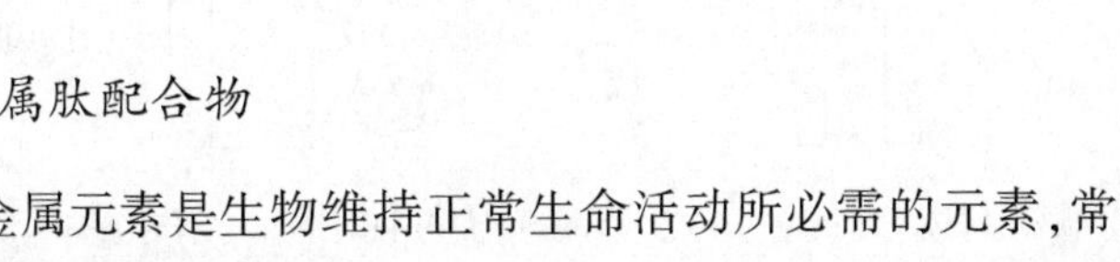

图 6-7　$Cu^{II}(H_{-2}Gly_2HisGly)$ 和 $Cu^{III}(H_{-2}Gly_2HisGly)$ 的结构

2016 年，Lay 等通过生成钡盐沉淀的形式合成了 Ba[Cr(glyglygly)(OH)₂]·
0.5CH₃OH、Ba₁.₅[Cr(glyglyglyglyH)(OH)₂][Cr(glyglyglyglyH₂)(OH)₂]·6H₂O·
CH₃OH、Ba₁.₅[Cr(glyglyglyglyglyH₂)(OH)₂]·2H₂O·CH₃OH 三种 Cr(Ⅲ)肽配合
物，然后在高碘酸等氧化物存在的情况下氧化生成四价的三甘氨酸、四甘氨酸、五
甘氨酸铬配合物，并通过一系列方法表征它们的结构，研究它们的光谱性质。

Sudhamani 等合成了 Ni(Ⅱ)、Co(Ⅲ)和肽的配合物(图 6-8)，通过吸收光谱、
黏度、热力学性质研究它们与 CT-DNA 的结合性质，结果表明这些配合物可插入
DNA 碱基对，光致裂解实验显示这些配合物在紫外-可见光的照射下具有针对
PUC19 DNA 的光核酸酶性质。

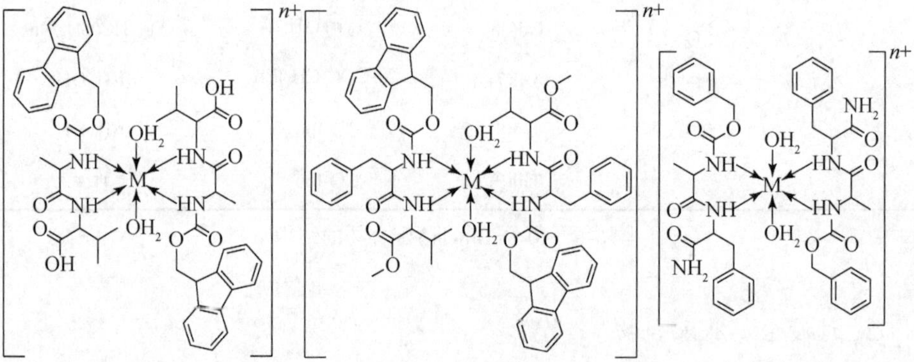

[M(F-AVOH)₂(H₂O)₂] (1)　　　[M(F-PLMe)₂(H₂O)₂] (2)　　　[M(Z-APCONH₂)₂(H₂O)₂] (3)

图 6-8　Co(Ⅲ)和 Ni(Ⅱ)的配合物的结构；$n=3$ 为 Co(Ⅲ)，2 为 Ni(Ⅱ)

3. 稀土金属肽配合物

近年来，随着许多稀土金属肽配合物的合成及对其性质的研究和认识，稀土金
属肽配合物已广泛应用于农业、医药和生物等领域。

Ancel 等合成了一个以多肽连接，且在肽链上含有原黄素单元的 Eu(Ⅲ)配合
物用于双链 DNA 的检测(图 6-9)，该原黄素单元对 Eu(Ⅲ)配合物的敏化发光作
用比常见的天然氨基酸色氨酸中的吲哚强。该配合物在与 ct-DNA 作用时具有同
原黄素插入剂相同的效率，配合物的优点是：与 ct-DNA 的作用过程可通过 Eu(Ⅲ)
中心的发光有效地检测出来，且可通过对插入单元和钛序列的改变优化 DNA 结合
性能及 Eu(Ⅲ)配合物的敏化发光。

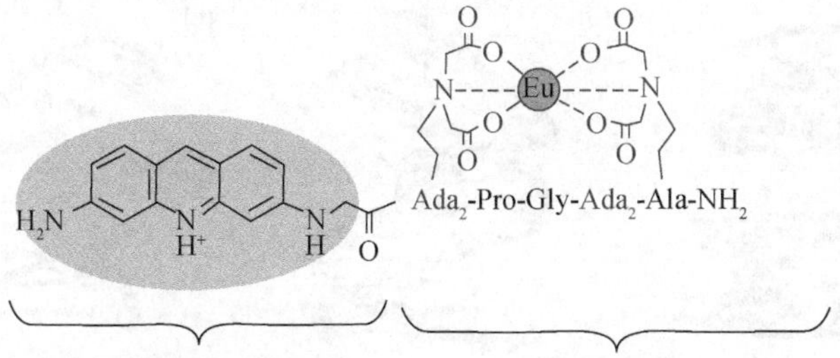

原黄素单元与DNA作用部分　　　　多肽链接部分

图 6-9　Eu(Ⅲ)配合物的结构

6.3　配合物在生物体中的应用

随着生物无机化学的发展,配合物被更多地应用在生物体中,人们对它们生物功能的认识也逐步深入,如配合物在药物中的应用、配合物与 DNA 的作用、生物体中离子荧光探针、细胞成像、活体成像等。

6.3.1　配合物与 DNA 的作用

金属配合物与 DNA 的作用模式主要分为共价结合、非共价结合和剪切作用三种。

共价作用主要表现为核酸的烷基化及 DNA 的链间交联、链内交联等。配合物与核酸的配位结合方式是配合物所特有的,其中大沟中嘌呤的 N-7 位是这种作用的主要靶点。软金属离子如 Pt(Ⅱ)、Pb(Ⅱ)、Ru(Ⅱ)、Rh(Ⅱ)等和核酸碱基的亲和性原子之间可以产生配位结合。随着软度减小,过渡金属离子还能与磷酸根的氧原子配位结合。通常,与碱基作用会降低 DNA 双螺旋的稳定性,而与磷酸根结合则会增加双螺旋的稳定性。苯并二吡咯类抗生素和它的衍生物能专一识别 DNA 小沟的 A、T 富集区,小沟内碱基序列中的 N 与分子中活泼的环丙烷共价结合后使其脱去嘌呤基团。晶体衍射等方法证实顺铂中的 Pt 原子可与 DNA 双螺旋小沟同链上相邻鸟嘌呤的 N-7 结合成复合物,使 DNA 双螺旋解链。例如,已用于临床的几种铂类抗癌药物都是以链内交联方式与双螺旋 DNA 分子相结合(图 6-10)。

非共价结合,虽然非共价相互作用很弱(一般小于 10 kJ/mol,比通常的共价键键能小 1~2 个数量级),作用范围为 0.3~0.5 nm,但这些分子间的弱相互作用力可在一定条件下起到加合与协同作用,形成有一定方向性和选择性的强作用力,而这

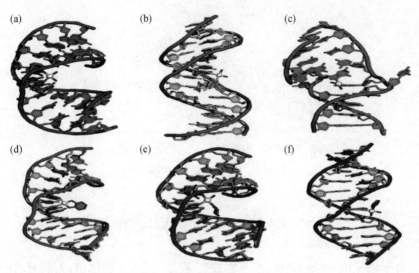

图6-10　(a)、(b)、(c)为顺铂与 DNA 形成链内交联结合；(d)、(e)、(f)分别为
奥沙利铂、赛特铂、cis-[Pt(NH_3)_2(pyridine)Cl]Cl 与 DNA 形成链内交联结合

种强作用力是分子识别与组装的基础,非共价键结合根据 DNA 作用位点(阴离子磷酸骨架、两条核苷酸形成的大沟和小沟、平行堆积的碱基)的不同可分为静电结合、沟槽结合和嵌插结合三种模式。①嵌插作用,是指类似平面的芳香环结构嵌入在 DNA 双螺旋的碱基对之间。这是配合物与 DNA 发生作用的主要方式,表现在碱基与芳环体系之间的疏水作用和 π-π 作用。配合物与 DNA 发生嵌插作用后,可抑制 DNA 的复制、转录等功能或使 DNA 发生断裂从而影响生物体的功能。②静电作用,主要指配合物通过正负电荷的作用非特异性结合在 DNA 双螺旋的外部。如 TMPyP 金属卟啉的侧链与 DNA 磷酸骨架间的静电作用可以使其稳定地嵌插在 GC 碱基之间。经典钌配合物[Ru(bpy)_3]^{2+}也是通过静电作用与 DNA 发生结合。③沟槽作用,DNA 与配合物通过双螺旋中大沟或小沟的碱基对直接作用。一般情况下非稠合芳环结构可以在旋转后连接在小沟的 AT 富集区,并且配合物 N 的供体基团和小沟的 A(N-3)、T(O-2)受体间常形成氢键。通常可连接一些功能性的活性基团于 DNA 链末端,提高其功能性,应用在药物分子的合成中。

　　DNA 剪切作用又称 DNA 的断裂,有些类似核酸酶的小分子化合物能通过氧化还原机理和水解方式断裂 DNA。氧化断裂试剂以氧化作用攻击核糖环及碱基,产生各种氧化产物,直接引起单链或双链发生断裂,这种方式往往特异性较差,实际应用较少。以水解方式断裂的试剂必须与 DNA 结合并相互作用,通常是金属配合物中的金属离子直接或间接与磷酸骨架上的氧原子配位,进攻磷酸二酯键,引起水解或酯转移反应,从而导致链断裂,但不损伤核糖环及碱基。因此水解断裂试剂相比氧化断裂试剂具有较高的序列选择性。钌、铑、铁、锌、钴等金属可以与 phen、bpy(联吡啶)、en(乙二胺)及其衍生物等形成一系列八面体配合物,它们主要作用于 DNA 的大沟,如[Rh(phen)₂(phi)]³⁺和[Rh(phi)₂(bpy)]³⁺通过 phi(菲醌二亚胺)特异插入在 DNA 大沟中而与其双螺旋发生作用,降解产物的化学修饰研究和 HPLC 分析表明,切断以后的主要产物为 3′-和 5′-磷酸酯寡聚物、游离碱基、碱基丙酸及 3′-磷酸甘油醛。

$\qquad$杨频等合成了配合物[Co(Phen)₂dppz]³⁺、[Co(bpy)₂dppz]³⁺、[Ni(Phen)₂dppz]²⁺和[Ni(bpy)₂bppz]²⁺,研究显示,配合物与 DNA 作用后吸收光谱减色、吸收峰轻微红移,随着 DNA 浓度增大,减色效应更加明显。这类配合物均是以配体 dppz 插入 DNA 碱基对中,以插入方式与 DNA 结合。该类配合物的另一显著特点是在光照条件下可以使 DNA 断裂。

6.3.2　配合物药物的应用研究

$\qquad$许多金属元素在生命体系中起着关键作用。金属的特征是它们容易失去电子成为带正电荷的离子以各种形式存在于生物体液中,这就表明金属是以阳离子的形式在生物学上起作用的。金属离子带正电荷,而绝大多数生物大分子,如蛋白质和核酸带负电荷,相反电荷相互吸引使金属离子和生物分子产生各种类型的键合作用,并由此使金属离子在生物体中有各式各样的功能和作用。

1. 传统抗癌配合物的研究

$\qquad$1965 年,Rosenberg 等研究电场对细菌生长的影响时发现,在含有 NH_4Cl 的大肠杆菌培养液中铂电极通入直流电,大肠杆菌细胞分裂就会受到抑制,长成相当于正常细胞 300 倍大的菌丝,但更换其他电极就观察不到这种现象。进一步研究表明,电流使微量的铂进入培养液。生成顺二氯二氨合铂(Ⅱ),其简称顺铂,这种配合物对于细胞分裂有强烈抑制作用。1969 年 Rosenberg 等又一次报道了顺铂这种配合物具有很强的抗癌活性,这些发现开创了金属配合物抗癌药物研究的新领域。近几十年来已经合成和筛选了大量铂配合物,铂配合物抗癌药物已经成为生物无机化学的一个重要研究课题。

$\qquad$铂配合物的抗癌活性和空间构型由关。对于配合物[PtA₂X₂],当 A 为 NH_3 或 CH_3NH_2 等胺类分子,X 为 Cl 或 Br 等基团时,顺式构型具有抗癌活性,对 S-180 肉瘤、L-1210 白血病、ADJ/PC6A 血浆细胞癌等具有抑制能力。而反式异构体则没有活性。这种差别可能与配体取代动力学性质有关。在[PtA₂X₂]中,胺类分子 A 是

与 Pt 结合牢固的保留基团,X 是离去基团。反式异构体中的 X⁻取代速度比顺式快
5~10 倍,于是反式铂配合物在体内运送的过程中 X 会迅速被多种亲核基团取代而
不能到达靶分子的位置。顺式的取代速度稍慢,能顺利到达指定位置,从而发挥抗
癌的作用。

　　大量实验研究表明,铂类配合物抗癌机理存在 3 种,一种是链间交联机理。顺
铂的分子结构与氮芥[N,N-二(2-氯乙基)甲胺]相似,都有两个可被亲核基团取代
的氯原子。氮芥的两个氯原子相距 0.8 nm,能与癌细胞 DNA 双链两个相邻面上的
鸟嘌呤 N-7 原子产生链间交联,阻碍 DNA 复制从而抑制癌细胞的分裂。顺铂的两
个氯原子相距 0.33 nm,实验证明它能使 DNA 产生链间交联。但进一步定量研究
显示,顺铂与 DNA 作用产生链间交联的概率只有 1/400,而在相同条件下氮芥为
1/8,这说明顺铂通过链间交联阻碍 DNA 复制的可能性非常小。另外反铂也能产
生链间交联,这种机制就无法解释反铂没有抗癌活性。所以人们通过研究提出了
第二种螯合机理,该机理认为顺铂与 DNA 链上同一个鸟嘌呤的 N-7 和 C-6 羰基氧
螯合,使得鸟嘌呤的 C-6 羰基氧与另一条链的胞嘧啶 N-3 间的氢键断裂,抑制 DNA
复制。鸟嘌呤的 N-7 和 C-6 羰基氧相距 0.32 nm,和顺铂的两个氯原子距离接近,
有条件形成螯合物;而反式铂却不能与同一个鸟嘌呤形成螯合物(图 6-11)。第三
种机理是键内交联机理。顺铂与 DNA 同一条链上相邻鸟嘌呤的 N-7 原子配位从
而导致 DNA 复制遗传功能受阻。

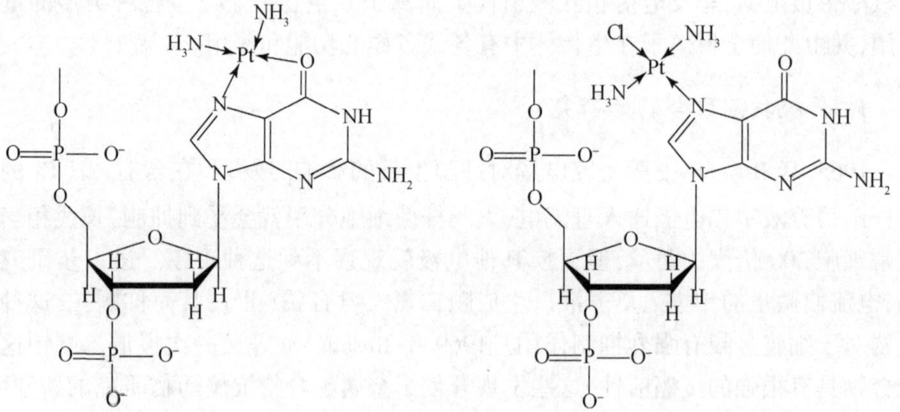

图 6-11　顺铂、反铂与 DNA 的一个鸟嘌呤形成的配合物

　　随着人们对铂类药物抗癌机理的研究,人们合成出了很多抗癌效率高、毒副作
用小的铂抗癌配合物,如卡铂(1989 年)、奈达铂(1995 年)、依铂(1999 年)、奥沙
利铂(2002 年)、洛铂(2010 年)(图 6-12),与顺铂相比,它们的抗肿瘤效率更高且
毒副作用更小。

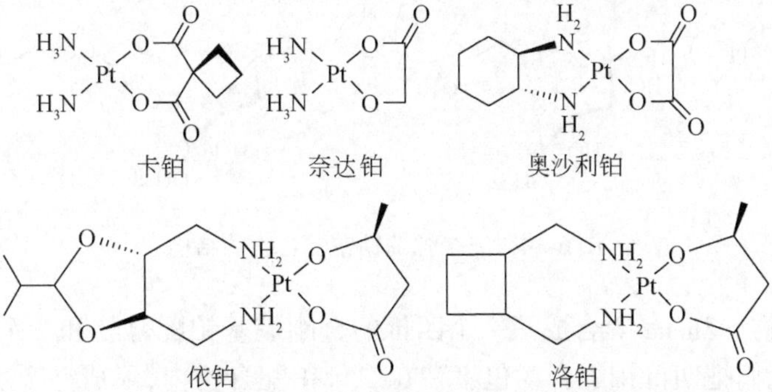

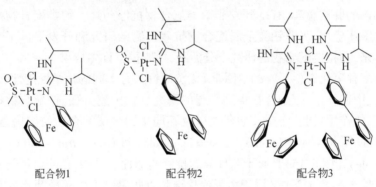

图 6-12　五种获得临床批准和销售的铂类抗癌药物的结构

　　除此之外,还有大量没有获得临床批准和销售的铂配合物也具有很好的抗癌作用。例如,2015 年 Daniel 等合成了三个含二茂铁类铂配合物(图 6-13),通过研究发现,配合物 1 和 2 分别对乳腺癌细胞 HBL- 100(breast)、宫颈癌细胞 HeLa(cervix)、小细胞肺癌 SW1573(lung)、人乳腺管癌细胞 T-47D(breast)、结肠癌细胞 WiDr(colon)五种癌细胞有抑制作用,并且抑制率优于顺铂。

配合物1　　　　　　　　配合物2　　　　　　　　配合物3

图 6-13　三个铂配合物的结构

　　2016 年 Patra 等合成了三种葡萄糖铂配合物(图 6-14),由于第一个配合物的离去基团与卡铂相似,所以稳定性很强,他们通过实验也证实了这一点,他们把第一个配合物在重水中放置 72 h 后通过核磁共振证实配合物没有发生变化。通过对卵巢癌细胞 A2780(ovarian cancer)和前列腺癌细胞 DU145(Prostate cancer)两种癌细胞的抑制情况研究发现,第一个配合物对这两种癌细胞都有抑制作用,并且能够通过蛋白质介质的传递在癌细胞内优先累积。

　　以上介绍的都是二价铂配合物,由于现在临床使用的铂配合物都是以二价的形式存在,在临床使用的过程中,患者会产生耐药性,所以人们开始合成四价的抗

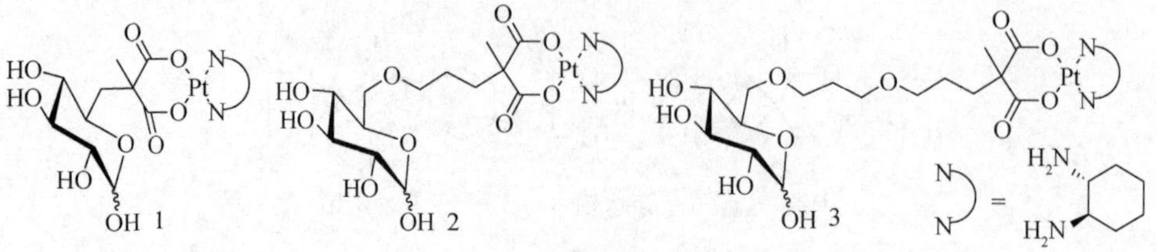

图 6-14　三个葡萄糖铂配合物的结构

癌类铂配合物。Zheng 等合成了一个四价的金刚烷基铂配合物和一个二价的笼状铂配合物,他们把四价铂配合物包裹在在二价铂配合物内,形成一个主-客体铂配合物,这样它就兼有两者的特性,可以很好地传输到细胞内。通过这三种铂配合物对肝癌细胞 A549（lung carcinoma）、A2780（ovarian carcinoma）和卵巢癌细胞 A2780CP70)三种癌细胞的细胞毒性研究发现,主-客体铂配合物表现出比四价铂配合物和二价铂配合物更高的抗癌活性,并有相当于顺铂的活性。

　　2. 新型抗癌配合物的研究

　　铂配合物是癌症治疗中较有效的药物,但是其副作用问题仍未解决,特别是对抗铂类药物的肿瘤患者,有待开发非铂类配合物抗癌药物。铂类配合物抗癌药物的合成和临床应用,为非铂类金属配合物抗癌药物的研究和开发提供了有益的经验。近年来,非铂类配合物的研究十分活跃,并取得了许多成果。

　　钌有多种氧化态(-2~ +8),不同氧化态的钌具有不同的化学稳定性。从 20 世纪 70 年代中期开始,钌配合物得到广泛的研究。在抗癌方面,钌配合物显示出低毒性、崭新的作用机制、无交叉耐药性以及不同于铂金属配合物的抗癌谱等优点。化合物 Him（$trans\text{-}[RuCl_4(im)_2]$, im = imidazole）和 Hind（$trans\text{-}[RuCl_4(ind)_2]$, ind = indazole）(图 6-15)具有十分优异的抗肿瘤活性。其中,Him 对结肠直肠癌的化疗作用优于 5-氟尿嘧啶(用于衡量治疗结肠直肠癌能力的标准药物),另外对一些实体肿瘤,如肝癌、结肠直肠癌、子宫内膜癌等已进入临床 Ⅱ 期试验阶段。

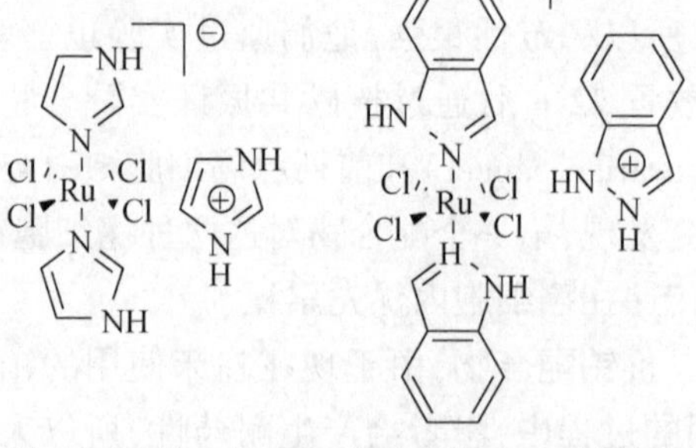

图 6-15　化合物 Him 和化合物 Hind 的结构

在研究钌配合物的抗癌机制中,Fruhauf 等发现 DNA 是主要作用靶点,Hind 和 Him 两个化合物可与 DNA 共价结合,而且优先结合富含 GC 的 DNA 区域。与 DNA 作用后,可抑制 DNA 的合成,从而达到抗肿瘤目的。此外,这两种化合物还可作用于拓扑异构酶Ⅱ,造成 DNA 的永久损伤,这种永久损伤的累积造成基因畸变,最终使细胞凋亡或坏死。这两种化合物的作用靶点除 DNA 外,还可与人血白蛋白和转铁蛋白循环体系的相关蛋白结合,这可以改变化合物在体内的分布情况,并改善药物的毒副作用。在动物原发型结肠直肠癌模型实验中 Him 具有较好的抗癌活性,但 Hind 具有较 Him 低的毒副作用,这种差异性与两种化合物和蛋白结合能力的大小以及结合位点有关。此外,肿瘤细胞中 Fe 的需求量较大,转铁蛋白的含量较正常细胞多,因此钌配合物可通过转铁蛋白循环体系到达肿瘤细胞,对肿瘤细胞具有一定的选择性。

一氧化氮是自然界中最小、最简单的生物活性分子之一,普遍存在于哺乳动物体内,参与调解许多细胞活动,包括血管生长、平滑肌舒张、免疫应答、细胞凋亡和突触信息传递等。NO 除了在正常生理活动中发挥作用以外,大量研究已证实其与许多疾病,特别是肿瘤的发生和发展密切相关。NO 在生物体内可由 NO 合酶(NOS)以 L-精氨酸和分子氧为底物,通过氧化反应而生成。NO 分子和 NO 合成代谢过程中生成的 NO_2、NO_2^-、NO_3^- 和 $ONOO^-$ 等含氮自由基,被统称为反应性氮代谢物。现有资料显示,NO 与肿瘤之间存在双重关系:适当浓度的 NO 可促进肿瘤生长,高浓度的 NO 则不利于肿瘤生长而具有抗肿瘤作用。持续低浓度 NO 可促进肿瘤细胞生长、参与肿瘤血管形成和抑制肿瘤细胞凋亡等。Ziche 等报道了三个钌配合物 NAMI-A,KP1339 和 RuEDTA(图 6-16),在抑制肿瘤细胞转移和生长的动物模型中,这三个配合物可与 NO 紧密结合形成 Ru-NO 加合物使自由 NO 分子失活,自由 NO 分子失活可抑制肿瘤血管生成,通过抑制肿瘤血管生成从而起到抗肿瘤以及抑制肿瘤细胞转移的作用,且该系列配合物不直接作用于肿瘤细胞,因此与顺铂相比,具有较低的毒副作用。

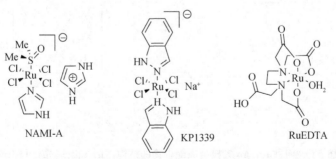

图 6-16　NAMI-A、KP1339 和 RuEDTA 化合物的结构

Huang 等合成了四个非对称的原位插层 Ru(Ⅱ)配合物,并研究了它们的抗癌性质(图6-17),分别做了四个配合物对五种癌细胞(子宫癌细胞、肝癌细胞 Hep-G2 和 Bel-7402、肺癌的顺铂敏感细胞 A549 和耐顺铂细胞 A549R)的细胞毒性实验并且与顺铂进行了比较,发现配合物 Ru1 的 IC_{50}(半抑制溶度)都在 100 μmol/L 以上,而只有配合物 Ru4 的半抑制溶度与顺铂的相当,这为以后发现新型钌配合物抗癌药物提供了基础。

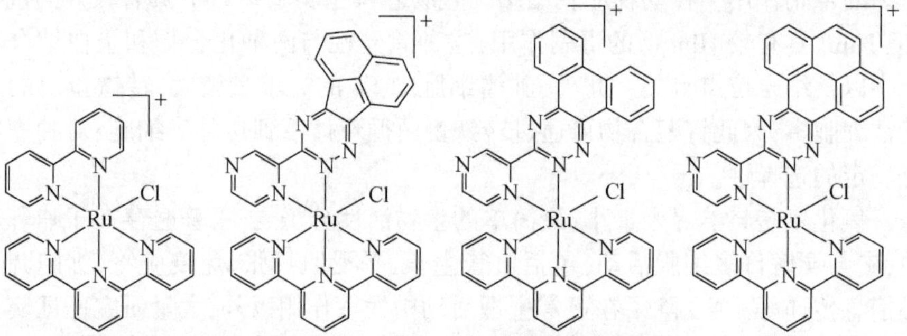

图 6-17　四种 Ru(Ⅱ)配合物的结构

Gallardo 等合成了四种 Ru 和 Au 的异核配合物[图6-18(a)],用这四种配合物对肾癌细胞 Caki-1、结肠癌细胞 HCT116、肾细胞 HEK-293T 三种细胞做了细胞毒性实验并且与顺铂进行比较,发现四个配合物对两种癌细胞的半抑制浓度都比顺铂低,而对肾细胞 HEK-293T 的半抑制浓度高。除了配合物 1 的半抑制浓度在100 μmol/L 以下,其他都大于 100 μmol/L。实验表明,双金属异核配合物在体外的肾癌细胞的抑制中发生了协同作用。另外四种配合物对肾细胞 HEK-293T 的毒性较小,说明这四种配合物的选择性较好。

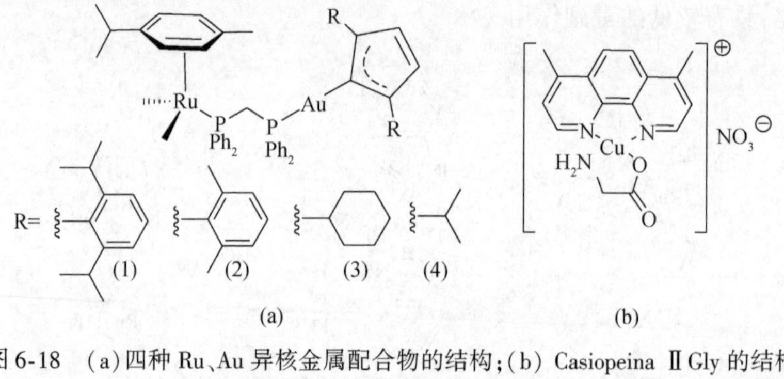

图 6-18　(a)四种 Ru、Au 异核金属配合物的结构;(b) Casiopeina Ⅱ Gly 的结构

以 Cu(Ⅱ)为中心的配合物可作为细胞毒素物质,在一些体外细胞实验中具有

抗癌作用,有的在小鼠癌症模型体内研究中也显示了抗癌活性。Cu(Ⅱ)配合物的抗癌机制具有多样性,包括与 DNA 的相互作用,对线粒体功能的影响以及活性氧(ROS)的产生,可扩大抗癌谱,并可对具有耐药性的癌症产生抗肿瘤活性,其中的代表化合物为 Casiopeinas,其是分子结构含有[Cu(N-N)(O-O)]NO$_3$ 或者[Cu(N-N)(O-N)]NO$_3$ 的一系列化合物。在体外实验中,Casiopeina Ⅱ Gly[图 6-18(b)]通过激活 Caspases 类蛋白,使对顺铂敏感和不敏感的小鼠白血病细胞 L1210 和人卵巢癌细胞 CH1 产生凋亡作用,也可诱导聚腺苷二磷酸-核糖聚合酶(PARP)降解,对 DNA 产生核酸酶类似活性,使 DNA 纵向裂解,造成肿瘤细胞死亡。Casiopeina Ⅱ Gly 还可改变细胞内的氧化应力,使谷胱甘肽含量降低,在体内产生 ROS 和羟基自由基对细胞造成伤害,降低细胞生存能力。在体内实验中,Casiopeina Ⅱ Gly 也通过这两种作用机制产生抗肿瘤活性。在异种移植的老鼠神经胶质瘤 C6 模型中,Casiopeina Ⅱ Gly 在高浓度(5 μg/mL 和 10 μg/mL)时产生 ROS,激活 Caspases 类蛋白和 DNA 纵向裂解引起细胞死亡,而在低浓度(1 μg/mL 和 2.5 μg/mL)时,则主要表现为由 ROS 的产生和凋亡诱导因子(AIF)所造成的肿瘤细胞凋亡。

　　Goswami 等合成了八个铜配合物(图 6-19),其中六个配合物中含有二茂铁单元。利用八个配合物对子宫癌细胞 HeLa 和乳腺癌细胞 MCF-7 细胞毒性做了研究并以顺铂为参照,发现这些配合物在黑暗的情况下细胞毒性比较小,但是在波长400~700 nm 可见光的照射下,它们的细胞毒性明显增强,而对照实验中顺铂的毒性没有明显的变化。例如,配合物 6 在光照下对子宫癌细胞 HeLa 的半抑制溶度为2.3 μmol/L,而在黑暗的条件下半抑制溶度为 30 μmol/L,这些配合物具有潜在的光致细胞毒性应用价值。

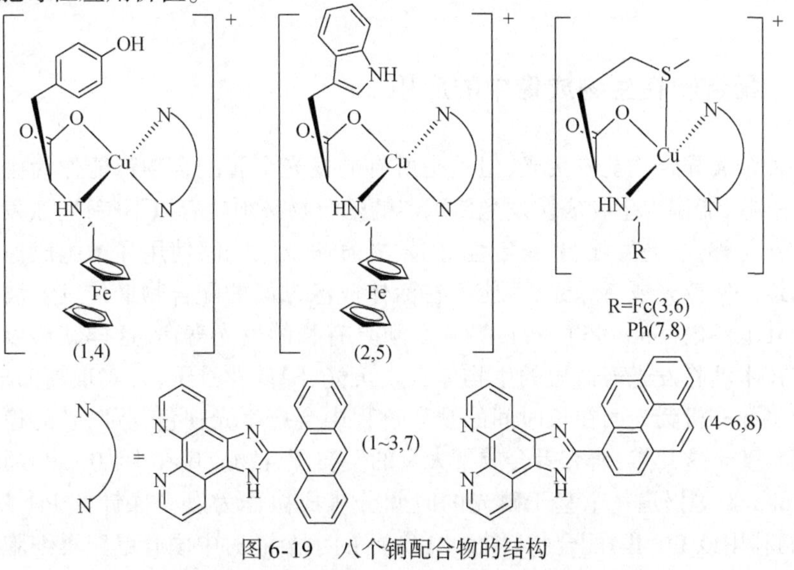

图 6-19　八个铜配合物的结构

Rafi 等合成了九个双核 Ni(Ⅱ)、Cu(Ⅱ)、Zn(Ⅱ)配合物(图 6-20),通过对人类乳腺癌细胞 MDA-MB-231 和正常细胞大鼠成肌细胞 L-6 的毒性试验表明,1,4,6 三个配合物对人类乳腺癌细胞 MDA-MB-231 的半抑制浓度比较低,可以作为潜在抗肿瘤药物,但由于它们对正常细胞的半抑制溶度也很低,综合来看,这三种配合物不适合作为抗癌药物。配合物 5 和 7 两种细胞的半抑制溶度相差很大,但是由于它们的半抑制溶度太高而不能作为抗癌药物。配合物 2,3 和 9 对两种细胞的半抑制溶度都较低,但是它们对正常细胞的半抑制溶度比癌细胞的更低,所以这三种配合物对癌细胞具有一定的选择性。

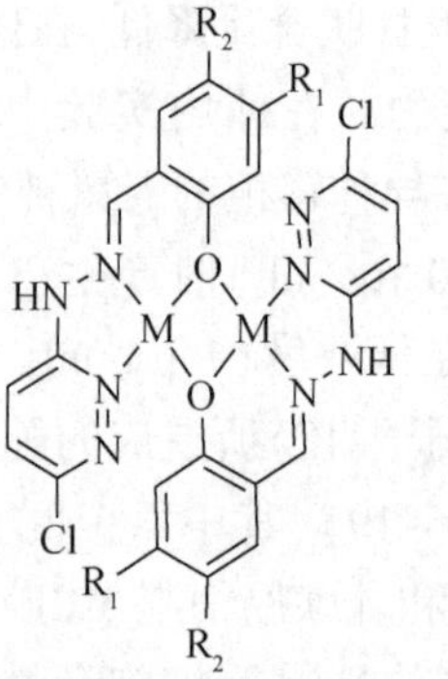

	HL^1	HL^2	HL^3
R$_1$ =	H	H	NEt$_2$
R$_2$ =	H	NO$_2$	H

M=Ni(Ⅱ),Cu(Ⅱ)或Zn(Ⅱ)

图 6-20 九个双核 Ni(Ⅱ)、Cu(Ⅱ)、Zn(Ⅱ)配合物结构:$[Ni_2(L^1)_2](NO_3)_2(1)$, $[Ni_2(L^2)_2](NO_3)_2(2)$,$[Ni_2(L^3)_2](NO_3)_2(3)$, $[Cu_2(L^1)_2](NO_3)_2(4)$, $[Cu_2(L^2)_2](NO_3)_2(5)$, $[Cu_2(L^3)_2](NO_3)_2(6)$, $[Zn_2(L^1)_2](NO_3)_2(7)$, $[Zn_2(L^2)_2](NO_3)_2(8)$, $[Zn_2(L^3)_2](NO_3)_2(9)$

6.3.3 配合物在生物成像中的应用

多种金属配合物能发荧光,但不是所有的发光金属配合物都能作为生物成像发光传感器,能作为生物成像发光传感器的配合物必须具有以下特性:激发和发射的 Stokes 位移大、亮度强、光稳定性好、发光寿命长。能够使用在细胞成像方面的配合物最好发蓝光或者绿光,而能用在活体成像方面的配合物最佳发射波长应该在近红外范围内(650~950 nm),另外必须具有长的发光寿命,这样就可以利用时间门控技术消除发光寿命短的生物体自发荧光,降低背景干扰,实现高的信噪比。由于大多数有机荧光团在长时间的观察过程中会产生光褪色,所以光的稳定性一定要好。基于这几点,研究者合成了大量的金属配合物应用在生物成像方面。

Williams 等报道一个基于磷光的时间分辨成像作为发光探针的 Pt(Ⅱ)配合物,他们利用该 Pt(Ⅱ)配合物[图 6-21(a)]的水溶液对中国仓鼠卵巢细胞进行孵育,在 355 nm 激光波长的作用下得到了中国仓鼠卵巢细胞的时间分辨细胞成像图 [图 6-21(b)],左图为在 0 ns 时间时的成像图,此时由于荧光素的发射充满了整个画面,细胞基本分辨不出来;右图为延迟 10 ns 的时间细胞成像图,由于细胞内的 Pt(Ⅱ) 配合物发光寿命较长,细胞可清楚地识别出来。

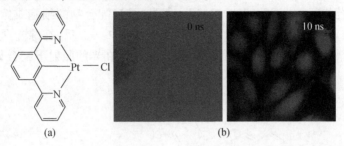

图 6-21　(a) Pt(Ⅱ)配合物的结构;(b) 中国仓鼠卵巢细胞的时间分辨成像图

　　李富友课题组合成了六个含有 C^N、N^N 配体的铱配合物(图 6-22),该系列配合物荧光量子产率高,且发射波长根据配体结构的变化可从蓝色延伸到近红外区。细胞染色实验表明,该系列配合物具有细胞毒性低、光致褪色能力低、细胞膜渗透性较好和活细胞细胞质染色性质专一等优点。其中配合物 2 和 4 与商用有机小分子 DAPI 相比呈现出较好的光稳定性。考虑到长激发波长在活细胞成像方面具有重要的实际应用价值,配合物 6 可由 488 nm 激发,减少了因紫外激发而造成的生物样品损伤及生物自发光干扰。

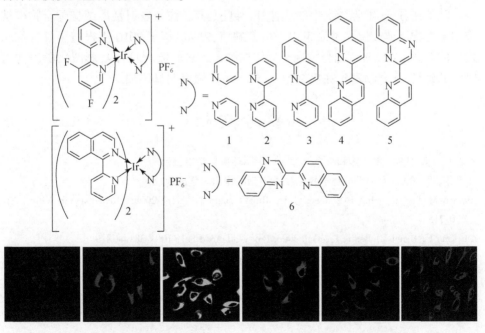

图 6-22　铱配合物的结构及相应的子宫癌细胞 HeLa 细胞成像图

　　Karaoun 等合成了一个具有光选择药物释放性质的 Ru（Ⅱ）配合物［图 6-23（a）］,该配合物在黑暗环境中性质稳定、细胞毒性低。在绿光照射下,该配合物分解成不发光的配合物［Ru（phen）$_2$ec（H$_2$O）］$^{2+}$和药物益康唑。与母体药物益康唑相比,前体药物 Ru（Ⅱ）配合物的水溶性和稳定性增加,且具有好的细胞内累积和光选择药物释放性质。图 6-23（b）（彩图）是该配合物的细胞成像图,通过实验发现,在结直肠腺癌上皮细胞 DLD-1 加入配合物 2~4 h 后,在绿光照射下,随着照射时间的增加,配合物发射强度明显减低,这说明在光的照射下配合物发生了有效分解。

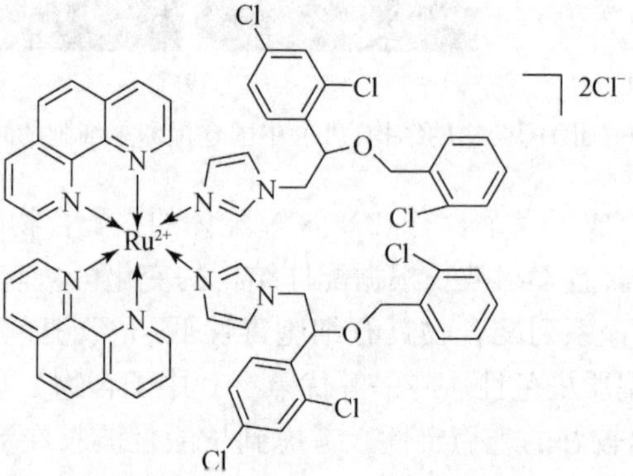

图 6-23　（a）Ru（Ⅱ）配合物结构

　　除了在分子、细胞层次上的成像外,某些具有长波长发射性质的铱配合物也被应用于生物活体成像。肿瘤组织一般都缺氧,Zhang 等于 2010 年报道了具有红光发射的 Ir（btp）$_2$（acac）配合物用于活体内肿瘤乏氧成像（图 6-24,彩图）,随着注射时间的延长,配合物富集在癌细胞上,使得荧光强度明显增加。

参 考 文 献

不破敬一郎. 1984. 生物体和重金属. 北京：中国环境科学出版社.

计亮年,等. 2008. 生物无机化学导论. 2 版. 广州：中山大学出版社.

Alemón-Medina R, Muñoz-Sánchez J L, Ruiz-Azuara L, et al. 2008. Toxicology in Vitro, 22：710-715.

Amesano F, Banci L, Beaim I, et al. 2003. Proc Natl Acad Sci, 100：3814-3819.

Ancel L, Gateau C, Lebrun C, et al. 2013. Inorg Chem, 52：552-554.

Bergamo A, Gava B, Alessio E, et al. 2002. Int J Oncol, 21：1331-1338.

Botchway S W, Charnley M, Haycock J W, et al. 2008. Proc Natl Acad Sci USA, 105：16071-16076.

Burke S K, Xu Y, Margerum D W. 2003. Inorg Chem, 42：5807-5817.

Chiou S J, Riordan C G, Rheingold A L. 2003. Proc Natl Acad Sci, 100: 3695-3700.

De V A, Rivero-Muller A, Ruizramirez L, et al. 2000. Toxicology in Vitro, 14: 1-5.

Dobson C M. 1999. Trends Biochem Sci, 24: 329-332.

Dobson C M. 2001. Philos Trans Roy Soc B, 356: 133-145

Fernandezgallardo J F, Elie B T, Sanau M, et al. 2016. Chem Commun, 52: 3155-3158.

Frühauf S, Zeller W. 1991. Cancer Res, 51: 2943-2948.

Froelich-Ammon S J, Osheroff N. 1995. J Biol Chem, 270: 21429-21432.

Gopal Y V, Kondapi A K. 2001. J Biosciences, 26: 261-276.

Goswami T K, Gadadhar S. 2014. Dalton Trans, 43: 11988-11999.

Hartmann M, Einhäuser T J, Keppler B K. 1996. Chem Commun, 15: 1741-1742.

Headlam H A, Lay P A. 2016. J Inorg Biochem, 162: 227-237.

Huang H, Zhang P. 2016. Dalton Trans, 45: 13135-13145.

Jezowskabojczuk M W, Bal W, Kasprzak K S. 1996. J Inorg Biochem, 64: 231-246.

Karaoun N, Renfrew A K. 2015. Chem Commun, 51: 14038-14041.

Kawai H, Tarui M, Doi M, et al. 1995. Febs Lett, 370: 193-196.

Keppler B, Berger M, Heim M. 1990. Cancer Treat Rev, 17: 261-277.

Keppler B, Henn M, Juhl U, et al. 1989. Progress in Clinical Biochemistry and Medicine, 10: 41-69.

Kimura E, Aoki S, Kikuta E, et al. 2003. Proc Natl Acad Sci, 100: 3731-3736.

Küng A, Pieper T, Keppler B K. 2001. J Chromatogr Biomed Appl, 59: 81-89.

Kratz F, Hartmann M, Keppler B, et al. 1994. J Biol Chem, 269: 2581-2588.

Kunimoto M, Sadaoka Y, Nakanishi T, et al. 2016. J Phys Chem C, 120: 15722-15728.

Liu X, Jin W, Theil E C. 2003. Proc Natl Acad Sci, 100: 3653-3658.

Morbidelli L, Donnini S, Filippi S, et al. 2003. Brit J Cancer, 88: 1484-1491.

Nieto D, Cuadrado I, Gonzálezvadillo A M, et al. 2015. Organometal, 34: 5407-5417.

Patra M, Johnstone T C, Suntharalingam K, et al. 2016. Angew Chem Int Ed, 128: 2596 -2600.

Rafi U M, Mahendiran D, Haleel A K, et al. 2016. New J Chem, 40: 2451-2465.

Reedijk J. 2003. Proc Natl Acad Sci, 100: 3611-3616.

Sava G, Capozzi I, Clerici K, et al. 1998. Clin Exp Metastas, 16: 371-379.

Sava G, Clerici K, Capozzi I, et al. 1999. Anti-cancer Drug, 10: 129-138.

Scrase T G, O'Neill M J, Peel A J, et al. 2015. Inorg Chem, 54: 3118-3124.

Seravalli J, Gu W, Tam A, et al. 2003. Proc Natl Acad Sci, 100:3689-3694.

Serli B, Zangrando E, Iengo E, et al. 2002. Inorg Chem, 41: 4033-4043.

Serli B, Zangrando E, Iengo E, et al. 2002. Inorg Chim Acta, 339: 265-272.

Smith C A, Sutherland-Smith A J, Kratz F, et al. 1996. J Biol Inorg Chem, 1: 424-431.

Sudhamani C N, Bhojya Naik H S, Girija D, et al. 2014. Spectrochimica Acta Part A, 118: 271-278.

Todd R C, Lippard S J. 2009. Metallomics, 1: 280-291.

Trejo-Solís C, Palencia G, Zúniga S, et al. 2005. Neoplasia, 7: 563-574.

Welch J T, Kearney W R, Franklin S J. 2003. Proc Natl Acad Sci, 100: 3725-3730.

Williams R J P, Moore G R, Wright P E. 1977. New York: Wiley.

Yu M, Zhao Q, Shi L, et al. 2008. Chem Commun, 18: 2115-2117.

Zhao Q, Yu M, Shi L, et al. 2010. Organometallics, 29: 1085-1091.

Zheng Y R, Suntharalingam K, Johnstone T C, et al. 2015. Chem Sci, 6: 1189-1193.

第7章 发光配合物分子识别化学

配合物发光材料具有荧光寿命长、发射峰半峰宽窄、Stokes 位移大和稳定性高等优良的光物理特性,在荧光免疫分析、蛋白质活性测定、核酸检测、离子识别等领域有着广泛而重要的应用前景。设计开发配合物光学传感器并将其应用于环境中和生命体内重要分子的识别分析,是当今配位化学的研究热点。本章首先介绍了配合物识别的原理、金属配合物的光学特性和发光原理,然后对配合物荧光化学传感器的设计机制进行了探讨,并结合实例详细介绍了配合物荧光化学传感器在pH、金属离子、阴离子、活性氧、活性硫和生物大分子等检测分析中的应用,最后总结配合物发光材料在当前应用中面临的问题以及未来的发展方向。

7.1 发光配合物分子识别研究

7.1.1 配合物分子识别的原理

分子识别这一概念最初是被有机化学家和生物学家在分子水平上研究生物体系中的化学问题而提出,用来描述有效且有选择性的生物功能。现在的分子识别已经发展为表示主体(受体)对客体(底物)选择性结合并产生某种特定功能的过程。分子识别的过程实际上是分子在特定的条件下通过分子间作用力的协同作用达到相互结合的过程。互补性及预组织是决定分子识别的两个关键原则,前者决定识别过程的选择性,后者决定识别过程的键合能力。

配体上带有某种官能团、具有特定空间构型的配合物与有机分子或生物分子之间存在着不同程度的专一结合现象,这就是配合物的分子识别。例如,△型和Λ型的邻菲罗啉金属配合物 $[M(phen)_3]^{2+}$ 可以选择性的插入 B 型和 Z 型 DNA 的双螺旋结构中,从而实现对 B 型和 Z 型 DNA 的识别。配合物分子识别的研究是当今仿生化学、配位化学和生物无机化学的前沿课题。

7.1.2 配合物荧光化学传感器

1. 荧光化学传感器简介

荧光化学传感器是分子识别领域的一个重要研究方向。一般而言,荧光化学传感器能够选择性识别并结合目标分子,同时将这种结合信息以可检测的荧光或者磷光信号传导出来。这些光信号既可以是吸收和发射波长的变化,也可以是光的强度变化或者寿命变化等。荧光化学传感器主要组成部件有三个(图7-1):①识别结合基团(R),能选择性识别结合目标物分子,并使传感器所处的化学环境发生改变。这种结合可以通过配位键、氢键等作用实现。②信号报告基团(发色团,F),把识别基团与目标物结合引起的化学环境变化转变为容易观察到的输出信

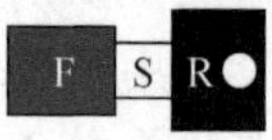

图 7-1　荧光化学传感器的组成

号。信号报告基团起到了信息传输的作用,它把分子水平上发生的化学信息转换成能够为人感知(颜色变化)或仪器检测的信号(荧光等)。③连接基团(S),将信号报告基团和识别结合基团连接起来,根据设计的不同连接基团可有多种选择,一般用作连接基团的是亚甲基等短链烷基。

传统的荧光化学传感器通常以花菁类、酞菁类、吖啶类、香豆素类、罗丹明类和荧光素类等有机染料为发色团,它们具有合成简单和细胞膜穿透好的优点。但是此类探针也存在诸多缺陷,例如,Stokes 位移较小,荧光易于自猝灭;抗光漂白能力差,不能对分析物进行长时间实时连续的荧光跟踪;发光易被复杂的共存物背景荧光掩盖等。考虑到有机染料发色团在光物理学性质上的缺陷,当前很多学者已经致力于配合物荧光化学传感器的开发研究。

2. 配合物荧光化学传感器

配合物荧光化学传感器主要指对待测物有荧光识别分析功能的金属–有机配体配合物。在此类配合物中,配位中心以过渡金属离子和稀土金属离子为主,因为它们的电子层排布较多,容易吸收电子,而有机配体可依据传感器的用途选择不同的种类。相对于有机发光染料,配合物发光材料主要具有以下优势:

(1)配合物的发射光谱与吸收光谱之间的 Stokes 位移比较大(部分在 200 nm 以上),有效地避免了样品中因传感器浓度过大而产生的自吸收问题,使得发光强度与配合物浓度之间在较宽的浓度范围内呈现剂量依赖性关系。

(2)配合物从吸收光子到发射光子的过程中存在着配体和金属离子之间的能量或电荷转移,发光过程受到延迟,一般具有较长的发光寿命,如稀土离子配合物的荧光寿命通常在数十微秒(Sm^{3+}、Dy^{3+})或数百微秒(Eu^{3+}、Tb^{3+})以上。此特征使得配合物荧光化学传感器在应用于生物组织和复杂环境样品测定时可以采用时间分辨的方式,有效地消除背景荧光的干扰。

(3)配合物的光稳定性较强,可以对待测物进行长时间的实时连续监测。

(4)稀土配合物的发射光谱比较尖锐,最大发射峰的半峰宽约为 10 ~ 15 nm,并且受环境和配体等因素的影响较小,不同的镧系金属离子的最大发射峰之间基

本没有重叠,使得多种稀土离子配合物传感器能够同时检测目标分子。

7.2　配合物的发光原理

配合物荧光化学传感器的基本原理是基于目标分子对配合物发色团的荧光信号调控。配合物发色团依据配位金属离子的种类不同,可以分为稀土配合物发色团和过渡金属配合物发色团,下面将对两类配合物发色团的发光机理予以介绍。

7.2.1　稀土配合物的发光机理

根据光谱学和量子力学的知识可以得知,大部分三价稀土离子的吸收和发射主要依赖于内层 4f-4f 能级之间的跃迁,而稀土离子的 f-f 跃迁是禁阻的,故离子本身的摩尔吸光系数很小,直接吸收光的能力很弱,所以一般采用在紫外光区有强吸收的有机配体作为生色团与稀土离子螯合生成稀土配合物,通过生色团的"天线效应"把吸收的能量传递给稀土离子来激活稀土离子发光。其具体过程如图 7-2 所示:首先,配体吸收激发光的能量从基态(S_0)跃迁至第一激发单重态(S_1),处于此激发态的配体是不稳定的,其能量可以通过辐射的方式释放从而发出配体的荧光,也可以通过系间窜越(intersystem crossing, ISC)的方式传递到配体的第一激发三重态(T_1)。此时可能发生 T_1 至 S_0 的辐射跃迁发出配体磷光。若配体的 T_1 能级高于稀土离子激发态的能级,就可以进一步发生配体到稀土离子的分子内能量转移(intramolecular energy transfer, IET)过程,将稀土离子激发至激发态,在稀土离子从激发态回到基态的过程中以光辐射的方式释放能量,发射出稀土离子特有的长寿命荧光。

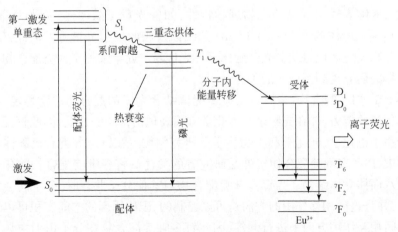

图 7-2　稀土(铕)配合物发光机理

7.2.2　过渡金属配合物的发光机理

外层电子排布为 d^6、d^8、d^{10} 的过渡金属配合物由于具有较强的自旋电子耦合效应,处于基态的分子在受光激发后,单重激发态的配合物能有效通过内转换(IC)的方式将能量转移到其三重激发态,从而发出较强的配合物特征磷光。通常在室温下能发出磷光的过渡金属配合物有:d^{10} 电子构型的 Au(Ⅰ)、Cu(Ⅰ) 配合物,d^8 电子构型的 Pt(Ⅱ)配合物及 d^6 电子构型的 Re(Ⅰ)、Ru(Ⅱ)、Os(Ⅱ)、Ir(Ⅲ)、Rh(Ⅲ)配合物。

相对于有机荧光染料及稀土离子配合物发光材料,过渡金属配合物在受到光激发后,激发态性质较为复杂。研究结果表明,过渡金属配合物在受到光激发后可能产生的激发态有金属到配体的电荷转移(MLCT)、配体内部电荷转移(ILCT)、配体到配体的电荷转移(LLCT)、配体到金属的电荷转移(LMCT)、金属-金属到配体的电荷转移(MMLCT)、配体到金属-金属的电荷转移(LMMCT)和金属到配体-配体的电荷转移(LMMCT)。其中,MLCT、ILCT、LLCT 在电子跃迁时较为常见。

在各种过渡金属配合物中,Re(Ⅰ)、Ru(Ⅱ)、Ir(Ⅲ)、Pt(Ⅱ)配合物常被用作荧光化学传感器的发色团:

(1) Re(Ⅰ)配合物:常见的铼发光配合物构型大多是三羰基-铼-联二吡啶/邻菲罗啉,在配体联二吡啶/邻菲罗啉受到光激发后,以 ^{3}CT 为激发态发出磷光。

(2) Pt(Ⅱ)配合物:Pt^{2+} 具有 d^8 电子结构,能与 N—N—N、N—N—C、N—N—乙炔化合物配位形成荧光配合物。

(3) Ir(Ⅲ)配合物:Ir^{3+} 荧光配合物通常使用两个带有负电荷的环化配体和一个中性配体与其配位形成。Ir^{3+} 多联吡啶配合物的发射态通常为 ^{3}MLCT、^{3}IL 及 ^{3}LLCT 态,能够表现出优良的光物理学特性,如发光量子效率高,荧光寿命长(μs级),可以通过配体调节 HOMO-LUMO 能级以及吸收发射光谱等。因此,Ir^{3+} 多联吡啶配合物发光区域可从蓝光区延伸至红光区域,近年来关于这类配合物荧光化学传感器的研究受到了极大的关注。

(4) Ru(Ⅱ)配合物:金属钌与有机配体结合生成的配合物非常稳定,具有较强的氧化还原能力,并在光物理和光化学方面表现出优异的性能,因此钌配合物被广泛应用于电化学、光化学和生物化学等研究领域。在钌与各类有机配体形成的配合物中,Ru^{2+} 多吡啶配合物格外受研究者的关注。钌多吡啶配合物的分子构型大多为八面体立体结构。当钌多吡啶配合物与其他分子共存时,分子间会发生相互作用,并且这种相互作用的方向是可以控制的,配体周围的空间容积可以通过控制分子间相互作用方向来进行调控,因此钌多吡啶配合物在分子识别中具有极大的应用前景。

7.3　配合物荧光化学传感器的设计机制及应用

基于配合物发光材料设计制备荧光化学传感器,开发环境中和生物体内重要目标分子的识别分析,是当今分析化学的研究热点之一。配合物荧光化学传感器应用于环境生物中目标物的分析需要满足以下条件:①对目标分析物具有高度的选择性;②良好的水溶性;③较高的热力学和动力学稳定性;④较低的生物毒性;⑤易于透过细胞膜;⑥可以对目标物进行实时检测;⑦在复杂的生物体系中依然对目标物具有高度的特异识别性。除此之外,设计金属配合物荧光化学传感器最重要的一个因素就是与目标物作用后,传感器的发光性质是否发生明显的变化。

7.3.1　配合物荧光化学传感器的设计机制

配合物荧光化学传感器依据配合物发色团的不同可以分为稀土配合物荧光化学传感器和过渡金属配合物荧光化学传感器两大类。下面将结合实例分析介绍对两类配合物荧光化学传感器的设计机制。

1. 稀土配合物荧光化学传感器的设计机制

稀土配合物的发光属于金属离子发光,发射光谱的波长和发射峰的形态只与中心金属离子有关,所以稀土离子在目标物检测前后发光强度的变化是稀土配合物荧光探针设计的重要因素。该类探针的设计可以从以下方面考虑:

(1)利用稀土配合物与目标分析物作用前后,配体与金属离子间的距离变化调控稀土配合物的发光性质。在配体的第一激发三重态到镧系金属离子激发态能级的能量转移过程中,配体与金属离子之间连接基团的长度对配合物的发光效率起着至关重要的作用。这种利用调控分子内能量转移空间距离改变配合物发光性质的机制主要可分为以下三种设计模式:

(a)配合物与目标分析物结合后,配体与稀土离子的空间距离缩小,配合物分子内能量转移,荧光强度增强[图 7-3(a)]。Tb-1 为利用此原理设计的钾离子荧光化学传感器(图 7-4)。在结合钾离子前,氮杂咕吨酮配体与铽离子的空间距离比较大,不利于两者之间的能量传递,所以配合物几乎没有荧光。但在套索冠醚络合钾离子后,由于钾离子和芳醚苯环之间存在阳离子-π 电子云的相互作用,配体和铽离子之间的空间距离减小,两者间发生能量转移,从而激发铽离子发射出强烈的荧光。

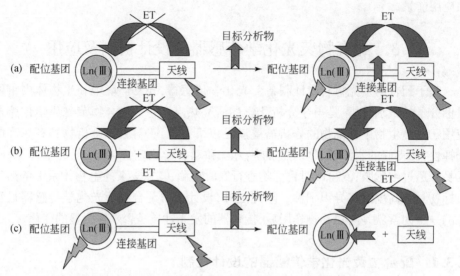

图 7-3　利用目标物调控配合物内能量转移空间距离的设计机制

（b）目标物的识别反应使得原本独立的配体和稀土离子（也可以是稀土配合物基团）结合在一起，生成发光配合物［图 7-3（b）］。此类设计模式多依赖于特定的化学反应，如研究者将含有炔基的配合物 Eu-2 与含有叠氮基团的多环芳香化合物组成的混合溶液作为铜离子荧光化学传感器（图 7-4）。在铜离子的催化作用下，混合溶液中双分子之间发生 Click 反应而生成一个新的发光稀土配合物。

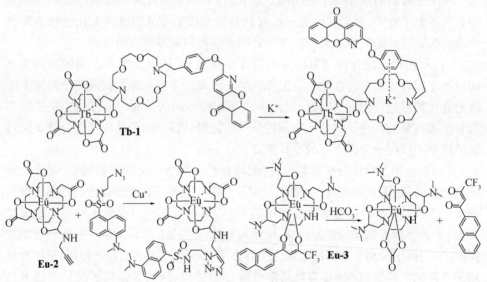

图 7-4　利用目标物调控配合物内能量转移空间距离的实例

（c）配合物与目标物的结合使得配体与稀土离子之间的距离增大或者分离,从而导致配合物的荧光猝灭[图 7-3（c）]。这类模式大多应用于阴离子传感器的设计,如在配合物 Eu-3 中,碳酸氢根离子可以取代与铕离子络合的 β-二酮,致使配体与金属离子之间的能量转移消失,荧光猝灭（图 7-4）。

（2）利用目标物的配位水分子数的改变来调控配合物的发光性质。稀土配合物与目标物结合后,可能会导致与稀土离子配位的水分子数发生变化,从而引起配合物发光性质的变化（图 7-5）。例如,稀土配合物中的配位水分子在被羧酸根、磷酸根等阴离子取代后,荧光显著增强。基于此识别机制,研究者设计合成了对碳酸氢根具有高度特异性响应的荧光化学传感器 Eu-4,实现了细胞内碳酸氢根离子的定量检测（图 7-6）。另外,研究者还利用此机制设计合成了 pH 荧光化学传感器 Eu-5。在不同的 pH 条件下,Eu-5 的磺酰氨基团呈现出不同的质子化程度,导致与铕离子配位的水分子数发生变化,配合物的荧光强度随 pH 的改变而变化（图 7-6）。

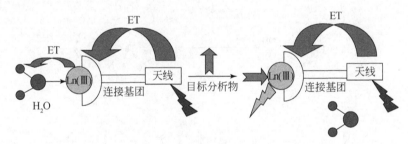

图 7-5　利用目标物改变配合物内配位水分子数的设计机制

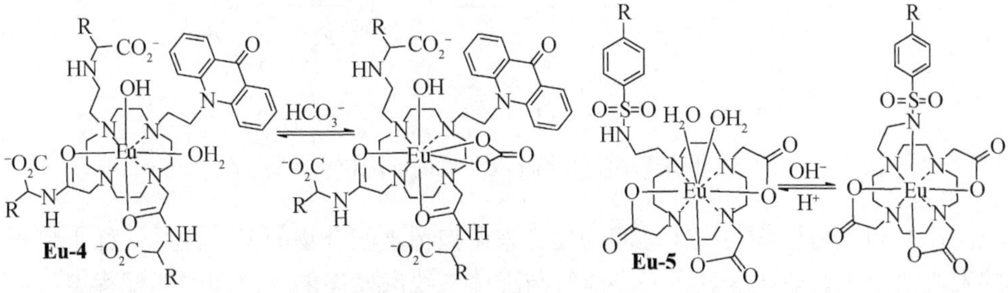

图 7-6　利用目标物改变配合物内配位水分子数的实例

（3）利用目标物与中心稀土离子的配位作用来调控配合物的发光性质。（1）和（2）两种机制主要适用于对阴阳离子有特异性响应的荧光化学传感器的设计。若目标分析物属于有机分子,并含有可直接参与稀土离子配位的基团,则可以直接利用目标物的配位作用来调控配合物的发光性能（图 7-7）。基于这种原理设计的传感器必须满足以下两点:目标分析物必须可以作为稀土金属离子的配位分子;配合物分子本身必须有一个以上的空白配位点,用于结合目标分析物。Harte 和 Cable 等利用此原理分别设计合成了 Tb(Ⅲ)荧光化学传感器,并将其应用于芳香族单羧酸或多羧酸的检测(图 7-8)。在此类传感器对芳香羧酸的识别过程中,芳香羧酸可以取代配位水分子而直接与稀土离子配位,使其吸收的光能量转移至铽离子,从而激发出铽离子的荧光。

图 7-7　利用目标物与稀土离子之间的配位作用的设计机制

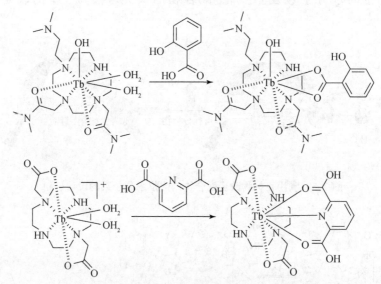

图 7-8　利用目标物与稀土离子之间的配位作用的实例

(4) 利用目标物与配体之间的反应来调控稀土配合物的发光性质。稀土离子的发光效率主要取决于其激发态能级与配体三线激发态能级之间的匹配程度。所以原则上讲,配体和目标物发生反应之后,若其三线激发态的能级在稀土离子的^{5}D能级附近发生了变化,就可以有效地调控稀土离子的发光效率(图 7-9)。基于此机制,Parker 等设计合成了两个 pH 荧光化学传感器 Eu-8 和 Eu-9,分别实现了碱性溶液和酸性溶液的荧光检测(图 7-10)。此外,Hanaoka 等还利用这种机制设计合成了荧光化学传感器 Eu-10,将其用于细胞内 Zn^{2+}的荧光识别分析(图 7-10)。

(5)利用目标物改变配体与识别基团之间的 PET 作用来调控配合物的发光性

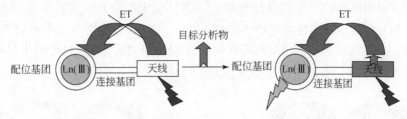

图 7-9　利用目标物与配体之间反应的设计机制

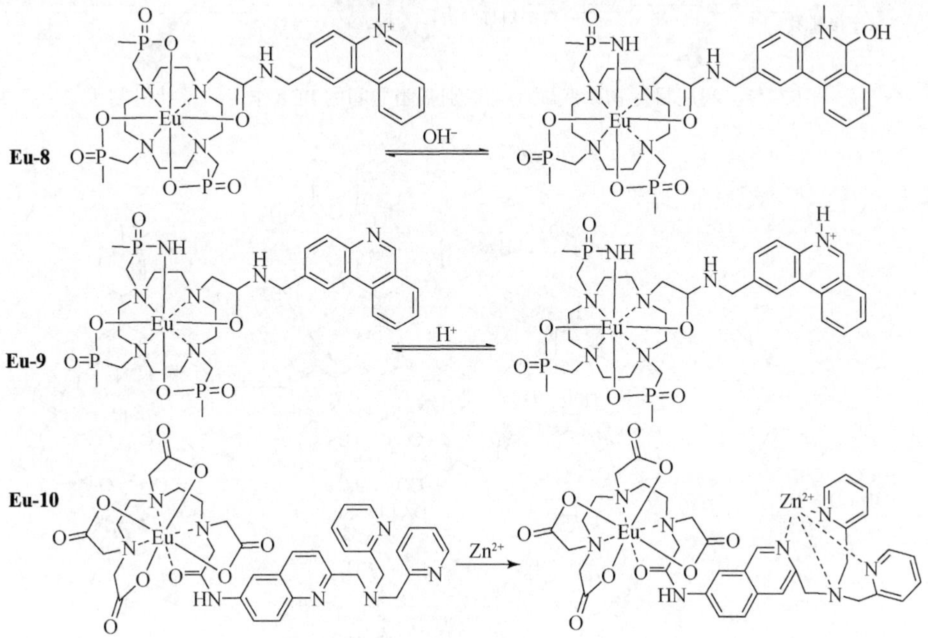

Eu-8

$\xrightarrow{OH^-}$

Eu-9

$\xrightarrow{H^+}$

Eu-10

$\xrightarrow{Zn^{2+}}$

图 7-10　利用目标物与配体之间反应的实例

质。从电子给体到电子受体的光诱导电子转移(PET)作用是导致激发态猝灭的一个普遍适用机理。配合物荧光化学传感器的配体和识别基团大多为有机分子,两者间可能存在 PET 效应,目标物若能实现 PET 效应的调控,则可以改变配合物的发光性质。基于此机制设计的荧光化学传感器在与目标物识别结合前,处于不发光状态。此时,识别基团(电子给体)的 HOMO 能级高于配体(电子受体)的基态能级,所以当配体被照射光激发至单线态后,识别基团 HOMO 能级上的电子就会转移到配体的基态能级上,从而猝灭配体的发光并阻断配体向稀土离子的能量传递过程;在传感器与目标物结合后,识别基团的 HOMO 能级降低并低于配体的基态能级,PET 过程消失,配体到稀土离子的能量传递过程得以恢复,进而激发出稀土离子的特征荧光(图 7-11)。研究者利用识别基团对联吡啶或咪唑取代吡啶类配体的 PET 作用的调控,先后设计合成了一系列稀土配合物荧光化学传感器 (图 7-12),如对汞离子特异性响应的 BBAPTA-Tb^{3+},对 NO 特异性响应的 MATTA-Eu^{3+} 和 DATTA-Eu^{3+},对羟基自由基选择性响应的 BMPTA-Tb^{3+},以及对过氧化氢特异性响应的 BMTA-Tb^{3+} 等。

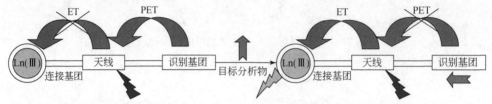

图 7-11　利用目标物改变配体与识别基团之间的 PET 作用的设计机制

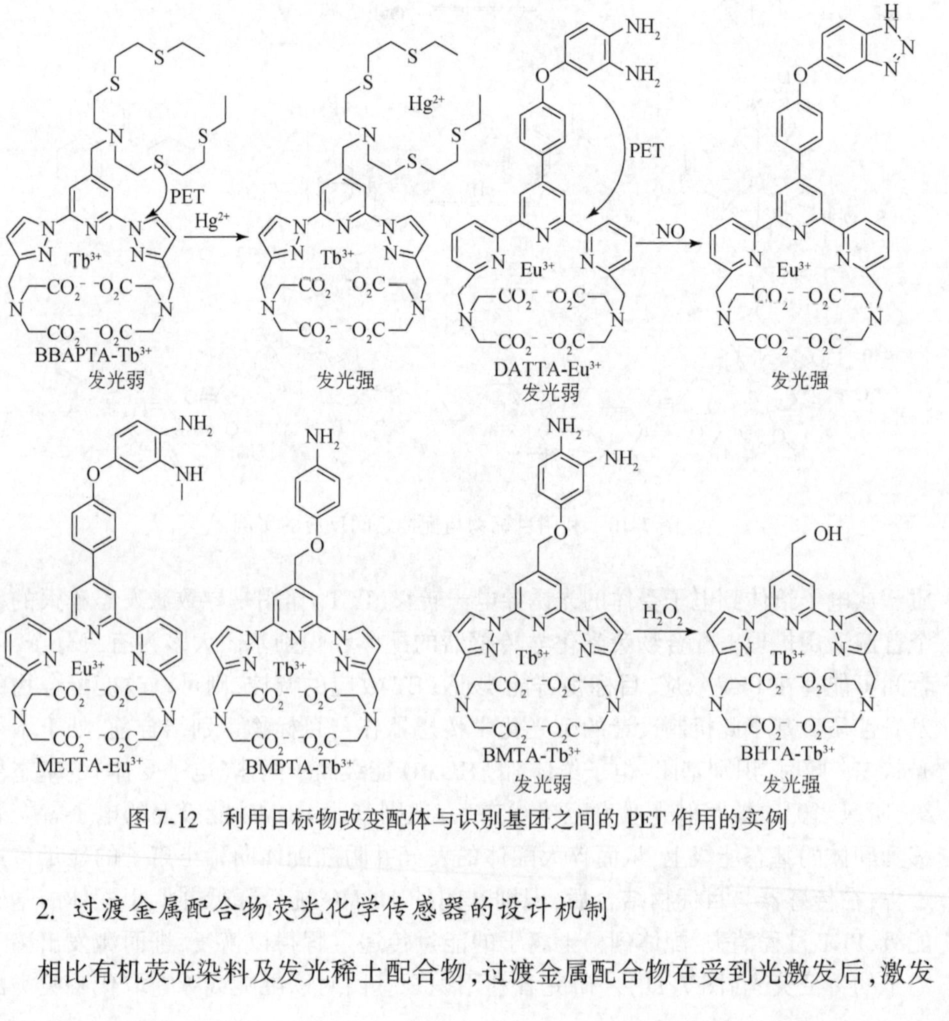

图 7-12　利用目标物改变配体与识别基团之间的 PET 作用的实例

2. 过渡金属配合物荧光化学传感器的设计机制

相比有机荧光染料及发光稀土配合物,过渡金属配合物在受到光激发后,激发

态分子内的电子转移机制较为复杂,研究者设计此类配合物荧光化学传感器的机制主要有以下三种:

(1) 基于 PET 调控机制,将识别基团与过渡金属配合物通过连接基团相连构建荧光化学传感器(图 7-13,彩图)。PET 光学调控机制同时适用于稀土配合物和过渡金属配合物荧光化学传感器的设计。在基于此机制设计的过渡金属配合物荧光化学传感器中,配合物的作用类似于传统荧光化学传感器中的有机染料。在传感器与目标物结合前,由于识别基团与配合物之间存在 PET 效应,传感器本身荧光很微弱。在识别基团结合目标物分子后,传感器内的 PET 过程被抑制,发射的荧光强度提高,利用荧光强度与目标物浓度的线性关系可以实现目标物的定量分析。Gopidas 等基于 PET 机制设计了荧光化学传感器 Rubp-Ptz,应用于 Cu^{2+} 的荧光识别分析。配合物 Rubp 被入射光激发后,电子从吩噻嗪部分(Ptz)转移至 Rubp 的 MLCT 激发态,导致荧光被猝灭。在 Cu^{2+} 的作用下,吩噻嗪基团被氧化,PET 作用消失,从而恢复了配合物的特有荧光信号(图 7-14)。

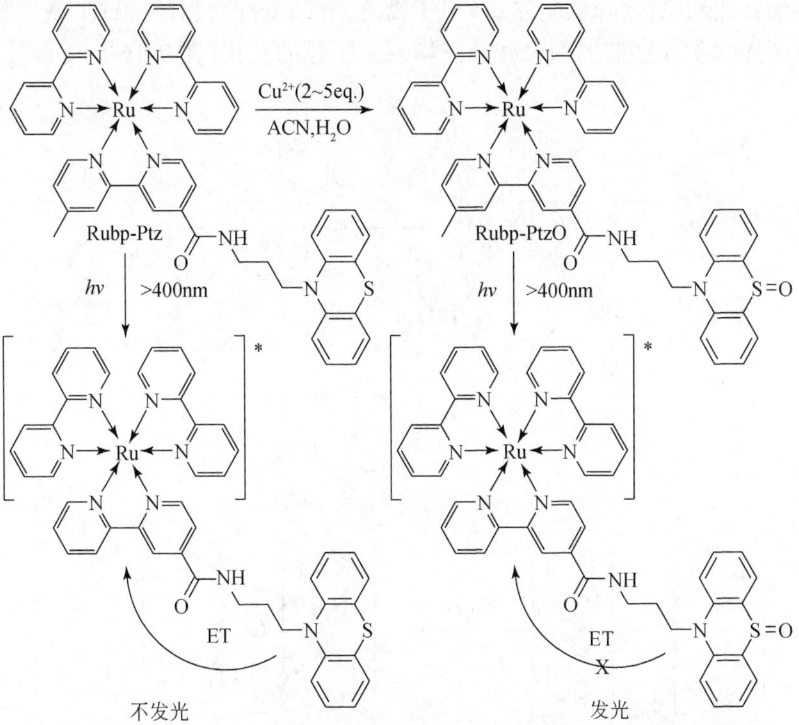

图 7-14　基于 PET 机制设计过渡金属配合物荧光化学传感器的实例

(2) 将目标物的受体连接在配体上来构建过渡金属配合物荧光化学传感器。过渡金属配合物的激发状态较为复杂,可能产生 MLCT、LLCT、LMCT、ILCT、

MMLCT、LMMCT 和 MLLCT 等多种激发态,因此过渡金属配合物的发光性质不仅与中心的金属离子相关,还与发色团配体的化学结构及三线态能级密切相关。目标物与配体上的受体结合后,如果可以引起配合物激发状态的变化,就可能导致配合物的发射波长、量子产率或者荧光寿命发生改变,从而实现对目标分析物的检测。基于此机制设计的过渡金属配合物荧光化学传感器对目标物的荧光识别可以有三种响应模式:荧光增强型、荧光猝灭型和比率荧光响应型(图 7-15,彩图)。研究者利用这种设计思想相继开发了荧光化学传感器 $Pt(BNbpy)X_2$、$[Ru(bpy)_{3-n}(DNP\text{-}bpy)_n]^{2+}$ 和 $Ir(btp)_2(acac)$,分别应用于 F^-、苯硫酚和 Hg^{2+} 的荧光识别。对于 $Pt(BNbpy)X_2$ 传感器,F^- 与其受体 $BMes_2$ 结合后,能够诱导 $Pt(BNbpy)X_2$ 的发色团配体的电子结构发生变化,有效改变配合物的 MLCT 状态,最终致使传感器发射的荧光由红色变为绿色[图 7-16(a)]。对于 $[Ru(bpy)_{3-n}(DNP\text{-}bpy)_n]^{2+}$ 传感器,苯硫酚能够诱导强吸电子基团(2,4-二硝基苯基)从配体中断裂下来,同时生成发光配合物 $[Ru(bpy)_{3-n}(HP\text{-}bpy)_n]^{2+}$[图 7-16(b)]。$Ir(btp)_2(acac)$ 中的 S 原子与 Hg^{2+} 结合后,能够有效降低配体的 π 电子密度,并改变配合物的 MLCT 激发状态,从而导致荧光化学传感器的颜色和荧光均发生明显的变化[图 7-16(c),彩图]。

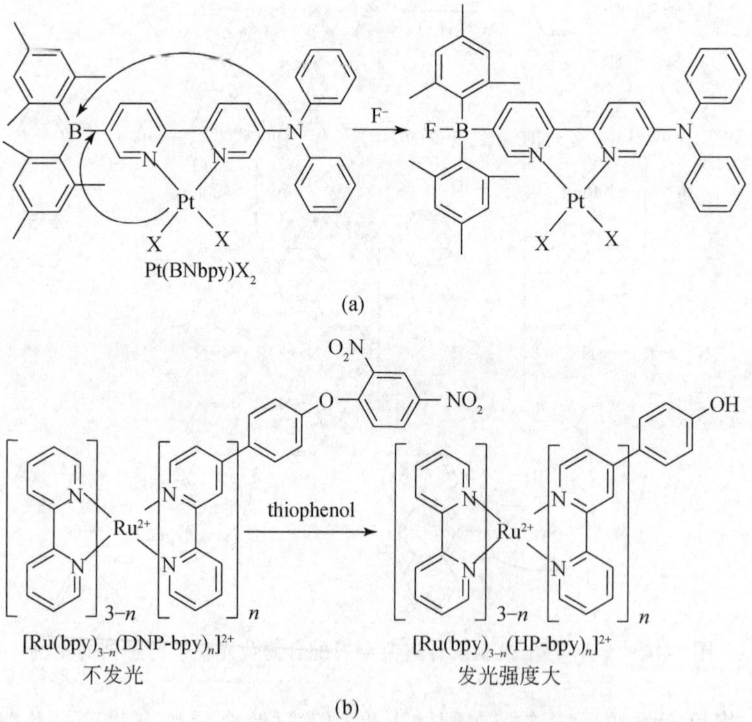

(a)

(b)

图 7-16　利用配体上修饰目标物的受体构建配合物荧光化学传感器的实例

（3）基于杂配体的比率型过渡金属配合物荧光化学传感器。当过渡金属离子与两种或者两种以上的配体组成配合物时，配合物的激发状态可能出现 MLCT、IL和 ILCT 共存的现象，因此通过调控不同配体的吸电子/供电子能力，就可以调控配合物的发光波长。如图 7-17（彩图）所示，将分析物的识别基团连接在配体上，就可以利用分析物对配体电子效应的调控，实现对过渡金属配合物荧光探针发射波长的调控，从而实现对待测物的比率检测。

7.3.2　配合物荧光化学传感器在环境生物分析中的应用

配合物荧光化学传感器由于具有荧光寿命长、发射峰窄和 Stokes 位移大等发光特性，已经被广泛应用于环境生物分析的各个方面，包括环境中重金属、爆炸物和毒性物质的检测，生物医学中金属离子检测、活性氧物种和活性硫物种的测定、免疫分析、酶活性测定、核酸测定等。特别是近年来，随着新型水溶性配合物不断被合成出来，配合物荧光化学传感器得到了更广泛的应用，尤其在荧光成像方面越来越显示出它的优越性。

（1）生物环境样品中 pH 的监测。pH 在许多生理过程中都发挥着至关重要的作用，异常的 pH 变化会导致细胞功能紊乱、生长和分裂突变，还可能引发癌症和阿尔茨海默病等疾病，因此监测生物体内 pH 的变化具有重要的理论和实践意义。配合物荧光化学传感器的发光大多属于磷光发光，具有较长的发光寿命和较大的Stokes 位移，更容易应用于生物体内 pH 变化的时间分辨荧光分析，提供高分辨率的 pH 时空分辨信息，因而在生物成像分析中受到研究者的喜爱。

基于在配体上引入活性芳环羟基的方法，袁景利课题组设计合成了 pH 配合物荧光化学传感器 HTTA- Eu^{3+} 和 HTTA- Tb^{3+}（图 7-18）。在弱酸性水溶液中，HTTA-Eu^{3+} 和 HTTA-Tb^{3+} 都具有较高的荧光量子产率，随着 pH 的逐渐升高，HTTA-Eu^{3+} 的荧光强度逐渐减弱，而 HTTA-Tb^{3+} 的荧光强度保持不变。基于此发现，他们将 HTTA-Eu^{3+} 与 HTTA-Tb^{3+} 结合使用，以 Tb^{3+} 在 540 nm 处的荧光强度对 Eu^{3+} 在610 nm 处的荧光强度比值 I_{540nm}/I_{610nm} 作为荧光信号，应用于 pH 变化的时间分辨荧光分析。为了进一步考察所得稀土配合物能否应用于生物体内 pH 的测定，他们将 HeLa 细胞与 HTTA-Eu^{3+}/HTTA-Tb^{3+} 共孵育后，分别进行了常规荧光成像及时间分辨荧光成像（图 7-19，彩图）。实验结果表明，HTTA-Eu^{3+}/HTTA-Tb^{3+} 能够应用于活细胞内酸性细胞器的 pH 变化的监控，从而为细胞内 pH 的实时、原位、动态测定提供了一种有效的工具。

Han 和 Klein 等利用在配体上修饰羟基、氨基、羧基等质子化-去质子化基团的方法，设计制备了过渡金属配合物荧光化学传感器 [Ru（bpy）$_2$（hdppz）]$^{2+}$ 和 [Ru

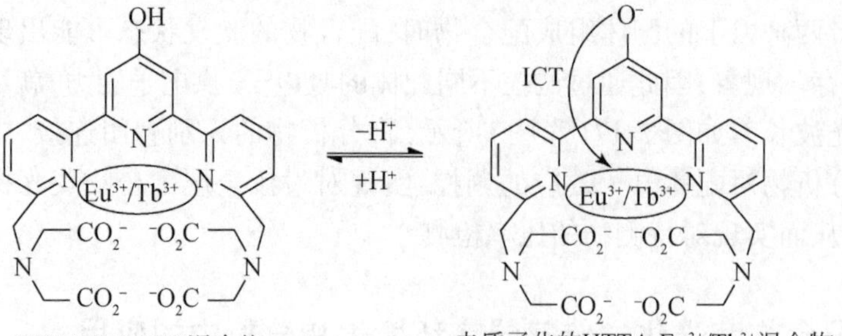

HTTA-Eu³⁺/Tb³⁺混合物　　　　　　　去质子化的HTTA-Eu³⁺/Tb³⁺混合物
HTTA/Eu³⁺/Tb³⁺=3/2/1　　　　　　　Eu³⁺ 不发光
Eu³⁺和Tb³⁺发光　　　　　　　　　　Tb³⁺发光

图 7-18　HTTA-Eu³⁺/HTTA-Tb³⁺对 pH 变化的荧光响应原理

（bpy）$_2$（bpy（OH）$_2$）]²⁺。在这两种配合物中,配体上的羟基能够与 H⁺ 或者 OH⁻ 相
互作用,并通过这种作用调控配合物的发光性质,从而实现对环境 pH 变化的监
测。在 pH<6.0 时,配合物[Ru（bpy）$_2$（hdppz）]²⁺的激发态主要以非辐射方式回到
基态,随着 pH 的升高,其激发态回到基态的方式发生改变,荧光强度增强 150 倍以
上,从而产生了 pH 荧光响应的特征（图 7-20）。与配合物[Ru（bpy）$_2$（hdppz）]²⁺的
pH 响应机制不同,配合物[Ru（bpy）$_2$（bpy（OH）$_2$）]²⁺的配体 bpy（OH）$_2$ 在碱性条件
下能够脱去质子形成 bpy（O⁻）$_2$,致使激发态电子跃迁由 MLCT 转变成 MLLCT,配
合物的吸收光谱发生红移,颜色由黄色变成紫色（图 7-21,彩图）。

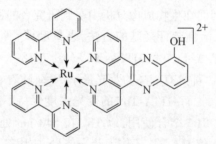

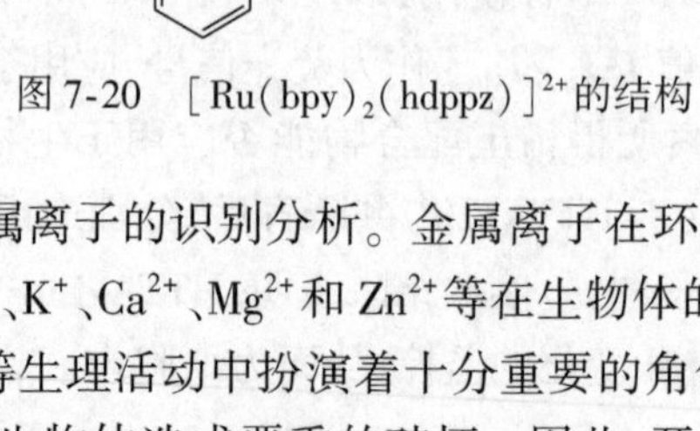

图 7-20　[Ru（bpy）$_2$（hdppz）]²⁺的结构

　　（2）生物环境中金属离子的识别分析。金属离子在环境科学和生命科学中都
有重要应用。例如,Na⁺、K⁺、Ca²⁺、Mg²⁺和 Zn²⁺等在生物体的肌肉收缩、神经信号的
传递、细胞的自我修复等生理活动中扮演着十分重要的角色,而 Hg²⁺、Pb²⁺、Cd²⁺等
重金属离子会对环境和生物体造成严重的破坏。因此,开发金属离子的荧光分析
方法对保护环境和维护人类身体健康是非常必要的。

　　（a）锌离子的识别分析。锌是人体内一类重要的营养元素,体内 Zn²⁺浓度的失衡与很多疾病密切相关。为了形象直观地观测生物系统内 Zn^{2+} 的转运和储存过程,研究者利用荧光化学传感器和显微成像技术对细胞或组织内的 Zn^{2+} 进行实时原位的跟踪分析,从而为探索游离态 Zn^{2+} 生理病理功能提供了一种高效直观的分析方法。Gunnlaugsson 及其合作者报道了近红外发光的荧光化学传感器 2·Yb·8-HQS,实现了 Zn^{2+} 的比率可逆荧光分析(图 7-22)。2·Yb·8-HQS 以磺酸基-8-羟基喹啉(8-HQS)为发色团配体。在 Zn^{2+} 存在的情况下,8-HQS 与 Zn^{2+} 能够形成更加稳定的配合物 $Zn(8-HQS)_2$ 并从传感器中脱落,致使传感器的荧光猝灭。同时,由于新形成的 $Zn(8-HQS)_2$ 可以发出强烈的绿色荧光,研究者可以依据溶液所发出的红/绿荧光强度的比值对 Zn^{2+} 的浓度进行定量分析。此外,当向溶液中加入 EDTA 时,8-HQS 又从 $Zn(8-HQS)_2$ 中解离出来并与 Yb^{3+} 重新组合成 2·Yb·8-HQS 传感器,使荧光发射恢复,从而实现了 Zn^{2+} 的可逆性识别。除了稀土配合物外,过渡金属配合物也可以用于构建 Zn^{2+} 荧光化学传感器。如图 7-23(彩图)所示,Lippard 等设计了过渡金属配合物荧光化学传感器 ZIrF,并将其应用于活细胞内 Zn^{2+} 的常规荧光分析和时间分辨荧光分析。

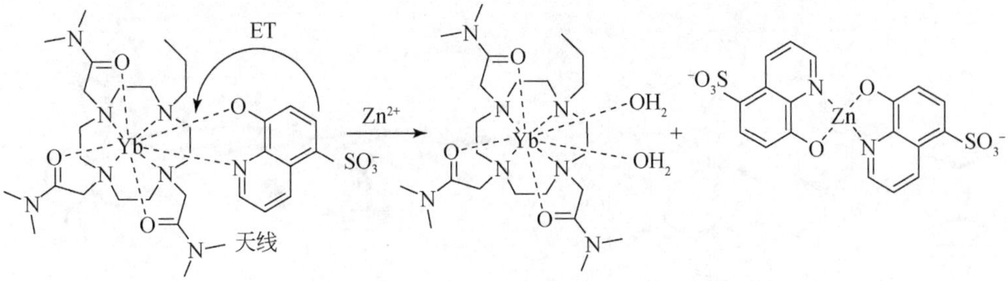

图 7-22　配合物 2·Yb·8-HQS 对 Zn^{2+} 的识别原理

　　(b)铜离子的识别分析。铜元素在细胞中的含量仅次于锌和铁,是生物体内所必需的微量重金属元素之一。铜元素的缺乏可能导致生命体生长和代谢紊乱,含量过多则会产生巨大的毒害作用。为了检测生物体内 Cu^{2+} 的浓度,You 和 Lippard 等合成了荧光化学传感器 ZIr2,并应用于活细胞内 Cu^{2+} 的比率时间分辨荧光成像(图 7-24,彩图)。ZIr2 中含有 ppy 和 Ibtp 两类配体分子,其中 Ibtp 配体上修饰有 Cu^{2+} 的识别基团 BPA。在没有结合 Cu^{2+} 的情况下,ppy 配体能够发出绿色荧光,而 Ibtp 配体能够发出红色荧光。当识别基团 BPA 与 Cu^{2+} 结合后,MLCT 激发状态发生改变,导致传感器的红色荧光强度下降,而绿色荧光强度则保持不变。因此,研究者可以根据红/绿通道内的荧光强度比值对细胞内 Cu^{2+} 浓度进行定量分析。ZIr2 传感器还对 Cu^{2+} 的荧光识别呈现出良好的可逆性。

　　(3)生物环境中阴离子的识别分析。F^-、Cl^- 和 PO_4^{3-} 等阴离子在许多生理病理过程中扮演着重要角色,开发阴离子的检测分析方法历来受到研究者的广泛关注。尽管人们对金属离子荧光化学传感器的研究已有多年历史,然而阴离子荧光化学传感器的研究工作在最近几年才起步。出现这种情况的主要原因有①阴离子半径大,电子云密度较低;②具有不同的几何构型,如球形(F^-、Cl^-、Br^-、I^-)、直线形(N_3^-、CN^-、SCN^-)、平面三角形(NO_3^-、CO_3^{2-}、RCO_3^-)和四面体型(PO_4^{3-}、SO_4^{2-}、ClO_4^-)等;③阴离子有很强的溶剂化趋势,存在形式对介质酸度较为敏感,只能存在于一定的 pH 范围内。在设计阴离子荧光化学传感器时,只有综合考虑全部影响因素,将适当的荧光团和对特定底物有键合作用的受体共价或非共价键合,才能得到具有选择性识别性能的阴离子荧光化学传感器。

(a)卤素离子的识别分析。Cl^-控制着静止期细胞的膜电位以及细胞体积,还参与维持血液中的酸碱平衡,它的转运失调会导致一些病理学变化,其中最为熟知的就是囊性纤维性变。研究者设计了图 7-25 所示的钌(Ⅱ)配合物荧光化学传感器。该配合物本身荧光较弱,在加入氯离子后形成了有效的氢键,荧光强度增强约30 倍,能够有效地应用于乙腈溶液中 Cl^- 的选择性识别。

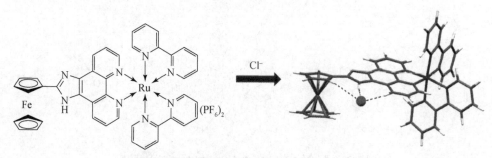

图 7-25　钌(Ⅱ)配合物荧光探针对 Cl^- 的识别机理

F^-能够促进牙釉质内形成氟磷灰石,增强牙齿的抗酸和抗龋能力,还可以抑制或杀灭致龋变链菌,减少牙菌斑沉积,降低龋齿发生。但是,过量摄入 F^- 会对人体和动物的胃及肾脏造成损害,甚至导致死亡。为了开发 F^- 的分析方法,Lin 等设计合成了 Ru^{2+}-邻菲罗啉衍生物配合物传感器,应用于有机溶液中 F^- 的检测(图7-26,彩图)。在 F^- 的作用下,该配合物的荧光增强,吸收光谱发生红移,溶液由橙黄色转变为深紫色。研究者还将该配合物传感器制作成试纸条,简化了检测过程,实现了 F^- 的裸眼检测。此外,Wang 等设计合成了一系列 Ru^{2+}-联吡啶配合物 **1~4**(图 7-27),应用于 F^- 的荧光分析。在 CH_2Cl_2 溶液中,F^- 与配体中的 B 原子结合后能够诱导钌(Ⅱ)配合物所发出的荧光增强并发生波长蓝移,从而实现了 CH_2Cl_2 中 F^- 的荧光检测。

(b)含磷酸阴离子的识别分析。含磷酸阴离子是生物体中的基本物质,参与

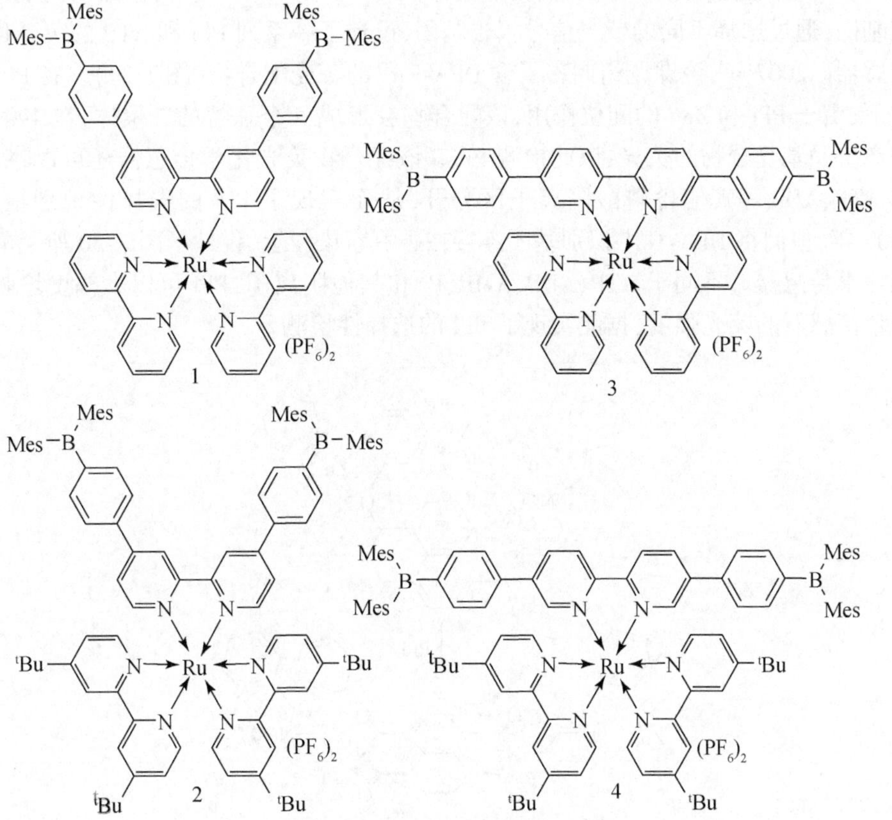

图 7-27　Ru^{2+}–联吡啶配合物 F^- 荧光化学传感器的化学结构

了很多生物化学和细胞代谢过程,例如,腺苷三磷酸(ATP)不仅是细胞中至关重要的能量供体,而且在神经末梢周围和中枢神经系统的化学感应转换中充当信号调停分子;而焦磷酸(PPi)是 ATP 水解产物之一,参与细胞中的生物能量传递过程。然而,各种含磷酸阴离子在工业生产中的大量使用,极易带来严重的环境污染问题,因此对含磷酸阴离子的检测分析具有重要的实际意义。含磷酸阴离子的配合物荧光化学传感器大多利用配合物中金属离子与磷酸根离子之间的强配位作用设计而成。例如,图 7-28(彩图)所示的 Zn^{2+}–氧杂蒽配合物可以应用于核苷多磷酸的选择性识别。该配合物本身没有荧光,但与 ATP 结合后,能够发出强烈的绿色荧光,从而可以根据荧光强度对 Zn^{2+} 进行定量分析。该配合物荧光化学传感器还可以应用于细胞内 ATP 的荧光成像。但是,该传感器能与所有类型的磷酸阴离子配位,对 GTP、UTP、CTP、ADP、UDP 以及 PPi 均呈现出荧光增强的响应信号,因此选择性并不好。

　　Yoon 课题组利用 DPA(双吡啶甲基胺)-Zn^{2+} 和 DPA-Cu^{2+} 作为磷酸阴离子的识别基团,通过选择不同的荧光信号报告基团,设计了一系列 PPi 和 ATP 的荧光化学传感器。2007 年,该课题组制备了含 DPA-Zn^{2+} 的荧光配合物(图 7-29)。在 PPi 存在下,由于 PPi 和 Zn^{2+} 的配位作用,该配合物会形成一个独特的二聚体,在 490 nm 处产生激基复合物的荧光,以此检测 PPi。该配合物荧光化学传感器还可以将 PPi 与 ATP、ADP 等其他含磷酸阴离子区分开,从而实现了 PPi 的选择性识别检测。2009 年,他们将 DPA-Cu^{2+} 识别基团连接在香豆素染料上,设计了图 7-30 所示的荧光化学传感器。不同于 ATP、ADP、AMP、Pi 和其他阴离子,PPi 可以大幅度增强这两个传感器的荧光强度,据此实现了 PPi 的选择性检测。

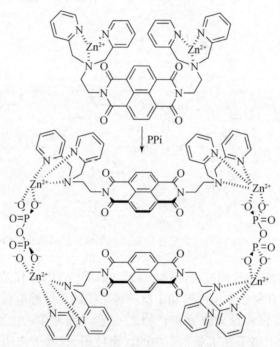

图 7-29　含 DPA-Zn^{2+} 的配合物对 PPi 的识别原理

　　(4) 生物环境中活性氧物种的识别分析。活性氧(reactive oxygen species, ROS)包括羟基自由基(·OH)、过氧化氢(H_2O_2)、单线态氧($^1O_2$)、次氯酸(HClO)、一氧化氮(NO)等,在生物体的免疫和信号传导过程中发挥着重要的作用。然而,过量的 ROS 会对人体产生氧化损伤,甚至导致细胞死亡。ROS 各物种具有寿命短、反应活性高的特点,并且大部分都存在于体内而很难被捕获,因此它们的分析检测是一项国际性难题。荧光化学传感器作为 ROS 的高灵敏度和高选择性分析工具,已经得到越来越广泛的研究。

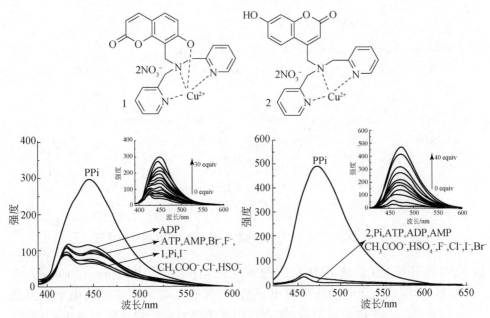

图 7-30　含 DPA-Cu^{2+}配合物荧光化学传感器的化学结构及其对 PPi 的选择性

（a）HClO 的识别分析。HClO 具有很高的氧化活性，在人体的免疫系统中起着十分重要的作用，但是它介导的生物组织损伤已经被证实与动脉粥样硬化、肾疾病、癌症等疾病密切相关。为了对生物体内 HClO 的代谢过程进行实时动态跟踪，Xiao 等设计开发了荧光化学传感器 ANMTTA-Tb^{3+} 和 ANMTTA-Eu^{3+}（图 7-31），并将其应用于活细胞内 HClO 的时间分辨荧光分析。由于 3-硝基-4-氨基苯基对联三吡啶的 PET 作用，传感器本身的荧光很微弱，在与两当量的 HClO 发生反应后，配合物中的酚醚键被切断，PET 作用消失，传感器发出强烈的长寿命荧光。研究者利用这类传感器建立了一种水溶液中 HClO 的高灵敏度和高选择性的荧光分析方法。随后，研究者对传感器的羧酸进行了酯化修饰，并将其应用于活细胞的标记。他们发现这两种传感器对活细胞的毒性很小，能够实现 HeLa 细胞外源，猪嗜中性粒细胞和小鼠单核巨噬细胞系白血病细胞内源性的 HClO 时间分辨荧光成像（图 7-32，彩图）。

（b）NO 的识别分析。在生物体内，低浓度的 NO 作为信号传导分子，在血液循环、免疫、神经系统中起着重要作用。然而，过高浓度的 NO 能够与体内其他 ROS 组分反应产生大量活性氮（RNS），并对核酸、脂肪、蛋白质等生物大分子造成损害。基于 NO 的重要生理作用，生物体系内 NO 的原位分析受到生物化学研究者的极大关注。袁景利等将邻苯二胺识别基团引入到 Ru^{2+}-联二吡啶配合

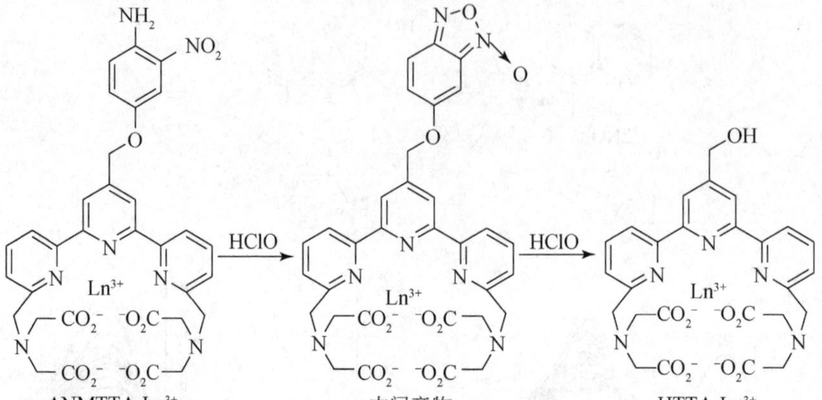

图 7-31　ANMTTA-Tb^{3+} 和 ANMTTA-Eu^{3+} 对 HClO 的识别原理

物中,得到了对 NO 具有特异响应的荧光化学传感器[Ru(bpy)$_2$(dabpy)]$^{2+}$(图 7-33,彩图)。由于氨基的强供电子效应,邻苯二胺识别基团的电子密度很大,在配合物的电子被光激发后,邻苯二胺基团中的电子快速转移至 Ru^{2+}-联二吡啶基团,有效地猝灭了配合物的发光。但在含 O$_2$ 溶液中,邻苯二胺基团与 NO 分子发生反应并生成相应的三唑衍生物,抑制了 PET 效应,从而使传感器的荧光显著增强。实验结果表明配合物[Ru(bpy)$_2$(dabpy)]$^{2+}$ 能够成功应用于活细胞内 NO 的荧光成像分析。此外,Lippard 及其合作者利用不同的识别机制,如 NO 诱导的荧光团置换、Cu^{2+} 还原、配体亚硝化等机制,设计合成了数个配合物荧光化学传感器。在图 7-34 中,顺磁性的 Co^{2+} 或 Cu^{2+} 能够有效猝灭配合物的荧光,当 NO 将顺磁性金属离子还原为非顺磁性离子或从配合物中解离后,配体或配合物的荧光恢复。

(c) H$_2$O$_2$ 的识别分析。作为一种重要的 ROS 物质,H$_2$O$_2$ 在环境和生物活动中扮演着重要的角色。在环境中,H$_2$O$_2$ 可以用于自来水的净化;在生命活动中, H$_2$O$_2$ 在细胞中起着免疫标志的功能,而过量的 H$_2$O$_2$ 会导致癌症、阿尔茨海默病等疾病。因此,监测环境和生物体内 H$_2$O$_2$ 含量对维持生命体的健康是十分重要的。Chang 课题组设计合成了两个配合物传感器 1 和 2(图 7-35),并将其应用于 H$_2$O$_2$ 的高灵敏度、高选择性荧光分析。他们将 H$_2$O$_2$ 的识别基团硼酸或者硼酸酯修饰在芳基配体上,利用硼酸的强吸电子作用形成的 PET 效应,使传感器本身不发荧光。在与 H$_2$O$_2$ 反应后,配体中硼酸基团转化为供电子的羟基基团,使芳基配体吸收的光能量能够有效地传递 Tb^{3+},从而激发出 Tb^{3+} 的荧光。

(d) ·OH 的识别分析。·OH 是 ROS 中活性及毒害最强的一种,它能够很容

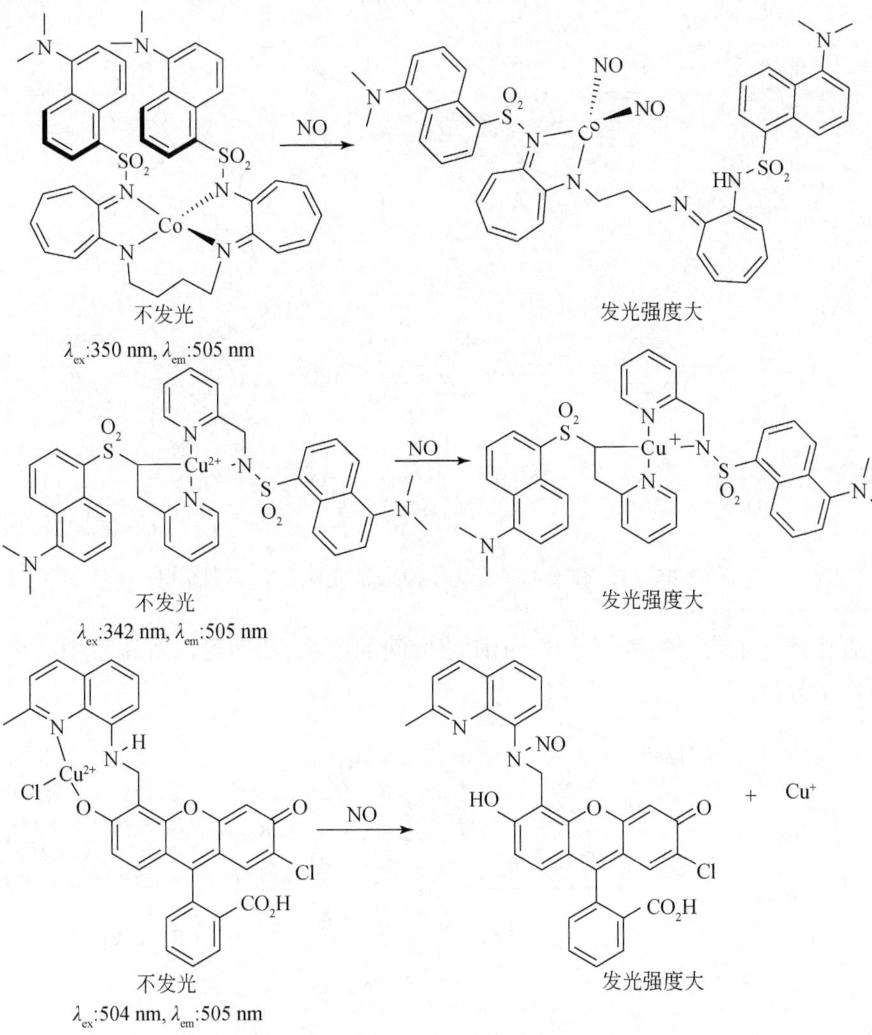

图 7-34　NO 诱导的荧光团置换、Cu^{2+} 还原和配体亚硝化的配合物荧光化学传感器的设计原理

易地同生物组织中的各类有机物发生氧化反应,引起组织脂质过氧化、核酸断裂、蛋白质和多糖分解,从而引发组织病变,导致疾病的产生。因此,·OH 的检测对相关病理机制的研究是极其重要的。最近,Peterson 等开发了一系列配合物荧光化学传感器 1~6,并将其应用于 ·OH 的时间分辨荧光分析(图 7-36)。这些配合物传感器的识别机制是基于 Tb^{3+} 配合物 Tb-DO3A 对羟化配体的独特反应,其对 ·OH 的识别过程可以分为以下两步:首先,预结合的配体与 ·OH 反应,使配体羟基化;然后,羟基化的配体与 Tb-DO3A 相结合,使传感器实现从不发光到发光的转变。

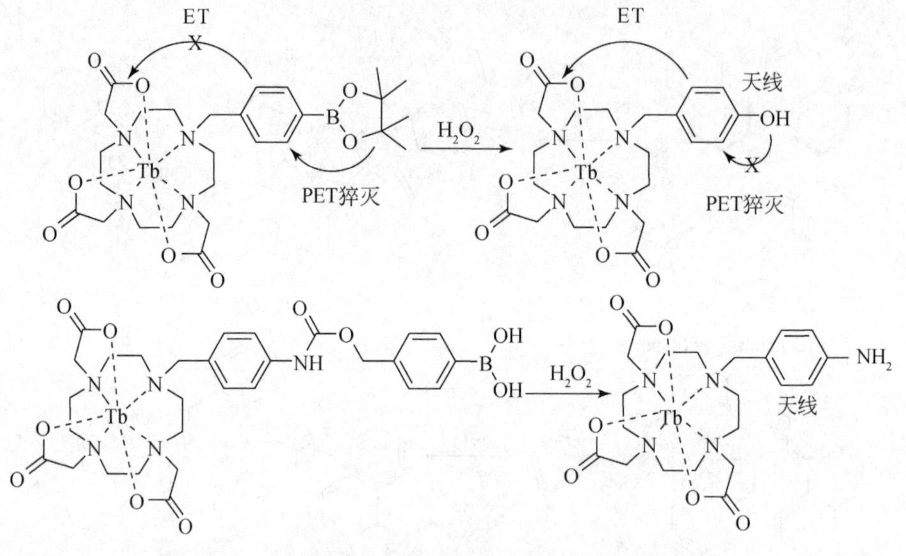

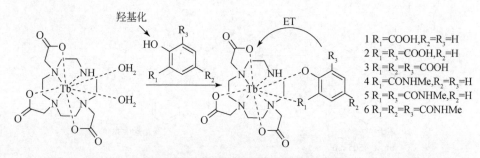

ET
X
H2O2
ET
天线
OH
X
PET猝灭
PET猝灭
NH
OH
OH
H2O2
NH2
天线

图 7-35　Tb^{3+}配合物荧光化学传感器对 H_2O_2 的识别原理

研究者还建立了荧光强度信号与 · OH 浓度间的关系，从而可以对体系中的 · OH 进行定量分析。

羟基化
ET
1 R1=COOH,R2=R3=H
2 R1=R3=COOH,R2=H
3 R1=R2=R3=COOH
4 R1=CONHMe,R2=R3=H
5 R1=R3=CONHMe,R2=H
6 R1=R2=R3=CONHMe

图 7-36　Tb-DO3A 配合物荧光化学传感器的化学结构及其对 · OH 的识别原理

(5)生物环境中活性硫物种的识别分析。活性硫(reactive sulfur species, RSS)包括硫化氢(H_2S)、半胱氨酸(Cys)、同型半胱氨酸(Hcy)和还原型谷胱甘肽(GSH)等，它们在维持生物体的抗氧化、信号传导等生理活动中起着重要的作用。在生理条件下，高选择性和高灵敏性地检测 RSS 是非常重要的。

(a) H_2S 的识别分析。H_2S 是继 NO 和 CO 之后的第三种生物合成的气体递质，它在血管平滑肌的松弛、神经传递的调节、胰岛素信号的抑制、炎症的调控以及氧气的感知等生理过程中都有重要作用。2012 年，Nagano 课题组报道了一个 Cu^{2+} 配合物荧光化学传感器(图 7-37，彩图)，并将其应用于细胞内 H_2S 的荧光分析。

在该配合物中,Cu²⁺与荧光素染料的氮杂大环络合后,受 Cu²⁺顺磁性效应的影响,荧光素染料的荧光被猝灭;在 H₂S 存在的情况下,Cu²⁺与 S²⁻结合成更稳定的 CuS 并从配合物中解离,致使荧光素染料的荧光恢复。该配合物荧光化学传感器对 H₂S 呈现出了高度的选择性和灵敏度,还可以用于活细胞内 H₂S 的实时荧光成像。基于相似的识别机制,研究者又相继开发了发射波长更长的 Cu²⁺配合物荧光化学传感器(图 7-38),并应用于生物体内 H₂S 的荧光成像分析。

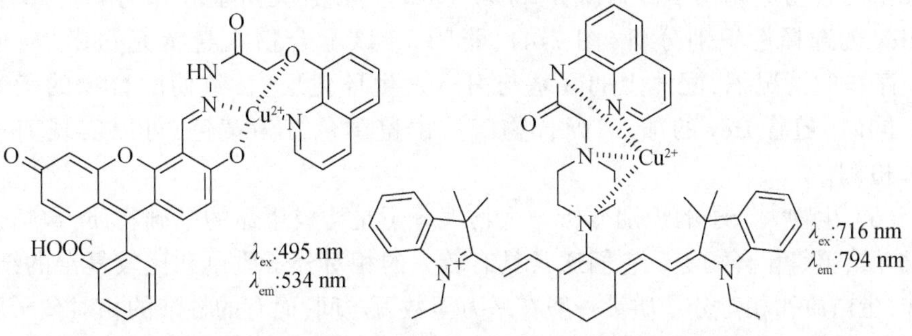

图 7-38　Cu²⁺-荧光素染料/花菁染料配合物 H₂S 荧光化学传感器的化学结构

(b) Cys、Hcy 和 GSH 的识别分析。Cys 缺乏会引发很多综合征,如肝脏损伤、肌肉萎缩、皮肤松弛等。血液中 Hcy 的浓度增大是引起老年痴呆症和心血管疾病的重要因素。GSH 是人体中含量最高的小分子生物硫醇化合物,它在人体中浓度的异常,会引发癌症、心脏病和其他疾病。为了检测以上 RSS 分子,Wong 等设计合成了 Ru(Ⅱ)/Pt(Ⅱ)双金属配合物荧光化学传感器(图 7-39)。在该配合物中,Pt(Ⅱ)作为电子受体能有效猝灭 Ru(Ⅱ)配合物的发光。但在 Cys、Hcy 或 GSH 存在的情况下,Pt²⁺与这些 RSS 分子相结合并从配合物中解离出来,从而使荧光信号显著增强。此外,基于 PET 原理,Zhao 等设计合成了一种 Ru(Ⅱ)配合物的长寿命荧光化学传感器。如图 7-40 所示(彩图),该配合物的荧光被强吸电子基团二硝基

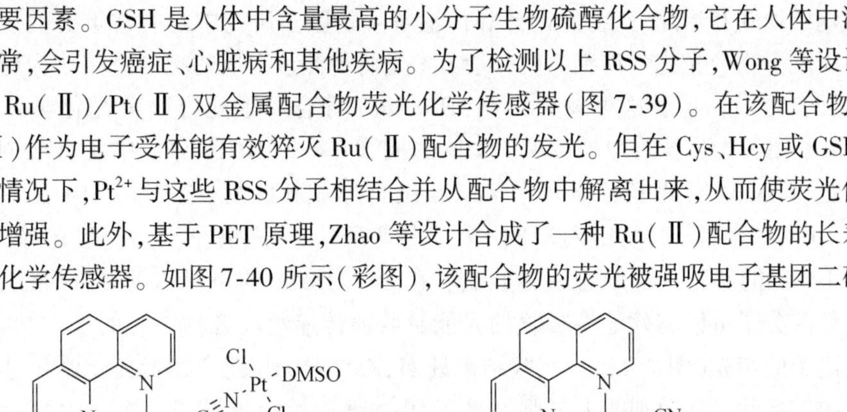

图 7-39　Ru(Ⅱ)/Pt(Ⅱ)双金属配合物对 Cys、Hcy 和 GSH 的识别原理

苯磺酰基团(DNBS)猝灭。RSS 分子中的巯基具有很强的亲电反应性,能够将 DNBS 基团从配体中切断下来,因此 PET 作用消失,配合物的荧光恢复。研究者还将该传感器成功应用于 NCl-H446 细胞内 RSS 的荧光成像。

　　前面报道的两个配合物传感器虽然能够实现 Cys、Hcy 和 GSH 的荧光分析,却不能将三者区分测定。相比而言,针对单一 RSS 分子具有选择响应性的荧光化学传感器,更适合于生物体内 RSS 的代谢过程及生理病理机制研究。Chen 等开发了配合物荧光化学传感器 Ir(pba)$_2$(acac),在各类氨基酸和硫醇中,实现了对 Hcy 的选择性识别分析(图 7-41,彩图)。该配合物本身荧光很微弱,但在 Hcy 存在的情况下,配体上的醛基与 Hcy 发生环化反应,致使配合物的荧光增强。同时,随着 Hcy 的加入,配合物溶液由橙黄色变为黄色,可以实现 Hcy 的裸眼检测。

　　(6) 生物大分子的识别分析。生物大分子是构成生命的基础物质,包括蛋白质、核酸、碳氢化合物等。它们通常具有较大的相对分子质量和比较复杂的结构,例如,蛋白质的相对分子质量一般在一万至数万之间,而有的核酸的相对分子质量高达数百万。生物大分子在体内的运动和变化体现着重要的生命功能,因此,发展生物大分子的检测分析方法对研究其生理功能具有重要的意义。

　　(a) 蛋白质的识别分析。蛋白质在生物体内发挥着许多重要的生理功能,包括催化代谢反应、维持细胞内外信号转导、运输生物分子等。蛋白质的选择性检测在疾病的诊断和治疗、药物的设计和传输等生物医学研究中是非常重要的。设计蛋白质配合物荧光化学传感器的一般方法是将待测蛋白质的靶向基团作为配体组装入配合物中。基于这种设计机制,Hirayama 等合成了配合物荧光化学传感器 DDTb,利用荧光强度的增加实现了多肽的检测。一个 DDTb 分子中含有两个 Zn^{2+} 络合配体 DPA,因此能够与两个 Zn^{2+} 相结合形成新的配合物 Zn^{2+}-DDTb。由于 Zn^{2+}-DPA 配体部分对肽链两端四-天门冬氨酸(D4)序列呈现出高度的亲和性,Zn^{2+}-DDTb 能够选择性结合目标肽链。在 Zn^{2+}-DDTb 与目标肽键结合后,肽键中的色氨酸分子可以有效地将吸收的光能量共振传递给配合物中心的 Tb^{3+},激发出稀土离子的荧光(图 7-42)。实验结果证实,Zn^{2+}-DDTb 配合物荧光化学传感器对 D8A4W1 多肽序列识别能力最强。最近,Guo 课题组也报道了一个 Tb^{3+} 配合物探针 TbL(图 7-43),实现了水溶液中人血清蛋白(HAS)的荧光检测。研究表明,蛋白质中的 Lys、Cys、Asp 和 Glu 氨基酸分子与配合物中的 2-甲基-5-硝基咪唑存在氢键作用,该作用力能够有效降低配合物中硝基的吸电子效应,使配合物荧光强度增加。

　　过渡金属配合物也可以用于蛋白质的检测。Lo 等设计合成了 Ru(Ⅱ)-雌二醇配合物荧光化学传感器(图 7-44),该配合物与雌性激素受体 Era 作用后,荧光寿

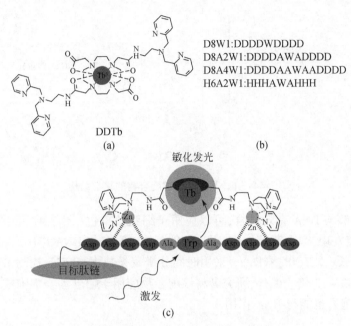

D8W1:DDDDWDDDD
D8A2W1:DDDDAWADDDD
D8A4W1:DDDDAAWAADDDD
H6A2W1:HHHAWAHHH
DDTb
(a)
(b)
敏化发光
Tb
Zn
Asp
Ala
Trp
目标肽链
激发
(c)

图 7-42　DDTb 配合物的结构及其对多肽的识别机理

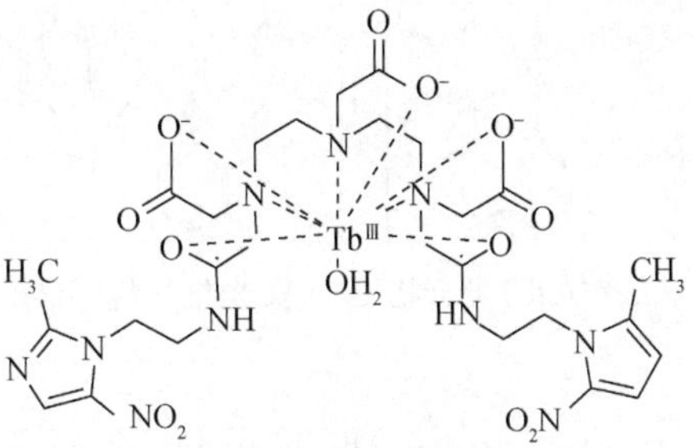

图 7-43　TbL 配合物的化学结构

命及强度明显增强。该探针还具有细胞毒性小的特点,在与 HeLa 细胞共培养时能够顺利透过细胞膜并分布在细胞质中(图 7-45,彩图)。

(b) 核酸的识别分析。核酸包括核糖核酸(RNA)和脱氧核糖核酸(DNA),是生物体基本的遗传物质,在生物体的生长、遗传、变异等一系列重大生命现象中起着决定性的作用。为了实现核酸的选择性识别分析,在过去的几十年里,研究者一直致力于开发新型的核酸荧光化学传感器。2009 年,Gill 等设计合成了二核钌(Ⅱ)配合物荧光化学传感器 1 和 2(图 7-46),应用于活细胞内 DNA 的荧光成像。该配合物与细胞共培养后,仅在细胞核处呈现出钌(Ⅱ)配合物的特征荧光,说明

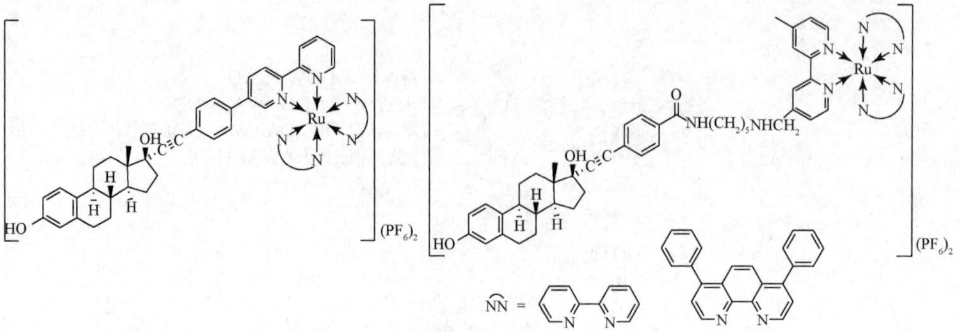

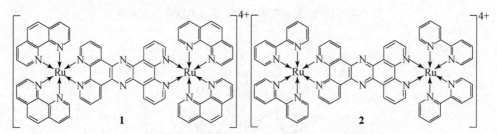

图 7-44　Ru(Ⅱ)-雌二醇配合物的化学结构

该配合物能够与 DNA 有效结合,可以应用于细胞核染色(图 7-47,彩图)。同年,Turro 等研究发现,键合菲啶的钌(Ⅱ)配合物 RuEth 在与 RNA 作用后,荧光增强,荧光寿命增长(图 7-48,彩图)。采用时间分辨荧光技术,RuEth 检测 RNA 时荧光信号能增强 3～13 倍。此外,研究者将该配合物应用于哺乳动物细胞成像时发现,RuEth 在细胞内也能与 RNA 作用。

图 7-46　二核钌(Ⅱ)配合物 DNA 荧光化学传感器的化学结构

7.4　配合物荧光化学传感器的发展现状与前景

　　配合物荧光化学传感器由于具有荧光寿命长、发射峰半峰宽窄、Stokes 位移大、光稳定性强等光物理特性,已经被广泛应用于生物环境中重要分子的识别分析。尽管在实际应用中面临着生物相容性、对标记物敏感性与特异性等方面的难点,发光配合物作为一类新型的荧光标记物,将会对环境学、细胞生物学、光学成像及医学领域产生深远的影响。特别是配合物荧光化学传感器与先进光学成像技术的结合,将为生物体内活性分子的原位、实时、动态监测提供强大有效的工具,从而为生命活动规律的揭示和病理机制的研究提供新技术和新方法,促进医学和生命科学的发展。

　　为了更好地应用于生物环境领域中的分子识别分析,配合物荧光化学传感器未来将朝着以下几个方向发展:

　　(1)寻求新的设计理念,探索新的设计机制,提高发光配合物的分析性能。

　　(2)设计合成在含 O_2 溶液中具有较高发光效率的发光配合物。金属配合物的荧光发射大多属于磷光,容易被 O_2 猝灭,因此在含 O_2 溶液中,配合物的发光效率会大打折扣,严重影响检测的灵敏度。

　　(3)提高发光配合物的水溶性。良好的水溶性对于生物环境中 pH、金属离子、阴离子和活性分子的识别分析是非常重要的,但是当前报道的大多数配合物荧光化学传感器都存在水溶性差的问题。

　　(4)深度挖掘配合物长寿命荧光的特性,开发长寿命的荧光化学传感器并应用于生物体内时间分辨荧光成像。

　　(5)深入探究金属配合物摄入细胞的机制,并解析其对生物分子的识别机理。

　　(6)当前发光配合物在生物体中的应用主要集中在活细胞成像阶段,开发能够用于活体成像的配合物荧光化学传感器,实时原位地提供目标物在活体内的动态信息将对生物医学的发展起到极大的促进作用。

参 考 文 献

成飞翔,田永花,罗晓军.2011. 曲靖:曲靖师范学院学报,30:1-7.

刘爱平.2007. 细胞生物学荧光探针技术原理和应用. 合肥:中国科技大学出版社.

刘育,尤长城,张衡益.2001. 超分子化学-合成受体的分子识别与组装. 天津:南开大学出版社.

肖云娜.2013. 新型铕、铽配合物荧光探针的合成及应用研究. 大连:大连理工大学博士论文.

许金钧,王尊本.2006. 荧光分析法. 北京:科学出版社.

杨铭.2015. 药物研究中的分子识别. 北京:北京大学医学出版社.

张润.2012. 基于钌配合物发光探针的合成及应用研究. 大连:大连理工大学博士论文.

Ajayakumar G, Sreenath K, Gopidas K R. 2009. Dalton Trans, 7: 1180-1186.

Bunzli J, Piguet C. 2005. Chem Soc Rev, 34: 1048-1077.

Cao X, Lin W, He L. 2011. Org Lett, 13: 4716-4719.

Cheng S, Liu S, Zhou L, et al. 2011. Prog Chem, 23: 679-686.

Chen H, Zhao Q, Wu Y, et al. 2007. Inorg Chem, 46: 11075-11081.

Chen Y, Guo W, Ye Z, et al. 2011. Chem Commun, 47: 6266-6268.

Chow C, Chiu B K W, Lam M H W, et al. 2003. J Am Chem Soc, 125: 7802-7803.

Comby S, Tuck S A, Truman L K, et al. 2012. Inorg Chem, 51: 10158-10168.

Cui G, Ye Z, Chen J, et al. 2011. Talanta, 84: 971-976.

Cui G, Ye Z, Zhang R, et al. 2012. J Fluoresc, 22: 261-267.

Franz K J, Singh N, Lippard S J. 2000. Angew Chem Int Ed, 39: 2120-2122.

Gill M R, Garcia-Lara J, Foster S J, et al. 2009. Nat Chem, 1: 662-667.

Hanaoka K, Kikuchi K, Kojima H, et al. 2004. J Am Chem Soc, 126: 12470-12476.

Han M, Chen Y, Wang K. 2008. New J Chem, 32: 970-980.

Hirayama T, Taki M, Kodan A, et al. 2009. Chem Commun, 45: 3196-3198.

Hou F, Huang L, Xi P, et al. 2012. Inorg Chem, 51: 2454-2460.

Ji S, Guo H, Yuan X, et al. 2010. Org Lett, 12: 2876-2879.

Kim M J, Swamy K M K, Lee K M, et al. 2009. Chem Commun, 44: 7215-7217.

Klein S, Dougherty W G, Kassel W S, et al. 2011. Inorg Chem, 50: 2754-2763.

Lee H N, Xu Z, Kim S K, et al. 2007. J Am Chem Soc, 129: 3828-3829.

Lim M H, Lippard S J. 2005. J Am Chem Soc, 127: 12170-12171.

Lim M H, Wong B A, Pitcock W H, et al. 2006. J Am Chem Soc, 128: 14364-14373.

Lin Z, Ou S, Duan C, et al. 2006. Chem Commun, 42: 624-626.

Lippert A R, Gschneidtner T, Chang C J. 2010. Chem Commun, 46: 7510-7512.

Liu M, Ye Z, Wang G, et al. 2012. Talanta, 99: 951-958.

Liu M, Ye Z, Xin C, et al. 2013. Anal Chim Acta, 761: 149-156.

Lo K K, Choi A W, Law W H. 2012. Dalton Trans, 41: 6021-6047.

Lo K K, Lee T K, Lau J S, et al. 2008. Inorg Chem, 47: 200-208.

O'Connor N A, Stevens N, Samaroo D, et al. 2009. Chem Commun, 45: 2640-2642.

Ojida A, Takashima I, Kohira T, et al. 2008. J Am Chem Soc, 130: 12095-12101.

Peterson K L, Margherio M J, Doan P, et al. 2013. Inorg Chem, 52: 9390-9398.

Sasakura K, Hanaoka K, Shibuya N, et al. 2011. J Am Chem Soc, 133: 18003-18005.

Song C, Ye Z, Wang G, et al. 2010. Chem Eur J, 16: 6464-6472.

Sun Y, Hudson Z M, Rao Y, et al. 2011. Inorg Chem, 50: 3373-3378.

Sun Y, Wang S. 2009. Inorg Chem, 48: 3755-3767.

Wang X, Wang X, Wang Y, et al. 2011. Chem Commun, 47: 8127-8129.

Weitz E A, Pierre V C. 2011. Chem Commun, 47: 541-543.

Xiao Y, Zhang R, Ye Z, et al. 2012. Anal Chem, 84: 10785-10792.

Yang Y, Zhao Q, Feng W, et al. 2013. Chem Rev, 113: 192-270.

Ye Z, Chen J, Wang G, et al. 2011. Anal Chem, 83: 4163-4169.

You Y, Han Y, Lee Y, et al. 2011. J Am Chem Soc, 133: 11488-11491.

You Y, Lee S, Kim T, et al. 2011. J Am Chem Soc, 133: 18328-18342.

Zapata F, Caballero A, Espinosa A, et al. 2008. J Org Chem, 73: 4034-4044.

Zhang R, Ye Z, Wang G, et al. 2010. Chem Eur J, 16: 6884-6891.

Zhao Q, Cao T, Li F, et al. 2007. Organometallics, 26: 2077-2081.

Zhao Q, Huang C, Li F. 2011. Chem Soc Rev, 40: 2508-2524.

Zhao X, He L, Huang C. 2012. Talanta, 101: 59-63.

彩　图

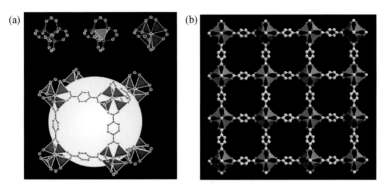

图 5-2　（a）IRMOF-1 的结构（Zn,蓝色;O,绿色;C,灰色）;

（b）IRMOF-1{100}层沿 a 轴的示意图

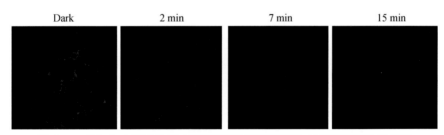

图 6-23　（b）加入配合物后,不同时间的光照条件下,结直肠腺癌上皮细胞

DLD-1 共焦荧光成像图

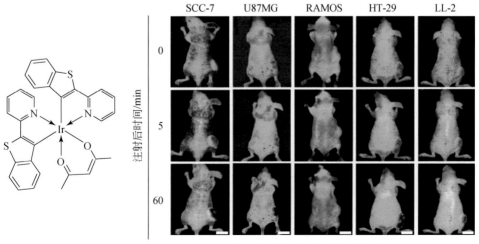

图 6-24　Ir(btp)$_2$(acac)配合物的结构及活体肿瘤成像图

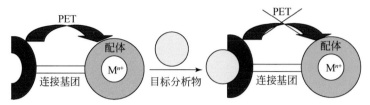

图 7-13　基于 PET 机制设计过渡金属配合物荧光化学传感器的原理

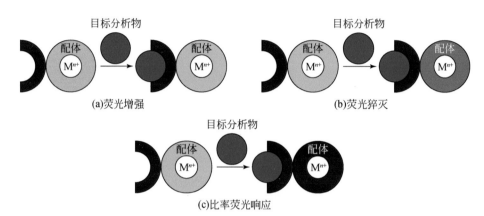

(a)荧光增强

(b)荧光猝灭

(c)比率荧光响应

图 7-15　利用配体上修饰目标物的受体构建配合物荧光化学传感器的机制

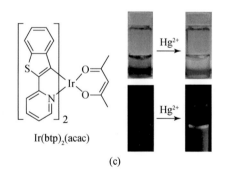

Ir(btp)₂(acac)

(c)

图 7-16　（c）利用配体上修饰目标物的受体构建配合物荧光化学传感器的实例

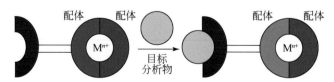

图 7-17　基于杂配体的比率型过渡金属配合物荧光探针的设计机制

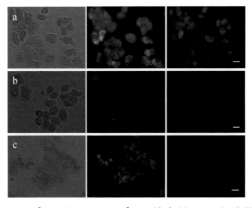

图 7-19 HTTA-Tb^{3+}(a)及 HTTA-Eu^{3+}(b)染色的 HeLa 细胞的明场(左)、
常规荧光成像(中)及时间分辨荧光成像(右)测定结果;(c)为 HTTA-Eu^{3+}
染色的 HeLa 细胞在 NH$_4$Cl 介质中进一步培养后的成像测定结果

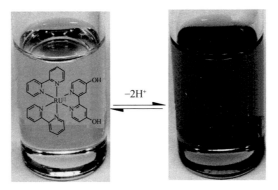

图 7-21 [Ru(bpy)$_2$(bpy(OH)$_2$)]$^{2+}$对 pH 变化的响应原理

图 7-23 ZIrF 的化学结构(中)及其在 A549 细胞中常规荧光成像(左)
和时间分辨荧光成像(右)

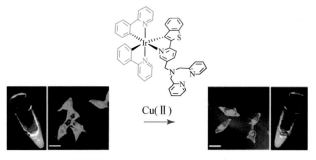

图 7-24　ZIr2 的化学结构及其在 HeLa 细胞内对 Cu^{2+} 比率时间分辨荧光成像

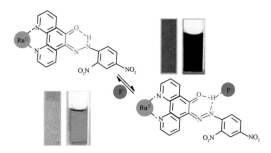

图 7-26　Ru^{2+}-邻菲罗啉衍生物配合物对 F^- 的识别原理

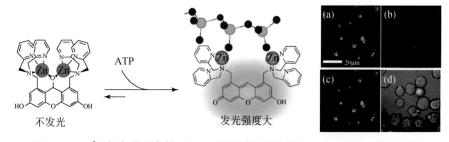

图 7-28　Zn^{2+}-氧杂蒽配合物对 ATP 的识别原理及其在 Jurkat 细胞中荧光成像

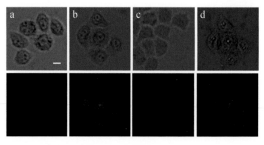

图 7-32　ANMTTA-Eu^{3+} 标记的 HeLa 细胞与 15 μmol/L HClO 共培养前(a,c)、
后(b,d)的普通成像图(a,b)及时间分辨荧光成像(c,d)

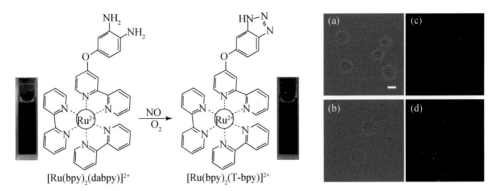

图 7-33　[Ru(bpy)₂(dabpy)]²⁺与 NO 在 O₂存在下的反应原理(左);
经[Ru(bpy)₂(dabpy)]²⁺孵育的小鼠巨噬细胞与 NOC-13 反应前(a,b)、
后(c,d)的明场(a,c)及荧光(b,d)成像测定结果(右)

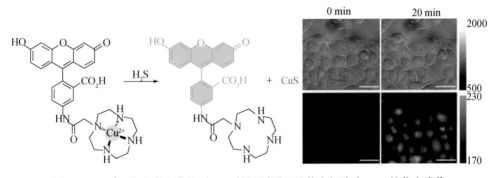

图 7-37　Cu²⁺-荧光素配合物对 H₂S 的识别原理及其在细胞内 H₂S 的荧光成像

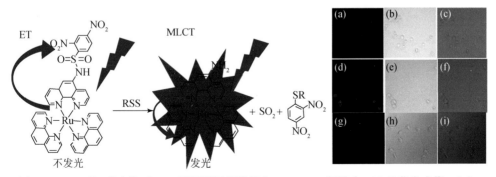

图 7-40　Ru(Ⅱ)配合物对 RSS 的识别原理及其在 NCI-H446 细胞内 RSS 的荧光成像。(a)、
(b)、(c)分别为参照组细胞的暗场、明场和混合场视野;(d)、(e)、(f)分别为传感器孵育过的
细胞的暗场、明场和混合场视野;(g)、(h)、(i)分别为经过硫醇抑制剂处理,再经探针孵育过
的细胞的暗场、明场和混合场视野

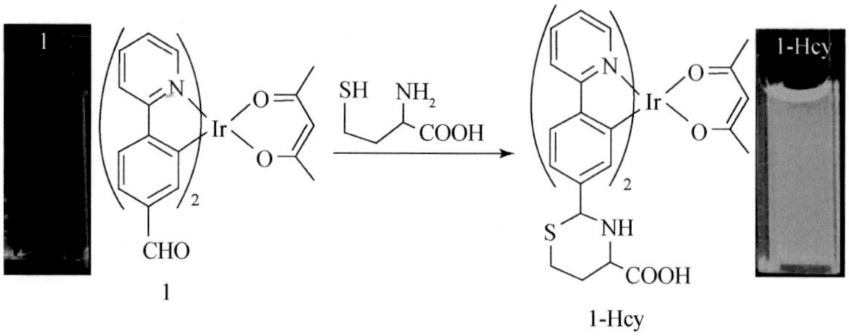

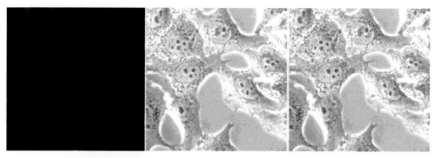

图 7-41 Ir(pba)₂(acac)配合物对 Hcy 的识别原理

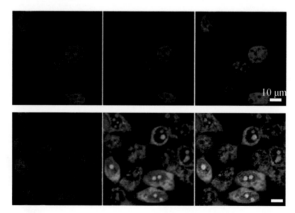

图 7-45 [Ru(N^N)₂(mbpy-C6-est)](PF₆)₂应用于 HeLa 细胞内雌性激素受体 Era 的荧光成像

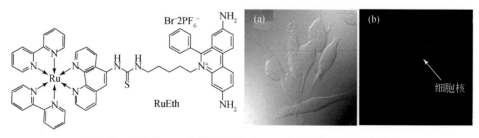

图 7-47 二核钌(Ⅱ)配合物 1 应用于活细胞内 DNA 荧光成像

图 7-48 配合物 RuEth 的结构及对 RNA 在活细胞内的荧光成像